U0229712

11G101平法图集应用系列丛书

# 混凝土结构平法计算要点解析

许佳琪　主编

中国计划出版社

图书在版编目（CIP）数据

混凝土结构平法计算要点解析/许佳琪主编. —北京：中国计划出版社，2015.8
（11G101平法图集应用系列丛书）
ISBN 978-7-5182-0217-1

Ⅰ.①混… Ⅱ.①许… Ⅲ.①混凝土结构–结构计算
Ⅳ.①TU370.1

中国版本图书馆 CIP 数据核字（2015）第 179448 号

11G101平法图集应用系列丛书
混凝土结构平法计算要点解析
许佳琪　主编

中国计划出版社出版
网址：www.jhpress.com
地址：北京市西城区木樨地北里甲 11 号国宏大厦 C 座 3 层
邮政编码：100038　电话：（010）63906433（发行部）
新华书店北京发行所发行
北京天宇星印刷厂印刷

787mm×1092mm　1/16　15.5 印张　370 千字
2015 年 8 月第 1 版　2015 年 8 月第 1 次印刷
印数 1—3000 册

ISBN 978-7-5182-0217-1
定价：47.00 元

# 混凝土结构平法计算要点解析
## 编写组

主　编　许佳琪
参　编　刘珊珊　　王　爽　　张　进　　罗　娜
　　　　周　默　　杨　柳　　宗雪舟　　元心仪
　　　　宋立音　　刘凯旋　　张金玉　　赵子仪
　　　　许　洁　　徐书婧　　王春乐　　李　杨

# 前　言

平法改变了传统的那种将构件从结构平面布置图中索引出来，再逐个绘制配筋详图的烦琐方法，是混凝土结构施工图设计方法的重大改革。平法已在全国全面普及并向纵深发展。平法追求的是一个过程，在这个过程中平法会不断地否定自身并进一步完善。随着平法的不断推陈出新，对于大多数设计人员、施工技术人员、工程造价人员来说，从传统模式过渡到应用平法设计，计算量面临着极大的挑战。因此，我们组织编写了这本书。

本书以最新的技术标准、规范为依据，具有很强的针对性和适用性。以要点解析的形式进行详细阐述，其表现形式新颖、易于理解、便于执行，方便读者抓住主要问题，及时查阅和学习。本书可供设计人员、施工技术人员、工程造价人员以及相关专业大中专的师生学习参考。

由于编者水平有限，尽管尽心尽力，反复推敲核实，仍不免有疏漏或未尽之处，恳请有关专家和读者提出宝贵意见予以批评指正，以便作进一步修改和完善。

# 目　录

第1章　基础 ……………………………………………………………………（ 1 ）

　　要点1：独立基础底板配筋构造计算及实例 …………………………………（ 1 ）

　　要点2：独立基础底板配筋长度缩减10%的构造计算及实例 ………………（ 3 ）

　　要点3：双柱普通独立基础底部与顶部配筋构造计算及实例 ………………（ 7 ）

　　要点4：条形基础钢筋翻样计算 ………………………………………………（ 9 ）

　　要点5：基础梁钢筋翻样计算及实例 …………………………………………（ 9 ）

　　要点6：基础梁纵向钢筋构造及算例 …………………………………………（13）

　　要点7：基础梁端部与外伸部位钢筋构造及算例 ……………………………（16）

　　要点8：基础梁配置两种箍筋构造及算例 ……………………………………（20）

　　要点9：基础梁竖向加腋钢筋构造及算例 ……………………………………（22）

　　要点10：基础梁变截面部位钢筋构造及算例 ………………………………（24）

　　要点11：基础梁侧面构造纵筋和拉筋及算例 ………………………………（29）

　　要点12：条形基础底板配筋构造及算例 ……………………………………（31）

　　要点13：基础次梁纵向钢筋与箍筋构造及算例 ……………………………（37）

　　要点14：梁板式筏形基础平板钢筋构造及算例 ……………………………（39）

　　要点15：梁板式筏形基础底板钢筋翻样及算例 ……………………………（41）

第2章　柱 …………………………………………………………………………（46）

　　要点1：框架柱基础插筋计算及实例 …………………………………………（46）

　　要点2：机械连接或焊接连接时的柱纵筋计算 ………………………………（48）

　　要点3：绑扎搭接连接时的柱纵筋计算 ………………………………………（49）

　　要点4："梁插柱"做法中，"顶梁的上部纵筋配筋率"的计算 ……………（50）

　　要点5：抗震框架柱、剪力墙上柱、梁上柱的箍筋加密区及实例 …………（50）

　　要点6：梁上柱插筋计算及实例 ………………………………………………（53）

　　要点7：墙上柱插筋计算 ………………………………………………………（55）

　　要点8：顶层中柱纵筋计算 ……………………………………………………（56）

　　要点9：顶层边柱纵筋计算 ……………………………………………………（59）

　　要点10：柱箍筋和拉筋计算及实例 …………………………………………（61）

　　要点11：柱纵筋上下层配筋量不同时钢筋计算及实例 ……………………（64）

　　要点12：地下室框架柱钢筋计算及实例 ……………………………………（68）

　　要点13：中间层柱钢筋计算及实例 …………………………………………（74）

　　要点14：顶层柱钢筋计算及实例 ……………………………………………（85）

　　要点15：框支柱钢筋翻样计算 ………………………………………………（92）

　　要点16：中柱顶筋的加工、下料尺寸计算及实例 …………………………（92）

    要点 17：边柱顶筋的加工、下料尺寸计算及实例 ·················（95）

    要点 18：角柱顶筋的加工、下料尺寸计算及实例 ·················（98）

**第 3 章　剪力墙** ·················（103）

    要点 1：根据剪力墙的厚度计算暗柱箍筋的宽度 ·················（103）

    要点 2：剪力墙身拉筋长度计算 ·················（103）

    要点 3：剪力墙暗梁（AL）箍筋计算 ·················（104）

    要点 4：剪力墙连梁交叉斜筋构造计算 ·················（104）

    要点 5：顶层墙竖向钢筋下料及算例 ·················（105）

    要点 6：变截面处剪力墙竖向钢筋翻样计算 ·················（107）

    要点 7：剪力墙洞口补强钢筋构造及算例 ·················（110）

    要点 8：剪力墙柱钢筋构造及算例 ·················（113）

    要点 9：剪力墙梁钢筋构造及算例 ·················（119）

    要点 10：剪力墙身水平钢筋构造及算例 ·················（126）

    要点 11：剪力墙身竖向钢筋构造及算例 ·················（133）

**第 4 章　梁** ·················（139）

    要点 1：抗震楼层框架梁纵向钢筋构造及算例 ·················（139）

    要点 2：抗震屋面框架梁钢筋构造及算例 ·················（161）

    要点 3：框架梁箍筋翻样及实例 ·················（164）

    要点 4：框架梁附加箍筋、吊筋翻样计算 ·················（166）

    要点 5：非框架梁钢筋翻样计算及实例 ·················（167）

    要点 6：非抗震框架梁和屋面框架梁箍筋构造及算例 ·················（170）

    要点 7：框支梁钢筋翻样计算及实例 ·················（172）

    要点 8：贯通筋的加工下料尺寸计算及实例 ·················（174）

    要点 9：边跨上部直角筋的加工下料尺寸计算及实例 ·················（177）

    要点 10：中间支座上部直筋的加工下料尺寸计算及实例 ·················（181）

    要点 11：边跨下部跨中直角筋的加工下料尺寸计算及实例 ·················（182）

    要点 12：中间跨下部筋的加工下料尺寸计算及实例 ·················（185）

    要点 13：边跨和中跨搭接架立筋的下料尺寸计算及实例 ·················（188）

    要点 14：角部附加筋的加工下料尺寸计算及实例 ·················（190）

    要点 15：附加吊筋下料计算 ·················（190）

    要点 16：悬挑梁钢筋计算及实例 ·················（190）

**第 5 章　板** ·················（194）

    要点 1：有梁楼盖楼面板和屋面板配筋计算及实例 ·················（194）

    要点 2：斜向板中的钢筋间距计算 ·················（198）

    要点 3：现浇混凝土板钢筋翻样计算 ·················（199）

    要点 4：柱上板带、跨中板带底筋翻样计算 ·················（202）

    要点 5：悬挑板钢筋翻样计算及实例 ·················（203）

    要点 6：折板钢筋翻样计算 ·················（206）

要点 7：板上部贯通纵筋的计算及实例 ……………………………………（207）

要点 8：板下部贯通纵筋的计算及实例 ……………………………………（216）

要点 9：扣筋的计算及实例 …………………………………………………（221）

要点 10：板开洞钢筋计算及实例 …………………………………………（225）

要点 11：以 AT 型楼梯为例，楼梯板钢筋计算及实例 ……………………（229）

要点 12：ATc 型楼梯配筋构造计算及实例 ………………………………（232）

**参考文献** ……………………………………………………………………（236）

# 第1章 基 础

## 要点1：独立基础底板配筋构造计算及实例

独立基础底板配筋构造适用于普通独立基础、杯口独立基础，其配筋构造如图1-1所示。

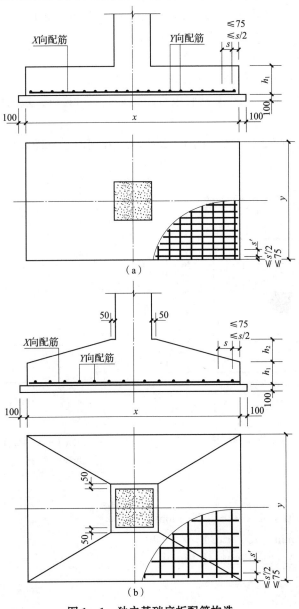

**图1-1 独立基础底板配筋构造**
(a) 阶形；(b) 坡形

**1. $X$ 向钢筋**

$$长度 = x - 2c \qquad (1-1)$$

$$根数 = [y - 2 \times \min(75, s'/2)] / s' + 1 \qquad (1-2)$$

式中　　　　$c$——钢筋保护层的最小厚度（mm）；

$\min(75, s'/2)$——$X$ 向钢筋起步距离（mm）；

$s'$——$X$ 向钢筋间距（mm）。

**2. $Y$ 向钢筋**

$$长度 = y - 2c \qquad (1-3)$$

$$根数 = [x - 2 \times \min(75, s/2)] / s + 1 \qquad (1-4)$$

式中　　　　$c$——钢筋保护层的最小厚度（mm）；

$\min(75, s/2)$——$Y$ 向钢筋起步距离（mm）；

$s$——$Y$ 向钢筋间距（mm）。

除此之外，也可看出，独立基础底板双向交叉钢筋布置时，短向设置在上，长向设置在下。

**【例1-1】** DJ$_\text{p}$1 平法施工图如图 1-2 所示，其剖面示意图如图 1-3 所示。求 DJ$_\text{p}$1 的 $X$ 向、$Y$ 向钢筋。

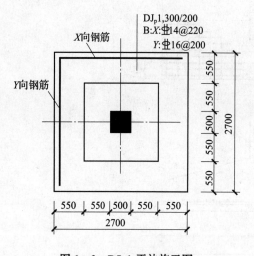

图 1-2　DJ$_\text{p}$1 平法施工图

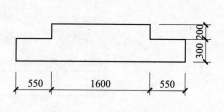

图 1-3　DJ$_\text{p}$1 剖面示意图

**【解】**

（1）$X$ 向钢筋

长度 $= x - 2c = 2700 - 2 \times 40 = 2620$（mm）

根数 $= [y - 2 \times \min(75, s'/2)] / s' + 1$

$\qquad = (2700 - 2 \times 75) / 220 + 1$

$\qquad \approx 13$（根）

（2）$Y$ 向钢筋

长度 $= y - 2c = 2700 - 2 \times 40 = 2620$（mm）

$$根数 = [x - 2 \times \min(75, s/2)]/s + 1$$
$$= (2700 - 2 \times 75)/200 + 1$$
$$\approx 14（根）$$

## 要点2：独立基础底板配筋长度缩减10%的构造计算及实例

### 1. 对称独立基础

底板配筋长度缩减10%的对称独立基础构造如图1-4所示。

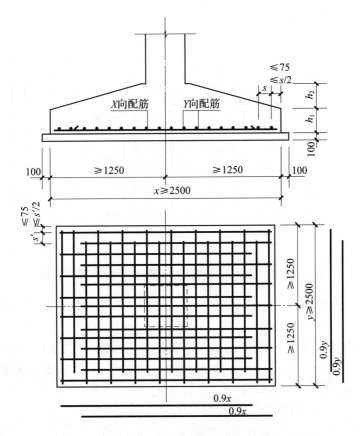

图1-4 底板配筋长度缩减10%的对称独立基础构造

当对称独立基础底板的长度不小于2500mm时，各边最外侧钢筋不缩减；除了外侧钢筋外，两项其他底板配筋可以缩减10%，即取相应方向底板长度的90%。因此，可得出下列计算公式：

$$外侧钢筋长度 = x - 2c \ 或 \ y - 2c \qquad (1-5)$$
$$其他钢筋长度 = 0.9x \ 或 = 0.9y \qquad (1-6)$$

式中　$c$——钢筋保护层的最小厚度（mm）。

### 2. 非对称独立基础

底板配筋长度缩减10%的非对称独立基础构造如图1-5所示。

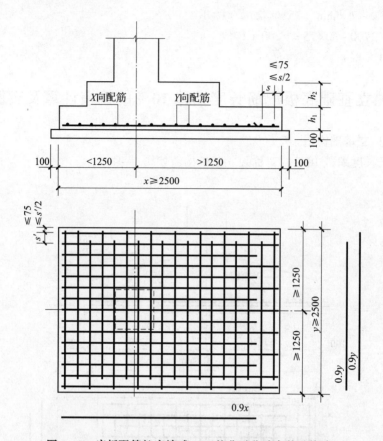

**图 1-5　底板配筋长度缩减 10% 的非对称独立基础构造**

当非对称独立基础底板的长度不小于 2500mm 时，各边最外侧钢筋不缩减；对称方向（图中 $Y$ 向）中部钢筋长度缩减 10%；非对称方向（图 1-5 中 $X$ 向）：当基础某侧从柱中心至基础底板边缘的距离小于 1250mm 时，该侧钢筋不缩减；当基础某侧从柱中心至基础底板边缘的距离不小于 1250mm 时，该侧钢筋隔一根缩减一根。因此，可得出以下计算公式：

$$外侧钢筋（不缩减）长度 = x - 2c \ 或 \ y - 2c \qquad (1-7)$$

$$对称方向中部钢筋长度 = 0.9y \qquad (1-8)$$

非对称方向：

$$中部钢筋长度 = x - 2c \qquad (1-9)$$

在缩减时：

$$中部钢筋长度 = 0.9y \qquad (1-10)$$

式中　$c$——钢筋保护层的最小厚度（mm）。

**【例 1-2】** $DJ_p2$ 平法施工图如图 1-6 所示，其钢筋示意图如图 1-7 所示。求 $DJ_p2$ 的 $X$ 向、$Y$ 向钢筋。

**【解】**

$DJ_p2$ 为正方形，$X$ 向钢筋与 $Y$ 向钢筋完全相同，本例中以 $X$ 向钢筋为例进行计算。

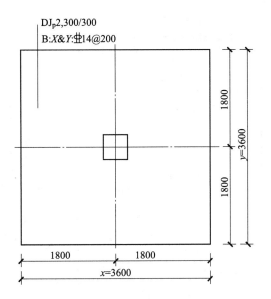

图 1 − 6　$DJ_p2$ 平法施工图

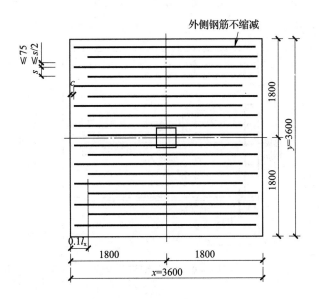

图 1 − 7　$DJ_p2$ 钢筋示意图

外侧钢筋长度 $= x - 2c = 3600 - 2 \times 40 = 3520$（mm）

外侧钢筋根数 $= 2$ 根（一侧一根）

其余钢筋长度 $= 0.9x = 0.9 \times 3600 = 3240$（mm）

其余钢筋根数 $= [y - 2 \times \min (75, s/2)] / s - 1$

$$= (3600 - 2 \times 75) / 200 - 1$$

$$\approx 17 （根）$$

【例 1 − 3】$DJ_p3$ 平法施工图如图 1 − 8 所示。其钢筋示意图如图 1 − 9 所示。求 $DJ_p3$ 的 $X$ 向、$Y$ 向钢筋。

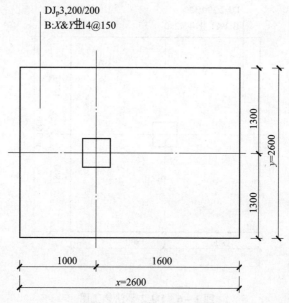

图 1-8  DJ$_p$3 平法施工图

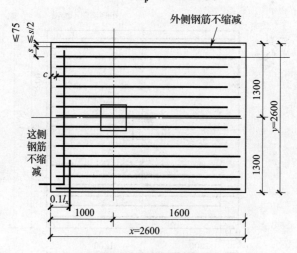

图 1-9  DJ$_p$3 钢筋示意图

【解】

本例 $Y$ 向钢筋与上例 DJ$_p$2 完全相同，本例讲解 $X$ 向钢筋的计算。

$X$ 向钢筋：

外侧钢筋长度 $= x - 2c = 2600 - 2 \times 40 = 2520$（mm）

外侧钢筋根数 $= 2$ 根（一侧一根）

其余钢筋（两侧均不缩减）长度 $= x - 2c = 2600 - 2 \times 40 = 2520$（mm）

其余钢筋根数 $= \{[y - 2 \times \min(75, s/2)]/s - 1\}/2$

$\qquad = [(2600 - 2 \times 75)/150 - 1]/2$

$\qquad = 8$（根）（右侧隔一缩减）

其余钢筋（右侧缩减）长度 $= 0.9x = 0.9 \times 2600 = 2340$（mm）

其余钢筋根数 = 8 - 1 = 7 （根）（因为隔一缩减，所以比另一种少一根）

## 要点3：双柱普通独立基础底部与顶部配筋构造计算及实例

### 1. 双柱普通独立基础底部与顶部配筋构造

双柱普通独立基础底板的截面形状可为阶形截面 $DJ_J$ 或坡形截面 $DJ_P$，其配筋构造如图 1 - 10 所示。

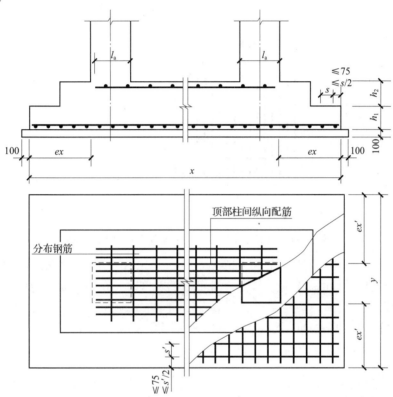

**图1 - 10 双柱普通独立基础底部与顶部配筋构造**

其配筋构造要点包括：

顶部柱间纵向钢筋从柱内侧面锚入柱内 $l_a$ 然后截断。

因此，纵向受力筋的计算公式为：

$$纵向受力筋长度 = 两柱内侧边缘间距 + 2 \times l_a \qquad (1 - 11)$$

双柱普通独立基础底部双向交叉钢筋，根据基础两个方向从柱外缘到基础外缘的伸出长度 $ex$ 和 $ex'$ 的大小，较小者方向的钢筋设置在上，较大者方向的钢筋设置在下。

### 2. 设置基础梁的双柱普通独立基础配筋构造

设置基础梁的双柱普通独立基础配筋构造如图 1 - 11 所示。

其配筋构造要点包括：

1）双柱独立基础底部短向受力钢筋设置于基础梁纵筋之下，与基础梁箍筋的下端位于同一层面。

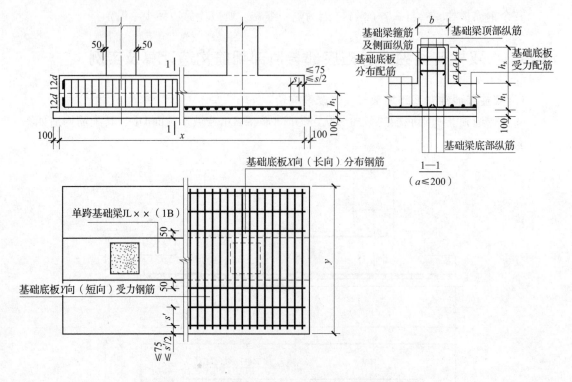

**图1-11 设置基础梁的双柱普通独立基础配筋构造**

2）双柱独立基础所设置的基础梁宽度至少比柱截面宽度宽出100mm（每边≥50mm）。当具体设计的基础梁宽度小于柱截面的宽度时，在施工时，应按照构造规定增设梁包柱侧腋。

【例1-4】$DJ_p4$平法施工图如图1-12所示，混凝土强度为C30。其钢筋示意图如图1-13所示。求出$DJ_p4$的顶部钢筋及分布筋。

$DJ_p4,300/300$
B:$X$&$Y$:$\Phi14@180$
T:$8\Phi12@120/\phi10@180$

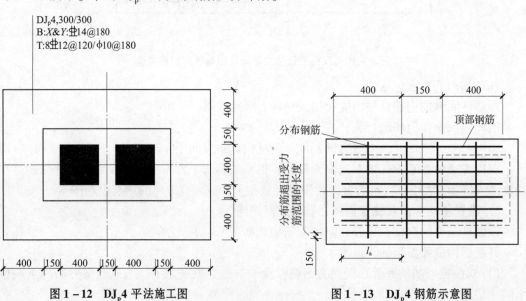

图1-12 $DJ_p4$平法施工图          图1-13 $DJ_p4$钢筋示意图

**【解】**

顶部钢筋根数 = 9 根

顶部钢筋长度 = 柱内侧边起算 + 两端锚固 $l_a$

$$= 150 + 2 \times 41d$$
$$= 150 + 2 \times 41 \times 12$$
$$= 1134 \ (mm)$$

分布筋长度 = 纵向受力筋布置范围长度 + 两端超出受力筋外的长度

（本题此值取构造长度 150m）

$$= （400 + 2 \times 150）+ 2 \times 150 = 1000 \ (mm)$$

分布筋根数 = （1134 − 2 × 120）/180 + 1 ≈ 6（根）

## 要点4：条形基础钢筋翻样计算

1) 双梁或双墙条基顶板尚需配置钢筋，锚固从梁内边缘起。

2) 当独基底板 $X$ 向或 $Y$ 向宽度不小于 2.5m 时，钢筋长度可减短 10%，但当偏心基础某边自中心至基础边缘不大于 1.25m 时，沿该方向钢筋长度 = $L$ − 2 × 保护层厚度。条形基础边长小于 2500mm 时，不缩减。

3) T形与十字形条形基础布进 1/4，L形条形基础满布。

4) 条形基础分布筋扣梁宽，离基础梁边 50mm 开始进行布置。

5) 条形基础分布筋长度伸入与它垂直相交条形基础内 150mm。

6) 进入底板交接处的受力钢筋与无底板交接时，端部第一根钢筋不应减短。

$$条形基础端部钢筋长度 = 边长 − 2 × 保护层厚度 \qquad (1-12)$$
$$条形基础缩减钢筋长度 = 0.9 \times （边长 − 2 × 保护层厚度） \qquad (1-13)$$

## 要点5：基础梁钢筋翻样计算及实例

**1. 基础梁纵筋翻样**

（1）基础梁无外伸

基础梁端部无外伸构造如图 1−14 所示。

$$上部贯通筋长度 = 梁长 − 2 \times c_1 + （h_c − 2 \times c_2）/2 \qquad (1-14)$$
$$下部贯通筋长度 = 梁长 − 2 \times c_1 + （h_c − 2 \times c_2）/2 \qquad (1-15)$$

式中　$c_1$——基础梁端保护层厚度（mm）；

　　　$c_2$——基础梁上下保护层厚度（mm）。

上部或下部钢筋根数不同时：

$$多出的钢筋长度 = 梁长 − 2 \times c + 左弯折 15d + 右弯折 15d \qquad (1-16)$$

式中　$c$——基础梁保护层厚度（mm）（如基础梁端、基础梁底、基础梁顶保护层不同，应分别计算）；

　　　$d$——钢筋直径（mm）。

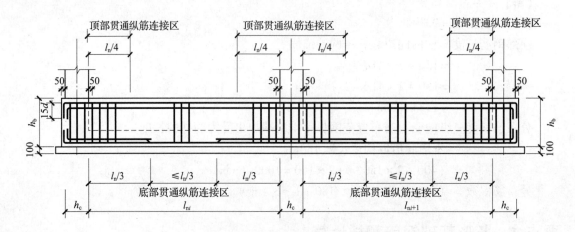

图 1 – 14　基础梁端部无外伸构造

（2）基础梁等截面外伸

基础主梁等截面外伸构造如图 1 – 15 所示。

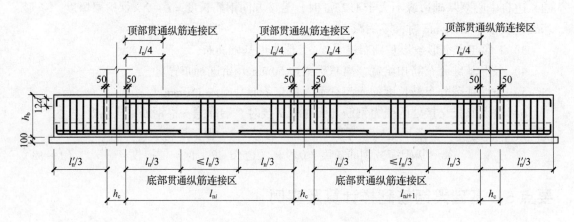

图 1 – 15　基础主梁等截面外伸构造

$$上部贯通筋长度 = 梁长 - 2 \times 保护层 + 左弯折 12d + 右弯折 12d \qquad (1-17)$$

$$下部贯通筋长度 = 梁长 - 2 \times 保护层 + 左弯折 12d + 右弯折 12d \qquad (1-18)$$

**2. 基础主梁非贯通筋翻样**

（1）基础梁无外伸

基础梁端部无外伸构造如图 1 – 14 所示。

$$下部端支座非贯通钢筋长度 = 0.5h_c + \max \left( l_n/3,\ 1.2l_a + h_b + 0.5h_c \right) +$$
$$\left( h_b - 2 \times c \right) /2 \qquad (1-19)$$

$$下部多出的端支座非贯通钢筋长度 = 0.5h_c + \max \left( l_n/3,\ 1.2l_a + \right.$$
$$\left. h_b + 0.5h_c \right) + 15d \qquad (1-20)$$

$$下部中间支座非贯通钢筋长度 = \max \left( l_n/3,\ 1.2l_a + h_b + 0.5h_c \right) \times 2 \qquad (1-21)$$

式中　$l_n$——左跨与右跨之较大值（mm）；

$h_b$——基础梁截面高度（mm）；

$h_c$——沿基础梁跨度方向柱截面高度（mm）；

$c$——基础梁保护层厚度（mm）。

（2）基础梁等截面外伸

基础主梁等截面外伸构造如图1-15所示。

$$下部端支座非贯通钢筋长度 = 外伸长度 l + \max (l_n/3, l'_n) + 12d \qquad (1-22)$$

$$下部中间支座非贯通钢筋长度 = \max (l_n/3, l'_n) \times 2 \qquad (1-23)$$

**3. 基础梁架立筋翻样**

当梁下部贯通筋的根数小于箍筋的肢数时，在梁的跨中1/3跨度范围内必须设置架立筋用来固定箍筋，架立筋与支座负筋搭接150mm。

$$基础梁首跨架立筋长度 = l_1 - \max (l_1/3, 1.2l_a + h_b + 0.5h_c) - \max (l_1/3,$$
$$l_2/3, 1.2l_a + h_b + 0.5h_c) + 2 \times 150 \qquad (1-24)$$

式中 $l_1$——首跨轴线至轴线长度（mm）；

$l_2$——第二跨轴线至轴线长度（mm）。

**4. 基础梁拉筋翻样**

$$梁侧面拉筋根数 = 侧面筋道数 n \times [ (l_n - 50 \times 2) /$$
$$非加密区间距的2倍 + 1] \qquad (1-25)$$

$$梁侧面拉筋长度 = (梁宽 b - 保护层厚度 c \times 2) + 4d + 2 \times 11.9d \qquad (1-26)$$

**5. 基础梁箍筋翻样**

当设计未标注加密箍筋范围时：

$$箍筋加密区长度 L_1 = \max (1.5h_b, 500) \qquad (1-27)$$

$$箍筋根数 = 2 \times [ (L_1 - 50) /加密区间距 + 1] + \sum (梁宽 - 2 \times 50)/加密区间距 - 1$$
$$+ (l_n - 2 \times L_1)/非加密区间距 - 1 \qquad (1-28)$$

为了便于计算，箍筋与拉筋弯钩平直段长度按10d计算。实际钢筋预算与下料时，应根据箍筋直径和构件是否抗震而定。

$$箍筋预算长度 = (b+h) \times 2 - 8 \times c + 2 \times 11.9d + 8d \qquad (1-29)$$

$$箍筋下料长度 = (b+h) \times 2 - 8 \times c + 2 \times 11.9d + 8d - 3 \times 1.75d \qquad (1-30)$$

$$内箍预算长度 = \{ [ (b - 2 \times c - D)/n - 1] \times j + D \} \times 2 + 2$$
$$\times (h-c) + 2 \times 11.9d + 8d \qquad (1-31)$$

$$内箍下料长度 = \{ [ (b - 2 \times c - D)/n - 1] \times j + D \} \times 2 + 2$$
$$\times (h-c) + 2 \times 11.9d + 8d - 3 \times 1.75d \qquad (1-32)$$

式中 $b$——梁宽度（mm）；

$c$——梁侧保护层厚度（mm）；

$D$——梁纵筋直径（mm）；

$n$——梁箍筋肢数；

$j$——梁内箍包含的主筋孔数；

$d$——梁箍筋直径（mm）。

**6. 基础梁附加箍筋翻样**

附加箍筋间距 $8d$（$d$ 为箍筋直径）且不大于梁正常箍筋间距。

附加箍筋根数如果设计注明则按设计，如果设计只注明间距而没注写具体数量，则按平法构造，计算如下：

$$附加箍筋根数 = 2 \times （次梁宽度/附加箍筋间距 + 1） \qquad (1-33)$$

**7. 基础梁附加吊筋翻样**

$$附加吊筋长度 = 次梁宽 + 2 \times 50 + 2 \times （主梁高 - 保护层厚度）/$$
$$\sin45°（60°）+ 2 \times 20d \qquad (1-34)$$

**8. 变截面基础梁钢筋翻样**

梁变截面包括以下几种情况：上平下不平，下平上不平，上下均不平，左平右不平，右平左不平，左右无不平。

如基础梁下部有高差，低跨的基础梁必须做成45°或者60°梁底台阶或者斜坡。

如基础梁有高差，不能贯通的纵筋必须相互锚固。

1）当基础下平上不平时，低跨的基础梁上部纵筋伸入高跨内一个 $l_a$：

$$高跨梁上部第一排纵筋弯折长度 = 高差值 + l_a \qquad (1-35)$$

2）当基础上平下不平时：

$$高跨基础梁下部纵筋伸入低跨梁 = l_a$$

$$低跨梁下部第一排纵筋斜弯折长度 = 高差值/\sin45°（60°）+ l_a \qquad (1-36)$$

3）当基础梁上下均不平时，低跨的基础梁上部纵筋伸入高跨内一个 $l_a$：

$$高跨梁上部第一排纵筋弯折长度 = 高差值 + l_a \qquad (1-37)$$

$$高跨基础梁下部纵筋伸入低跨内长度 = l_a \qquad (1-38)$$

$$低跨梁下部第一排纵筋斜弯折长度 = 高差值/\sin45°（60°）+ l_a \qquad (1-39)$$

如支座两边基础梁宽不同或者梁不对齐，将不能拉通的纵筋伸入支座对边后弯折 $15d$。如支座两边纵筋根数不同，可以将多出的纵筋伸入支座对边后弯折 $15d$。

**9. 基础梁侧腋钢筋翻样**

除了基础梁比柱宽且完全形成梁包柱的情形外，基础梁必须加腋，加腋的钢筋直径不小于 12mm 并且不小于柱箍筋直径，间距同柱箍筋间距。在加腋筋内侧梁高位置布置分布筋 $\phi8@200$。

$$加腋纵筋长度 = \sum 侧腋边净长 + 2 \times l_a \qquad (1-40)$$

**10. 基础梁竖向加腋钢筋翻样**

加腋上部斜纵筋根数 = 梁下部纵筋根数 - 1，且不少于两根，并插空放置。其箍筋与梁端部箍筋相同。

$$箍筋根数 = 2 \times [（1.5 \times h_b）/加密区间距] +（l_n - 3h_b - 2 \times c_1）$$
$$/非加密区间距 - 1 \qquad (1-41)$$

$$加腋区箍筋根数 =（c_1 - 50）/箍筋加密区间距 + 1 \qquad (1-42)$$

$$加腋区箍筋理论长度 = 2 \times b + 2 \times （2 \times h + c_2）- 8 \times c + 2 \times 11.9d + 8d \qquad (1-43)$$

$$加腋区箍筋下料长度 = 2 \times b + 2 \times （2 \times h + c_2）- 8 \times c + 2 \times 11.9d$$
$$+ 8d - 3 \times 1.75d \qquad (1-44)$$

$$加腋区箍筋最长预算长度 = 2 \times (b + h + c_2) - 8 \times c + 2 \times 11.9d + 8d \quad (1-45)$$

$$\begin{aligned} 加腋区箍筋最长下料长度 = {} & 2 \times (b + h + c_2) - 8 \times c + 2 \times 11.9d \\ & + 8d - 3 \times 1.75d \end{aligned} \quad (1-46)$$

$$加腋区箍筋最短预算长度 = 2 \times (b + h) - 8 \times c + 2 \times 11.9d + 8d \quad (1-47)$$

$$加腋区箍筋最短下料长度 = 2 \times (b + h) - 8 \times c + 2 \times 11.9d + 8d - 3 \times 1.75d \quad (1-48)$$

$$\begin{aligned} 加腋区箍筋总长缩尺量差 = {} & (加腋区箍筋中心线最长长度 \\ & - 加腋区箍筋中心线最短长度) \\ & / 加腋区箍筋数量 - 1 \end{aligned} \quad (1-49)$$

$$\begin{aligned} 加腋区箍筋高度缩尺量差 = {} & 0.5 \times (加腋区箍筋中心线最长长度 \\ & - 加腋区箍筋中心线最短长度) \\ & / 加腋区箍筋数量 - 1 \end{aligned} \quad (1-50)$$

$$加腋纵筋长度 = \sqrt{c_1^2 + c_2^2} + 2 \times l_a \quad (1-51)$$

【例 1-5】某工程平面图是轴线为 5000mm 的正方形,四角为框架柱 KZ1(500mm × 500mm)轴线正中,基础梁 JL1 截面尺寸为 600mm × 900mm,混凝土强度等级为 C20。

基础梁纵筋:底部和顶部贯通纵筋均为 7$\underline{\Phi}$25,侧面构造钢筋为 8$\underline{\Phi}$12。

基础梁箍筋:11$\phi$10@100/200(4)。

试计算基础主梁纵筋长度。

【解】

按图 1-16 计算基础梁 JL1:

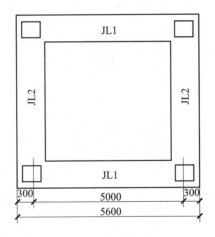

**图 1-16 基础主梁的梁长计算**

基础主梁的长度计算到相交的基础主梁的外皮为 5000 + 300 × 2 = 5600(mm)。

因此,基础主梁纵筋长度为 5600 - 30 × 2 = 5540(mm)。

## 要点 6:基础梁纵向钢筋构造及算例

基础梁纵向钢筋与箍筋构造如图 1-17 所示。

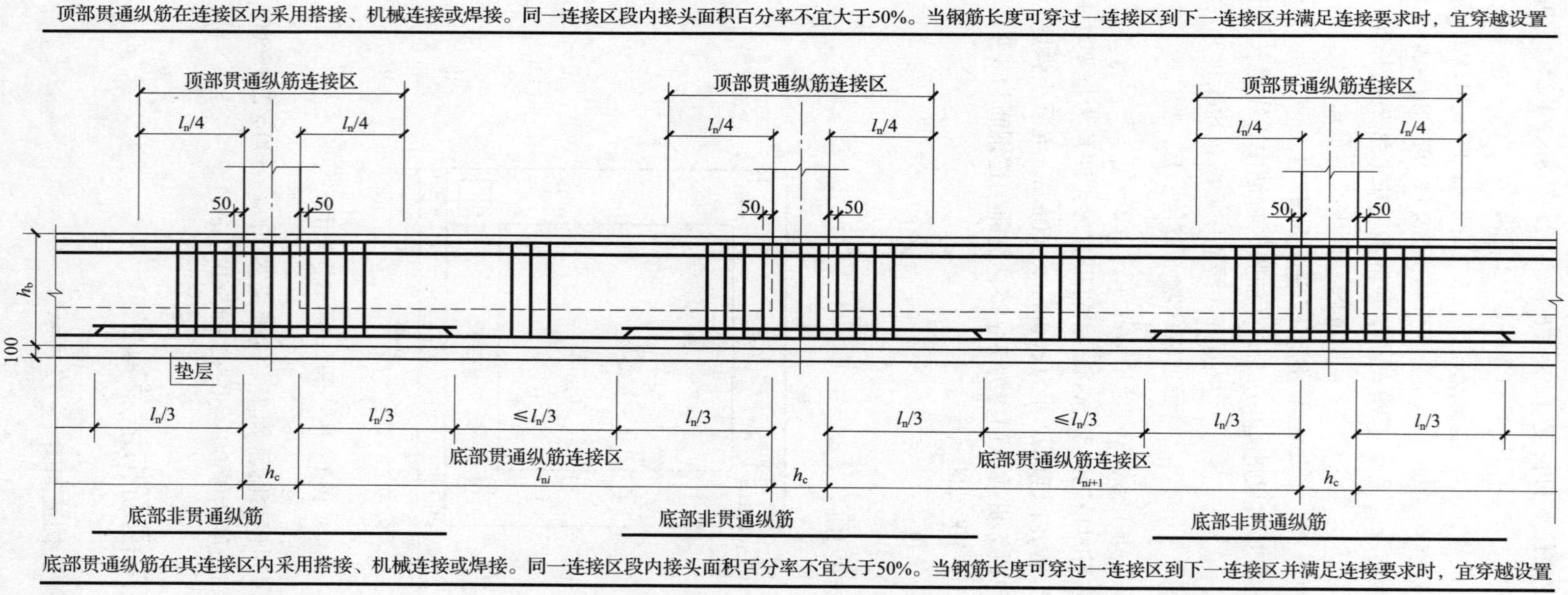
顶部贯通纵筋在连接区内采用搭接、机械连接或焊接。同一连接区段内接头面积百分率不宜大于50%。当钢筋长度可穿过一连接区到下一连接区并满足连接要求时，宜穿越设置
顶部贯通纵筋连接区
$l_n/4$
50
$h_b$
100
垫层
$l_n/3$
$\leq l_n/3$
底部贯通纵筋连接区
$h_c$
$l_{ni}$
$l_{ni+1}$
底部非贯通纵筋
底部贯通纵筋在其连接区内采用搭接、机械连接或焊接。同一连接区段内接头面积百分率不宜大于50%。当钢筋长度可穿过一连接区到下一连接区并满足连接要求时，宜穿越设置

**图 1－17　基础梁纵向钢筋与箍筋构造**

1）顶部贯通纵筋连接区为自柱边缘向跨延伸 $l_n/4$ 范围内。

2）基础梁底部配置非贯通纵筋不多于两排时，其延伸长度为自柱边向跨内伸出至 $l_n/3$ 位置；当非贯通纵筋配置多于两排时，从第三排起向跨内的伸出长度值应由设计者注明。$l_n$ 的取值规定为：边跨边支座的底部非贯通纵筋，$l_n$ 取本边跨的净跨长度值；对于中间支座的底部非贯通纵筋，$l_n$ 取支座两边较大一跨的净跨长度值。

3）底部除非贯通纵筋连接区外的区域为贯通纵筋的连接区。

4）顶部贯通纵筋在连接区内采用搭接、机械连接或焊接，同一连接区段内接头面积百分率不宜大于 50%。当钢筋长度贯穿过一连接区到下一连接区并满足连接要求时，宜穿越设置。

5）底部贯通纵筋在连接区内采用搭接、机械连接或焊接，同一连接区段内接头面积百分率不宜大于 50%。当钢筋长度贯穿过一连接区到下一连接区并满足连接要求时，宜穿越设置。

【例1-6】柱梁 JL01 平法施工图如图 1-18 所示，求 JL01 的顶部及底部配筋。

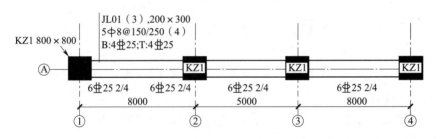

图 1-18 柱梁 JL01 平法施工图

【解】

（1）底部及顶部贯通 4$\oplus$25

$$长度 = 2 \times （梁长 - 保护层）+ 2 \times 15d$$
$$= 2 \times （8000 \times 2 + 5000 + 2 \times 50 + 2 \times 800 - 40）+ 2 \times 15 \times 25$$
$$= 44470 （mm）$$

（2）支座 1、4 底部非贯通纵筋 2$\oplus$25

$$长度 = 自柱边缘向跨内的延伸长度 + 柱宽 + 梁包柱侧腋 + 15d$$
$$自柱边缘向跨内的延伸长度 = l_n/3 = （8000 - 800）/3 = 2400 （mm）$$
$$总长度 = 2400 + h_c + 梁包柱侧腋 - c + 15d$$
$$= 2400 + 800 + 50 - 40 + 15 \times 25$$
$$= 3585 （mm）$$

（3）支座 2、3 底部非贯通纵筋 2$\oplus$25

$$长度 = 柱边缘向跨内延伸长度 \times 2 + 柱宽$$
$$= 2 \times （8000 - 800）/3 + 800$$
$$= 2 \times 2400 + 800$$
$$= 5600 （mm）$$

## 要点 7：基础梁端部与外伸部位钢筋构造及算例

基础梁端部与外伸部位钢筋可分为以下几种情况：

**1. 端部等截面外伸**

（1）梁顶部钢筋构造

梁顶部上排贯通纵筋伸至尽端内侧弯折 $12d$；顶部下排贯通纵筋不伸入外伸部位，从柱内侧起长 $l_a$，如图 1-19 所示。

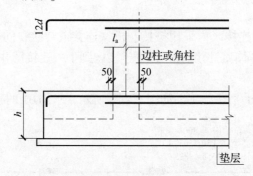

**图 1-19 端部等截面外伸（梁顶部钢筋）**

（2）梁底部钢筋构造

梁底部上排非贯通纵筋伸至端部截断；底部下排非贯通纵筋伸至尽端内侧弯折 $12d$，从支座边缘向跨内的延伸长度为 $\max\ (l_n/3,\ l_n')$。

梁底部贯通纵筋伸至尽端内侧弯折 $12d$，如图 1-20 所示。

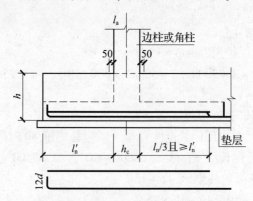

**图 1-20 端部等截面外伸构造（梁底部钢筋）**

注：当 $l_n' + h_c \leqslant l_a$ 时，基础梁下部钢筋伸至端部后弯折，且从柱内边算起水平段长度 $\geqslant 0.4 l_{ab}$，弯折段长度为 $15d$

**2. 端部变截面外伸**

（1）梁顶部钢筋构造

梁顶部上排贯通纵筋伸至尽端内侧弯折 $12d$；顶部下排贯通纵筋不伸入外伸部位，从柱内侧起长 $l_a$，如图 1-21 所示。

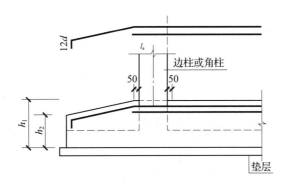

**图 1 - 21 端部变截面外伸构造（梁顶部钢筋）**

（2）梁底部钢筋构造

梁底部上排非贯通纵筋伸至端部截断；底部下排非贯通纵筋伸至尽端内侧弯折 $12d$，从支座边缘向跨内的延伸长度为 max（$l_n/3$，$l'_n$）。

梁底部贯通纵筋伸至尽端内侧弯折 $12d$，如图 1 - 22 所示。

**3．端部无外伸构造**

（1）梁顶部钢筋构造

梁顶部贯通纵筋伸至尽端内侧弯折 $15d$；从柱内侧起，伸入端部且水平段 $\geqslant 0.4l_a$（顶部单排/双排钢筋构造相同），如图 1 - 23 所示。

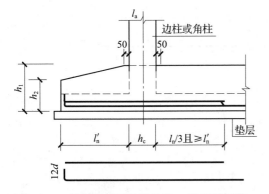

**图 1 - 22 端部变截面外伸构造（梁底部钢筋）**

注：当 $l'_n + h_c \leqslant l_a$ 时，基础梁下部钢筋伸至端部后弯折，且从柱内边算起水平段长度 $\geqslant 0.4l_a$，弯折段长度为 $15d$

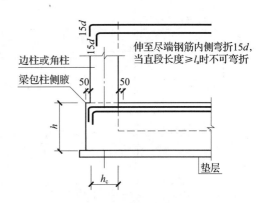

**图 1 - 23 端部无外伸构造（梁顶部钢筋）**

（2）梁底部钢筋构造

梁底部非贯通纵筋伸至尽端内侧弯折 $15d$；从柱内侧起，伸入端部且水平段 $\geqslant 0.4l_{ab}$，从支座中心线向跨内的延伸长度为 $l_n/3$。

梁底部贯通纵筋伸至尽端内侧弯折 $15d$；从柱内侧边缘起，伸入端部且水平段 $\geqslant 0.4l_{ab}$，如图 1 - 24 所示。

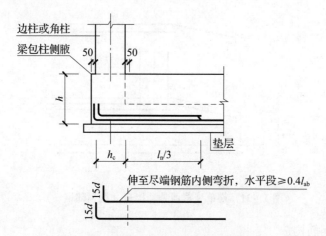

**图1-24 端部无外伸构造（梁底部钢筋）**

注：在端部无外伸构造中，基础梁底部下排与顶部上排纵筋伸至梁包柱侧腋，与侧腋的水平构造钢筋绑扎在一起

【**例1-7**】基础梁JL03平法施工图如图1-25所示，求JL03的底部贯通纵筋、顶部贯通纵筋及非贯通纵筋。

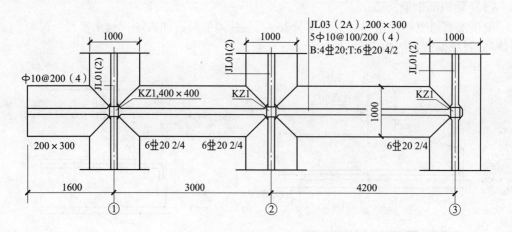

**图1-25 基础梁JL03平法施工图**

【**解**】

（1）底部贯通纵筋4$\Phi$20

长度 =（3000 + 4200 + 1600 + 200 + 50）- 2 × 25 + 2 × 15 × 20 = 9600（mm）

（2）顶部贯通纵筋上排4$\Phi$20

长度 =（3000 + 4200 + 1600 + 200 + 50）- 2 × 25 + 12 × 20 + 15 × 20 = 9540（mm）

（3）顶部贯通纵筋下排2$\Phi$20

长度 = 3000 + 4200 +（200 + 50 - 20 + 12$d$）- 200 + 29$d$

　　 = 3000 + 4200 +（200 + 50 - 25 + 12 × 20）- 200 + 29 × 20

　　 = 8045（mm）

（4）箍筋

1）外大箍筋长度 $= (200-2\times25)\times2 + (300-2\times25)\times2 + 2\times11.9\times10 = 1038$（mm）

2）内小箍筋长度 $= [(200-2\times25-20-20)/3+20+20]\times2$
$$+ (300-2\times25)\times2 + 2\times11.9\times10$$
$$= 892（mm）$$

3）箍筋根数

第一跨：$5\times2+7=17$（根）

两端各 $5\phi10$。

中间箍筋根数 $= (3000-200\times2-50\times2-100\times5\times2)/200-1 = 7$（根）

第二跨：$5\times2+13=23$（根）

两端各 $5\phi10$

中间箍筋根数 $= (4200-200\times2-50\times2-100\times5\times2)/200-1 = 13$（根）

节点内箍筋根数 $= 400/100 = 4$（根）

外伸部位箍筋根数 $= (1600-200-2\times50)/200+1 = 9$（根）

JL03 箍筋总根数为：

外大箍筋根数 $= 17+23+4\times4+9 = 65$（根）

内小箍筋根数 $= 65$ 根

（5）底部外伸端非贯通纵筋 $2\underline{\Phi}20$（位于上排）

长度 = 延伸长度 $\max(l_n/3, l'_n)$ + 伸至端部 $= 1200+1600+200-25 = 2975$（mm）

（6）底部中间柱下区域非贯通筋 $2\underline{\Phi}20$（位于下排）

长度 $= 2\times l_n/3 + $ 柱宽 $= 2\times(4200-400)/3+400 = 1667$（mm）

（7）底部右端（非外伸端）非贯通筋 $2\underline{\Phi}20$

长度 = 延伸长度 $l_n/3 + $ 伸至端部
$$= (4200-400)/3+400+50-25+15d$$
$$= (4200-400)/3+400+50-25+15\times20$$
$$= 1992（mm）$$

【例1-8】基础梁 JL03 平法施工图如图 1-26 所示，求 JL03 的顶部贯通纵筋、底部贯通及非贯通纵筋及箍筋。

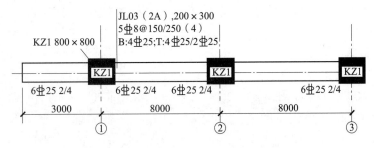

图 1-26 基础梁 JL03 平法施工图

【解】

（1）底部和顶部第一排贯通纵筋 $4\underline{\Phi}25$

长度 = （梁长 – 保护层）+ 12$d$ + 15$d$

   = （8000 × 2 + 400 + 3000 + 50 – 50）+ 12 × 25 + 15 × 25

   = 20075（mm）

（2）支座 1 底部非贯通纵筋 2 $\underline{\Phi}$ 25

长度 = 自柱边缘向跨内的延伸长度 + 外伸端长度 + 柱宽

自柱边缘向跨内的延伸长度 = max（$l_n$/3, $l_n'$）

           = max [（8000 – 800）/3, 3000 – 400]

           = 2600（mm）

外伸端长度 = 3000 – 400 – 25 = 2575（mm）（位于上排，外伸端不弯折）

总长度 = 2600 + 2575 + 800 = 5975（mm）

（3）支座 2 底部非贯通纵筋 2 $\underline{\Phi}$ 25

长度 = 两端延伸长度 + 柱宽 = 2 × $l_n$/3 + $h_c$ = 2 × （8000 – 800）/3 + 800 = 5600（mm）

（4）支座 3 底部非贯通纵筋 2 $\underline{\Phi}$ 25

长度 = 自柱边缘向跨内的延伸长度 + （柱宽 + 梁包柱侧腋 – $c$）+ 15$d$

自柱边缘向跨内的延伸长度 = $l_n$/3 = （8000 – 800）/3 = 2400（mm）

长度 = 自柱边缘向跨内的延伸长度 + （柱宽 + 梁包柱侧腋 – $c$）+ 15$d$

   = 2400 + （800 + 50 – 25）+ 15 × 25

   = 3600（mm）

# 要点 8：基础梁配置两种箍筋构造及算例

基础梁配置两种箍筋时，构造如图 1 – 27 所示。

【例 1 – 9】基础梁 JL01 平法施工图如图 1 – 28 所示，求 JL01 的底部及顶部贯通纵筋、箍筋。

【解】

本例中不计算加腋筋。

（1）底部贯通纵筋 4 $\underline{\Phi}$ 20

长度 = 梁长（含梁包柱侧腋）– 2$c$ + 2 × 15$d$

   = （3000 × 2 + 200 × 2 + 50 × 2）– 2 × 25 + 2 × 15 × 20

   = 7050（mm）

（2）顶部贯通纵筋 4 $\underline{\Phi}$ 20

长度 = 梁长（含梁包柱侧腋）– 2$c$ + 2 × 15$d$

   = （3000 × 2 + 200 × 2 + 50 × 2）– 2 × 25 + 2 × 15 × 20

   = 7050（mm）

（3）箍筋

1）外大箍筋长度 = （$b$ – 2$c$）× 2 + （$h$ – 2$c$）× 2 + （1.9$d$ + 10$d$）× 2

       = （200 – 2 × 25）× 2 + （300 – 2 × 25）× 2 + 2 × 11.9 × 10

       = 1038（mm）

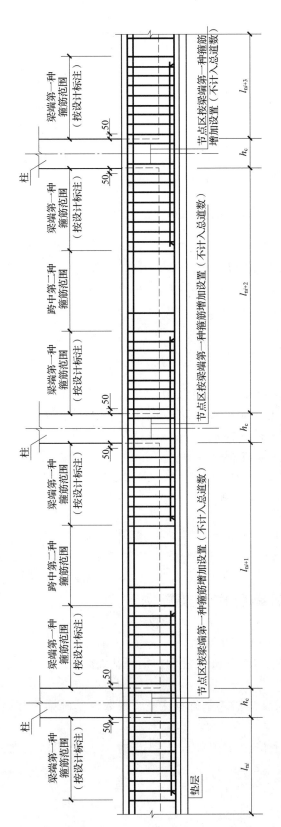

图1—27 基础梁JL配置两种箍筋构造

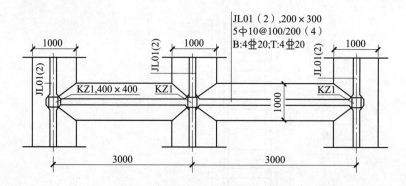

**图1-28 基础梁JL01平法施工图**

2）内小箍筋长度 = $[(b-2c-d-d_纵)/3+d_纵+d]+(h-2c)\times2$
$$+(1.9d+10d)\times2$$
$$=[(200-2\times25-25-20)/3+25+20]\times2$$
$$+(300-2\times25)\times2+2\times11.9\times10$$
$$=898 \text{（mm）}$$

3）箍筋根数

第一跨：

中间箍筋根数 = $(3000-200\times2-50\times2-100\times5\times2)/200-1$
$$=7 \text{（根）（注：因两端有箍筋，帮中间箍筋根数}-1\text{）}$$

第一跨箍筋根数 = $5\times2+7=17$（根）

第二跨箍筋根数同第一跨，为17根。

节点内箍筋根数 = $400/100=4$（根）

（注：节点内箍筋与梁端箍筋连接，计算根数不加减）

基础梁JL01箍筋总根数为：

外大箍筋根数 = $17\times2+4\times4=50$（根）

内小箍筋根数 = 50根

## 要点9：基础梁竖向加腋钢筋构造及算例

基础梁竖向加腋钢筋构造如图1-29所示。

1）基础梁竖向加腋筋规格，若施工图未注明，则同基础梁顶部纵筋；若施工图有标注，则按其标注规格。

2）基础梁竖向加腋筋，长度为锚入基础梁内 $l_a$，根数为基础梁顶部第一排纵筋根数减1。

**【例1-10】**基础梁JL05平法施工图如图1-30所示，求JL05的加腋筋及分布筋。

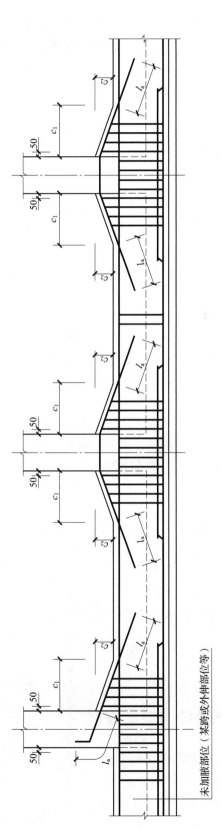

图 1—29 基础梁竖向加腋钢筋构造

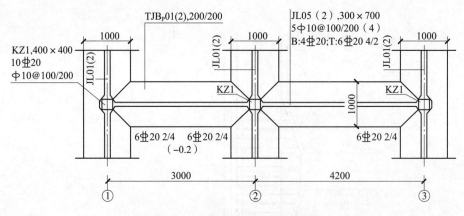

图 1-30　基础梁 JL05 平法施工图

**【解】**

本例以①轴线加腋筋为例，②、③轴位置加腋筋同理。

（1）加腋斜边长

$a = \sqrt{50^2 + 50^2} = 70.71$（mm）

$b = a + 50 = 120.71$（mm）

1 号筋加腋斜边长 $= 2b = 2 \times 120.71 = 242$（mm）

（2）1 号加腋筋 $\phi$10（本例中 1 号加腋筋对称，只计算一侧）

1 号加腋筋：

长度 = 加腋斜边长 $+ 2 \times l_a = 242 + 2 \times 29 \times 10 = 822$（mm）

根数 $= 300/100 + 1 = 4$（根）（间距同柱箍筋间距 100mm）

分布筋（$\phi$8@200）：

长度 $= 300 - 2 \times 25 = 250$（mm）

根数 $= 242/200 + 1 = 3$（根）

（3）2 号加腋筋 $\phi$12

加腋斜边长 $= 400 + 2 \times 50 + 2 \times \sqrt{100^2 + 100^2} = 783$（mm）

2 号加腋筋：

长度 $= 783 + 2 \times 29d = 783 + 2 \times 29 \times 10 = 1363$（mm）

根数 $= 300/100 + 1 = 4$（根）（间距同柱箍筋间距 100mm）

分布筋（$\phi$8@200）：

长度 $= 300 - 2 \times 25 = 250$（mm）

根数 $= 783/200 + 1 = 5$（根）

# 要点10：基础梁变截面部位钢筋构造及算例

基础梁变截面部位构造包括以下几种情况：

## 1. 梁底有高差

梁底有高差时，变截面部位钢筋构造如图 1-31 所示。

其配筋构造要点为：梁底面标高低的梁底部钢筋斜伸至梁底面标高高的梁内，锚固长度为 $l_a$；梁底面标高高的梁底部钢筋锚固长度 $\geq l_a$ 截断即可。

**2. 梁底、梁顶均有高差**

（1）梁顶部钢筋构造

当梁底、梁顶均有高差时，梁底面标高高的梁顶部第一排纵筋伸至尽端，弯折长度自梁底面标高低的梁顶部算起 $l_a$，顶部第二排纵筋伸至尽端钢筋内侧，弯折长度为 $15d$，当直锚长度 $\geq l_a$ 时可不弯折，梁底面标高低的梁顶部纵筋锚入长度 $\geq l_a$ 截断即可，如图 1-32 所示。

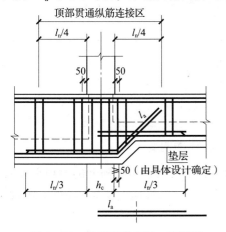

图 1-31 梁底有高差时，变截面
部位钢筋构造

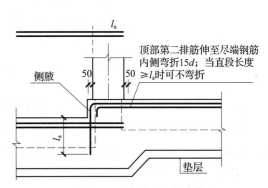

图 1-32 梁底、梁顶均有高差变截面
部位钢筋构造（梁顶部钢筋）

（2）梁底部钢筋构造

当梁底、梁顶均有高差时，梁底面标高高的梁底部钢筋锚入梁内长度 $\geq l_a$ 截断即可；梁底面标高低的底部钢筋斜伸至梁底面标高高的梁内，锚固长度为 $l_a$，如图 1-33 所示。

上述钢筋构造既适用于条形基础又适用于筏形基础，除此之外，当梁底、梁顶均有高差时，还有一种只适用于条形基础的钢筋构造，如图 1-34 所示。

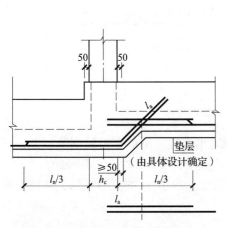

图 1-33 梁底、梁顶均有高差时变
截面部位的钢筋构造（梁底部钢筋）

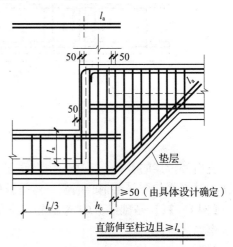

图 1-34 梁底、梁顶均有高差时，变截面
部位钢筋构造（仅适用于条形基础）

### 3. 梁顶有高差

梁顶有高差时，变截面部位钢筋构造如图 1-35 所示。

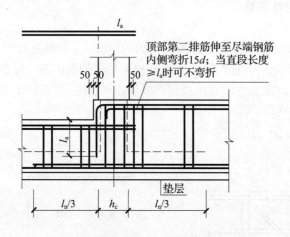

图 1-35 梁顶有高差时，变截面部位钢筋构造

梁顶面标高高的梁顶部第一排纵筋伸至尽端，弯折长度自梁顶面标高低的梁顶部算起为 $l_a$，顶部第二排纵筋伸至尽端钢筋内侧，弯折长度为 $15d$，当直锚长度 $\geqslant l_a$ 时可不弯折。梁顶面标高低的梁上部纵筋锚固长度 $\geqslant l_a$ 截断即可。

### 4. 柱两边梁宽不同钢筋构造

柱两边梁宽不同部位钢筋构造如图 1-36 所示。

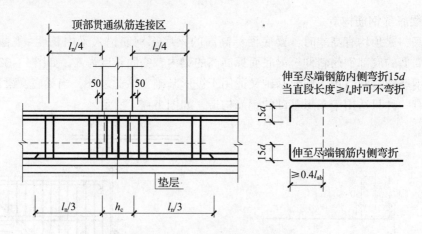

图 1-36 柱两边梁宽不同部位钢筋构造

宽出部位梁的上、下部第一排纵筋连通设置；在宽出部位，不能连通的钢筋，上、下部第二排纵筋伸至尽端钢筋内侧，弯折长度为 $15d$，当直锚长度 $\geqslant l_a$ 时，可不弯折。

【例 1-11】基础梁 JL04 平法施工图如图 1-37 所示，求 JL04 的贯通纵筋、非贯通纵筋及箍筋。

【解】

本例中不计算加腋筋。

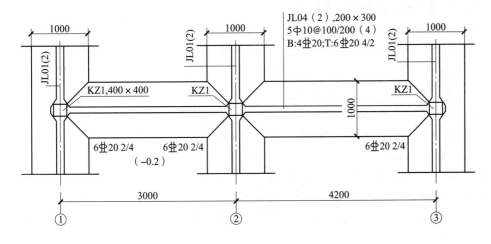

**图 1-37　基础梁 JL04 平法施工图**

（1）第一跨底部贯通纵筋 4$\Phi$20

长度 $= 3000 + (200 + 50 - 25 + 15d) + (200 - 25 + \sqrt{200^2 + 200^2} + 29d)$

$\qquad = 3000 + (200 + 50 - 25 + 15 \times 20) + (200 - 25 + \sqrt{200^2 + 200^2} + 29 \times 20)$

$\qquad = 4563$（mm）

（2）第二跨底部贯通纵筋 4$\Phi$20

长度 $= 4200 - 200 + 29d + 200 + 50 - 25 + 15d$

$\qquad = 4200 - 200 + 29 \times 20 + 200 + 50 - 25 + 15 \times 20$

$\qquad = 5105$（mm）

（3）支座①底部非贯通纵筋 2$\Phi$20

长度 $= (3000 - 400)/3 + 400 + 50 - 25 + 15d$

$\qquad = (3000 - 400)/3 + 400 + 50 - 25 + 15 \times 20$

$\qquad = 1592$（mm）

（4）支座②底部非贯通纵筋 2$\Phi$20

长度 $= (4200 - 400)/3 + 400 + \sqrt{200^2 + 200^2} + 29d$

$\qquad = (4200 - 400)/3 + 200 + \sqrt{200^2 + 200^2} + 29 \times 20$

$\qquad = 2330$（mm）

（5）第二跨左端底部非贯通纵筋 2$\Phi$20

长度 $= (4200 - 400)/3 + (29d - 200)$

$\qquad = (4200 - 400)/3 + (29 \times 20 - 200)$

$\qquad = 1447$（mm）

（6）第二跨右端底部非贯通纵筋 2$\Phi$20

长度 $= (4200 - 400)/3 + 200 + 50 - 25 + 15d$

$\qquad = (4200 - 400)/3 + 200 + 50 - 25 + 15 \times 20$

$\qquad = 1792$（mm）

（7）第一跨顶部贯通筋 $6 \oplus 20\ 4/2$

$$\begin{aligned}
长度 &= 3000 + 200 + 50 - 25 + 15d - 200 + 29d \\
&= 3000 + 200 + 50 - 25 + 15 \times 20 - 200 + 29 \times 20 \\
&= 3705 \text{（mm）}
\end{aligned}$$

（8）第二跨顶部第一排贯通筋 $4 \oplus 20$

$$\begin{aligned}
长度 &= 4200 + （200 + 50 - 25 + 15d） + 200 - 25 + 200 （差高） + 29d \\
&= 4200 + （200 + 50 - 25 + 15 \times 20） + 200 - 25 + 200 + 29 \times 20 \\
&= 5480 \text{（mm）}
\end{aligned}$$

（9）第二跨顶部第二排贯通筋 $2 \oplus 20$

$$\begin{aligned}
长度 &= 4200 + 200 + 50 - 25 + 15d - 200 + 29d \\
&= 4200 + 200 + 50 - 25 + 15 \times 20 - 200 + 29 \times 20 \\
&= 4905 \text{（mm）}
\end{aligned}$$

（10）箍筋

1）外大箍筋长度 $= （200 - 2 \times 25） \times 2 + （300 - 2 \times 25） \times 2 + 2 \times 11.9 \times 10$
$$= 1038 \text{（mm）}$$

2）内小箍筋长度 $= [ （200 - 2 \times 25 - 20 - 20） /3 + 20 + 20] \times 2$
$$+ （300 - 2 \times 25） \times 2 + 2 \times 11.9 \times 10$$
$$= 892 \text{（mm）}$$

3）箍筋根数：

第一跨：$5 \times 2 + 7 = 17$（根）

两端各 $5 \phi 10$。

中间箍筋根数 $= （3000 - 200 \times 2 - 50 \times 2 - 100 \times 5 \times 2） /200 - 1 = 7$（根）

节点内箍筋根数 $= 400/100 = 4$（根）

第二跨：$5 \times 2 + 13 = 23$（根）

①左端 $5 \phi 10$，斜坡水平长度为 200mm，故有 2 根位于斜坡上，这两根箍筋高度取 700mm 和 500mm 的平均值计算：

外大箍筋长度 $= （200 - 2 \times 25） \times 2 + （600 - 2 \times 25） \times 2 + 2 \times 11.9 \times 10$
$$= 1638 \text{（mm）}$$

内小箍筋长度 $= [ （200 - 2 \times 25 - 20 - 20） /3 + 20 + 20] \times 2 + （600 - 2 \times 25）$
$$\times 2 + 2 \times 11.9 \times 10$$
$$= 1491 \text{（mm）}$$

②右端 $5 \phi 10$。

中间箍筋根数 $= （4200 - 200 \times 2 - 50 \times 2 - 100 \times 5 \times 2） /200 - 1 = 13$（根）

JL04 箍筋总根数为：

外大箍筋根数 $= 17 + 23 + 4 \times 4 = 56$（根）（其中位于斜坡上的 2 根长度不同）

内小箍筋根数 $= 56$（根）（其中位于斜坡上的 2 根长度不同）

## 要点11：基础梁侧面构造纵筋和拉筋及算例

基础梁侧面构造纵筋和拉筋如图1-38所示。

基础梁 $h_w \geqslant 450mm$ 时，梁的两个侧面应沿高度配置纵向构造钢筋，纵向构造钢筋间距为 $a \leqslant 200mm$；侧面构造纵筋能贯通就贯通，不能贯通则取锚固长度值为 $15d$，如图1-38、图1-39所示。

梁侧钢筋的拉筋直径除注明者外均为8mm，间距为箍筋间距的2倍。当设有多排拉筋时，上下两排拉筋竖向错开设置。

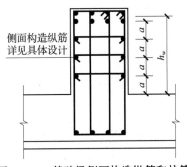

图1-38 基础梁侧面构造纵筋和拉筋

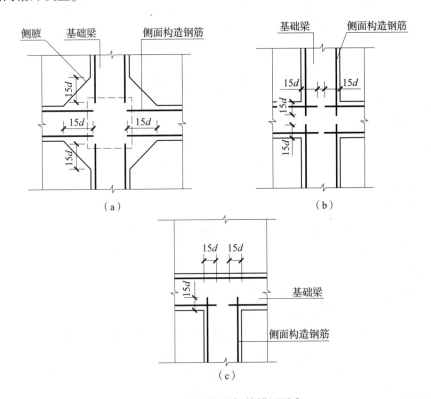

图1-39 侧面纵向钢筋锚固要求

(a) 十字相交基础梁，相交位置有柱；(b) 十字相交基础梁，相交位置无柱；
(c) 丁字相交的基础梁，相交位置无柱

基础梁侧面纵向构造钢筋搭接长度为 $15d$。十字相交的基础梁，当相交位置有柱时，侧面构造纵筋锚入梁包柱侧腋内 $15d$，如图1-39（a）所示；当无柱时，侧面构造纵筋锚入交叉梁内 $15d$，如图1-39（b）所示。丁字相交的基础梁，当相交位置无柱时，横梁外侧的构造纵筋应贯通，横梁内侧的构造纵筋锚入交叉梁内 $15d$，如图1-39（c）所示。

基础梁侧面受扭纵筋的搭接长度为 $l_l$，其锚固长度为 $l_a$，锚固方式同梁上部纵筋。

【例1-12】基础梁 JL02 平法施工图如图1-40所示，求 JL02 的贯通纵筋、非贯通纵筋、架立筋、侧部构造筋。

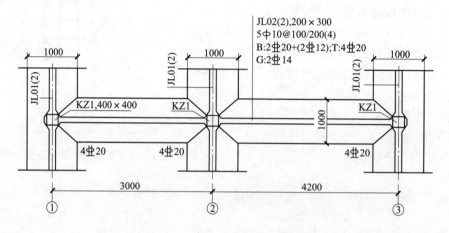

图1-40　基础梁 JL02 平法施工图

【解】

本例中不计算加腋筋。

（1）底部贯通纵筋 4Φ20

长度＝（3000+4200+200×2+50×2）-2×25+2×15×20

　　　=8250（mm）

（2）顶部贯通纵筋 4Φ20

长度＝（3000+4200+200×2+50×2）-2×25+2×15×20

　　　=8250（mm）

（3）箍筋

1）外大箍筋长度=（200-2×25）×2+（300-2×25）×2+2×11.9×10

　　　　　　　=1038（mm）

2）内小箍筋长度=［（200-2×25-20-20）/3+20+20］×2+

　　　　　　　（300-2×25）×2+2×11.9×10

　　　　　　　=892（mm）

3）箍筋根数：

第一跨：5×2+7=17（根）

两端各5Φ10。

中间箍筋根数=（3000-200×2-50×2-100×5×2）/200-1=7（根）

第二跨：5×2+13=23（根）

两端各5Φ10。

中间箍筋根数=（4200-200×2-50×2-100×5×2）/200-1=13（根）

节点内箍筋根数=400/100=4（根）

基础梁 JL02 箍筋总根数为：

外大箍筋根数 $= 17 + 23 + 4 \times 4 = 56$（根）

内小箍筋根数 $= 56$（根）

（4）支座①底部非贯通纵筋 2 $\underline{\Phi}$ 20

长度 = 延伸长度 $l_n/3$ + 柱宽 + 伸到端部并弯折 15$d$

$\qquad$ $= （3000 - 400）/3 + 400 + 50 - 25 + 15 \times 20$

$\qquad$ $= 1592$（mm）

（5）底部中间柱下区域非贯通筋 2 $\underline{\Phi}$ 20

长度 $= 2 \times l_n/3$ + 柱宽

$\qquad$ $= 2 \times （4200 - 400）/3 + 400$

$\qquad$ $= 2934$（mm）

（6）底部架立筋 2 $\underline{\Phi}$ 12

第一跨底部架立筋长度 = 轴线尺寸 $- 2 \times l_n/3 + 2 \times 150$

$\qquad$ $= 3000 - 2 \times （4200 - 400）/3 + 2 \times 150$

$\qquad$ $= 766$（mm）

第二跨底部架立筋长度 = 轴线尺寸 $- 2 \times l_n/3 + 2 \times 150$

$\qquad$ $= 4200 - 2 \times （4200 - 400）/3 + 2 \times 150$

$\qquad$ $= 1966$（mm）

（7）侧部构造筋 2 $\underline{\Phi}$ 14

第一跨侧部构造筋长度 = 净长 $+ 15d$

$\qquad$ $= 3000 - 2 \times （200 + 50）$

$\qquad$ $= 2500$（mm）

第二跨侧部构造筋长度 $= 4200 - 2 \times （200 + 50）$

$\qquad$ $= 3700$（mm）

拉筋（$\Phi$8）间距为最大箍筋间距的 2 倍。

第一跨拉筋根数 $= ［3000 - 2 \times （200 + 50）］/400 + 1 = 8$（根）

第二跨拉筋根数 $= ［4200 - 2 \times （200 + 50）］/400 + 1 = 11$（根）

## 要点 12：条形基础底板配筋构造及算例

**1. 条形基础底板配筋构造**

（1）条形基础十字交接基础底板

条形基础十字交接基础底板配筋构造如图 1 - 41 所示。

1）十字交接时，一向受力筋贯通布置，另一向受力筋在交接处伸入 $b/4$ 范围内布置。

2）一向分布筋贯通，另一向分布在交接处与受力筋搭接。

3）当条形基础设有基础梁时，基础底板的分布钢筋在梁宽范围内不设置。

（2）转角梁板端部均有纵向延伸

转角梁板端部均有纵向延伸时，条形基础底板配筋构造如图 1 - 42 所示。

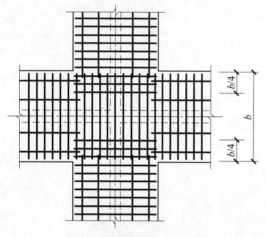

图1-41 条形基础十字交接
基础底板配筋构造

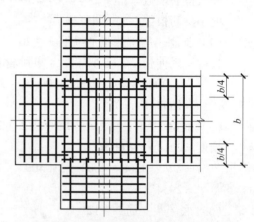

图1-42 转角梁端部均有纵向延伸时,
条形基础底板配筋构造

1）交接处，两向受力筋相互交叉形成钢筋网，分布筋则需要切断，与另一方向受力筋搭接。

2）当条形基础设有基础梁时，基础底板的分布钢筋在梁宽范围内不设置。

（3）丁字交接基础底板

丁字交接基础底板配筋构造如图1-43所示。

1）丁字交接时，丁字横向受力筋贯通布置，丁字竖向受力筋在交接处伸入$b/4$范围内布置。

2）一向分布筋贯通，另一向分布筋在交接处与受力筋搭接。

3）当条形基础设有基础梁时，基础底板的分布钢筋在梁宽范围内不设置。

（4）转角梁板端部无纵向延伸

转角梁板端部无纵向延伸时，条形基础底板配筋构造如图1-44所示。

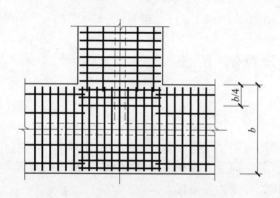

图1-43 丁字交接基础底板配筋构造

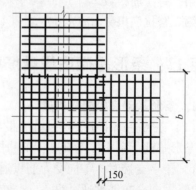

图1-44 转角梁板端部无纵向延伸时,
条形基础底板配筋构造

1）交接处，两向受力筋相互交叉形成钢筋网，分布筋则需要切断，与另一方向受力筋搭接，搭接长度为150mm。

2）当条形基础设有基础梁时，基础底板的分布钢筋在梁宽范围内不设置。

## 2．条形基础底板配筋长度减短10%构造

条形基础底板配筋长度减短10%构造如图1－45所示。

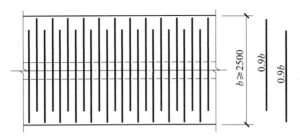

**图1－45　条形基础底板配筋长度减短10%构造**

底板交接区的受力钢筋和无交接底板时端部第一根钢筋不应减短。

## 3．条形基础板底不平构造

条形基础底板不平钢筋构造可分为两种情况，如图1－46和图1－47所示。其中图1－47为板式条形基础。

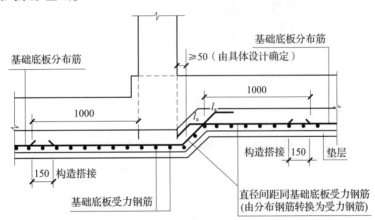

**图1－46　条形基础底板不平钢筋构造（一）**

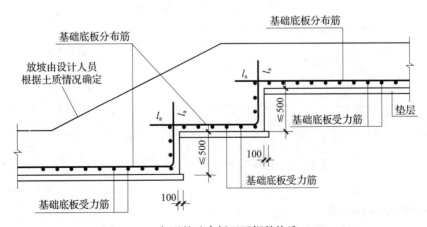

**图1－47　条形基础底板不平钢筋构造（二）**

条形基础底板不平钢筋构造（一）：在墙（柱）左方之外1000mm的分布筋转换为受力钢筋，在右侧上拐点以右1000mm的分布筋转换为受力钢筋。转换后的受力钢筋锚固长度为$l_a$，与原来的分布筋搭接，搭接长度为150mm。

条形基础底板不平钢筋构造（二）：条形基础底板呈阶梯型上升状，基础底板分布筋垂直上弯，受力筋位于内侧。

### 4. 条形基础无交接底板端部构造

条形基础无交接底板端部构造如图1-48所示。

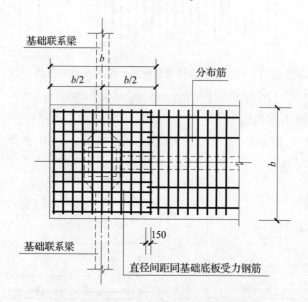

**图1-48 条形基础无交接底板端部构造**

条形基础端部无交接底板，受力筋在端部$b$范围内相互交叉，分布筋与受力筋搭接，搭接长度为150mm。

【**例1-13**】条形基础底板$TJP_p01$平法施工图如图1-49所示，求$TJP_p01$底部的受力筋及分布筋。

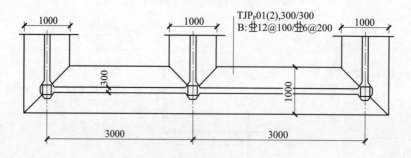

**图1-49 条形基础底板$TJP_p01$平法施工图**

【解】

（1）受力筋±12@100

长度＝条形基础底板宽度$-2c=1000-2\times40=920$（mm）

根数 = （3000 × 2 + 2 × 500 − 2 × 50）/100 + 1 = 70（根）

（2）分布筋Φ6@200

长度 = 3000 × 2 − 2 × 500 + 2 × 40 + 2 × 150 = 5380（mm）

单侧根数 = （500 − 150 − 2 × 100）/200 + 1 = 2（根）

【例1－14】条形基础底板 TJP_P02 平法施工图如图1－50所示，求 TJP_P02 底部的受力筋及分布筋。

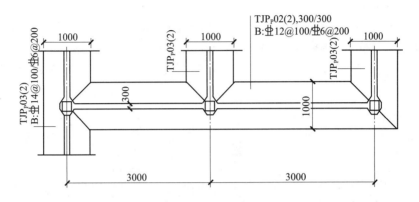

图1－50 条形基础底板 TJP_P02 平法施工图

【解】

（1）受力筋Φ12@100

长度 = 条形基础底板宽度 − 2c = 1000 − 2 × 40 = 920（mm）

根数 = （3000 × 2 − 50 + 1000/4）/100 + 1 = 63（根）

（2）分布筋Φ6@200

长度 = 3000 × 2 − 2 × 500 + 2 × 40 + 2 × 150 = 5380（mm）

单侧根数 = （500 − 150 − 2 × 100）/200 + 1 = 2（根）

【例1－15】条形基础底板 TJP_P03 平法施工图如图1－51所示，求 TJP_P03 底部的受力筋及分布筋。

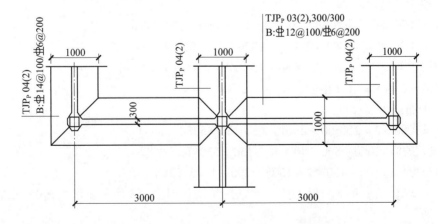

图1－51 条形基础底板 TJP_P03 平法施工图

**【解】**

（1）受力筋 $\Phi$ 12@100

长度 = 条形基础底板宽度 $-2c = 1000 - 2 \times 40 = 920$（mm）

根数 = $23 \times 2 = 46$（根）

第 1 跨根数 = $(3000 - 50 + 1000/4)/100 + 1 = 33$（根）

第 2 跨根数 = $(3000 - 50 + 1000/4)/100 + 1 = 33$（根）

（2）分布筋 $\Phi$ 6@200

长度 = $3000 \times 2 - 2 \times 500 + 2 \times 40 + 2 \times 150 = 5380$（mm）

单侧根数 = $(500 - 150 - 2 \times 100)/200 + 1 = 2$（根）

**【例 1 – 16】** 条形基础底板 TJP$_p$04 平法施工图如图 1 – 52 所示，求 TJP$_p$04 底部的受力筋及分布筋。

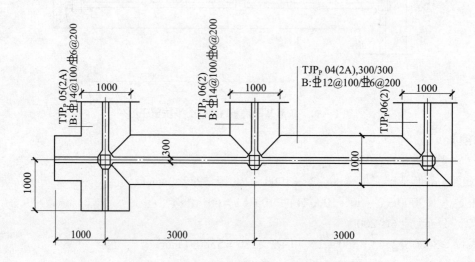

**图 1 – 52　条形基础底板 TJP$_p$04 平法施工图**

**【解】**

（1）受力筋 $\Phi$ 12@100

长度 = 条形基础底板宽度 $-2c = 1000 - 2 \times 40 = 920$（mm）

非外伸段根数 = $(3000 \times 2 - 50 + 1000/4)/100 + 1 = 63$（根）

外伸段根数 = $(1000 - 500 - 50 + 1000/4)/100 + 1 = 8$（根）

总根数 = $63 + 8 = 71$（根）

（2）分布筋 $\Phi$ 6@200

长度 = $3000 \times 2 - 2 \times 500 + 2 \times 40 + 2 \times 150 = 5380$（mm）

外伸段长度 = $1000 - 500 - 40 + 40 + 150 = 650$（mm）

单侧根数 = $(500 - 150 - 2 \times 100)/200 + 1 = 2$（根）

**【例 1 – 17】** 条形基础底板 TJP$_p$05 平法施工图如图 1 – 53 所示，求 TJP$_p$05 底部的受力筋及分布筋。

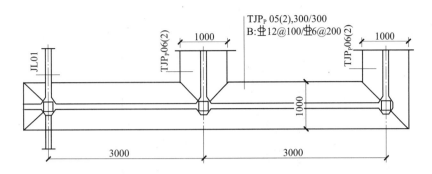

图 1－53　条形基础底板 $TJP_p05$ 平法施工图

【解】

（1）受力筋⊈12@100

长度 = 条形基础底板宽度 $-2c = 1000 - 2 \times 40 = 920$（mm）

左端另一向交接钢筋长度 $= 1000 - 40 = 960$（mm）

左端一向的钢筋根数 $=（3000 \times 2 + 500 \times 2 - 2 \times 50）/100 + 1 = 70$（根）

左端另一向交接钢筋根数 $=（1000 - 50）/100 + 1 = 11$（根）

总根数 $= 70 + 11 = 81$（根）

（2）分布筋⊈6@200

长度 $= 3000 \times 2 - 2 \times 500 + 40 + 2 \times 150 = 5340$（mm）

单侧根数 $=（500 - 150 - 2 \times 100）/200 + 1 = 2$（根）

## 要点 13：基础次梁纵向钢筋与箍筋构造及算例

基础次梁纵向钢筋与箍筋构造如图 1－54 所示。

1）顶部和底部贯通纵筋在连接区内采用搭接、机械连接或对焊连接，且在同一连接区段内接头面积百分比率不宜大于 50%。当钢筋长度可穿过一连接区到下一连接区并满足要求时，宜穿越设置。当底部纵筋多于两排时，从第三排起非贯通纵筋向跨内的伸出长度值应由设计者注明。

2）节点区内箍筋按梁端箍筋设置。梁相互交叉宽度内的箍筋按截面高度较大的基础梁设置。当具体设计未注明时，基础梁外伸部位按梁端第一种箍筋设置。

【例 1－18】基础次梁 JCL06 平法施工图如图 1－55 所示，求 JCL06 顶部、底部的贯通纵筋、非贯通纵筋及箍筋。

【解】

（1）顶部贯通纵筋 2⊈25

长度 = 净长 + 两端锚固

锚固长度 $= \max（0.5h_c, 12d） = \max（0.5 \times 600, 12 \times 25） = 300$（mm）

长度 $= 8000 \times 3 - 600 + 2 \times 300 = 24000$（mm）

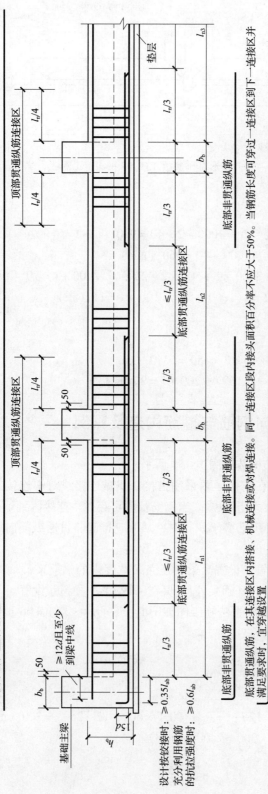

图 1—54　基础次梁纵向钢筋与箍筋构造

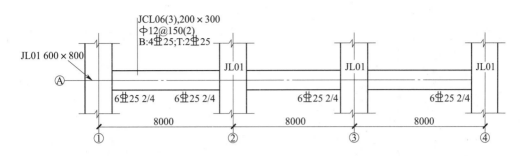

图 1 – 55　基础次梁 JCL06 平法施工图

（2）底部贯通纵筋 4 $\Phi$ 25

长度 = 净长 + 两端锚固

锚固长度 = $l_a$ = 29 × 25 = 725（mm）

长度 = 8000 × 3 – 600 + 2 × 725 = 24850（mm）

（3）支座①、④底部非贯通纵筋 2 $\Phi$ 25

长度 = 支座锚固长度 + 支座外延伸长度 + 支座宽度

锚固长度 = 15$d$ = 15 × 25 = 375（mm）

支座向跨内伸长度 = $l_n$/3 =（8000 – 600）/3 = 2467（mm）

长度 = 375 + 2467 + 600 = 3442（mm）

（4）支座②、③底部非贯通纵筋 2 $\Phi$ 25

长度 = 2 × 延伸长度 + 支座宽度 = 2 × $l_n$/3 + $h_b$ = 2 ×（8000 – 600）/3 + 600 = 5533（mm）

（5）箍筋长度

箍筋长度 = 2 ×［（200 – 50）+（300 – 50）］+ 2 × 11.9 × 12 = 1086（mm）

（6）箍筋根数

三跨总根数 = 3 ×［（7400 – 100）/150 + 1］

= 149（根）（基础次梁箍筋只布置在净跨内，支座内不布置箍筋）

## 要点 14：梁板式筏形基础平板钢筋构造及算例

梁板式筏形基础平板钢筋构造如图 1 – 56 所示。

1）顶部贯通纵筋在连接区内采用搭接、机械连接或焊接。同一连接区段内接头面积百分比率不宜大于 50%。当钢筋长度可穿过一连接区到下一连接区并满足要求时，宜穿越设置。

2）底部非贯通纵筋自梁中心线到跨内的伸出长度 ≥ $l_n$/3（$l_n$ 是基础平板 LPB 的轴线跨度）。

3）底部贯通纵筋在基础平板内按贯通布置。

底部贯通纵筋的长度 = 跨度 – 左侧伸出长度 – 右侧伸出长度 ≤ $l_n$/3（"左、右侧伸出长度"即左、右侧的底部非贯通纵筋伸出长度）。

混凝土结构平法计算要点解析

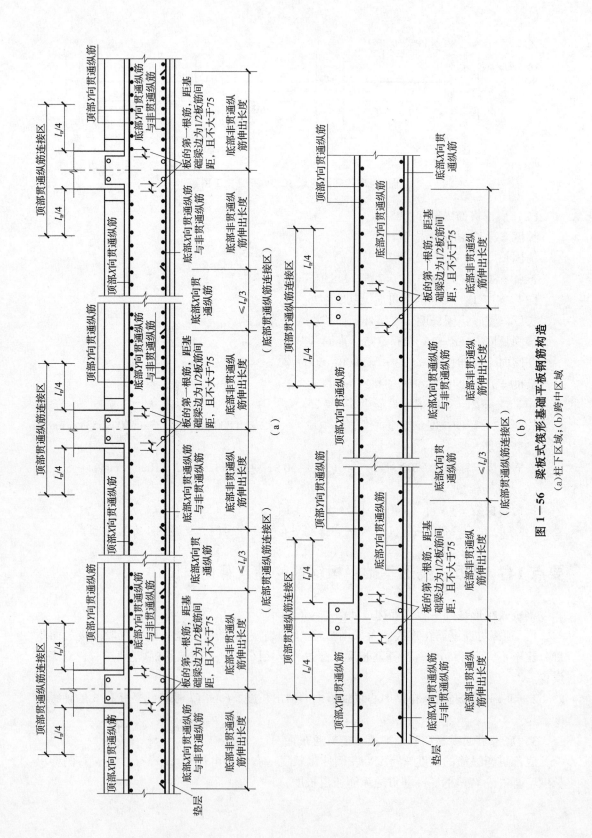

图 1—56　梁板式筏形基础平板钢筋构造

(a)柱下区域；(b)跨中区域

底部贯通纵筋直径不一致时：当某跨底部贯通纵筋直径大于邻跨时，如果相邻板区板底一平，则应在两毗邻跨中配置较小一跨的跨中连接区内进行连接（即配置较大板跨的底部贯通纵筋须越过板区分界线伸至毗邻板跨的跨中连接区域）。

4）基础平板同一层面的交叉纵筋，何向纵筋在下，何向纵筋在上，应按具体设计说明设置。

**【例1-19】** 梁板式筏形基础平板在 $X$ 方向上有7跨，而且两端有外伸。

在 $X$ 方向上的第1跨上有集中标注：

LPB1　$h = 400$

$X$：B$\Phi$14@300；T$\Phi$14@300；（4A）

$Y$：略

在 $X$ 方向的第5跨上有集中标注：

LPB2　$h = 400$

$X$：B$\Phi$12@300；T$\Phi$12@300；（4A）

$Y$：略

在第1跨标注了底部附加非贯通纵筋①$\Phi$14@300（4A）。

在第5跨标注了底部附加非贯通纵筋②$\Phi$14@300（3A）。

原位标注的底部附加非贯通纵筋跨内伸出长度为1800mm。

基础平板 LPB3 每跨的轴线跨度均为5000mm，两端的伸出长度为1000mm。混凝土强度等级为C20。

**【解】**

1）（第5跨）底部贯通纵筋连接区长度 $= 5000 - 1800 - 1800 = 1400$（mm）。

底部贯通纵筋连接区的起点为非贯通纵筋的端点，即（第5跨）底部贯通纵筋连接区的起点是⑤号轴线以右1800mm处。

2）第1跨至第4跨的底部贯通纵筋①$\Phi$14 钢筋越过第4跨与第5跨的分界线（⑤号轴线）以右1800mm处，伸入第5跨的跨中连接区与第5跨的底部贯通纵筋②$\Phi$12 进行搭接。

3）搭接长度的计算：

①$\Phi$14 钢筋与②$\Phi$12 钢筋的搭接长度 $= 1.4 \times l_a = 1.4 \times 39d = 1.4 \times 39 \times 12 = 655$（mm）

4）外伸部位的贯通纵筋长度 $= 1000 - 40 = 960$（mm）。

5）①$\Phi$14 钢筋的长度：

第一个搭接点位置钢筋长度 $= 960 + 5000 \times 4 + 1800 + 655 = 23415$（mm）

第二个搭接点位置钢筋长度 $= 23415 + 1.3 l_l = 23415 + 1.3 \times 655 = 24267$（mm）

6）②$\Phi$12 钢筋长度：

钢筋长度 $1 = 1400 + 1800 + 5000 \times 2 + 960 = 14160$（mm）

钢筋长度 $2 = 14160 - 850 = 13310$（mm）

# 要点15：梁板式筏形基础底板钢筋翻样及算例

## 1. 端部无外伸构造

底部贯通筋长度 = 筏板长度 - 2×保护层厚度 + 弯折长度 2×15d　　　（1-52）

即使底部锚固区水平段长度满足不小于 $0.4l_a$ 时，底部纵筋也必须伸至基础梁箍筋内侧。

$$上部贯通筋长度 = 筏板净跨长 + \max\,(12d,\ 0.5h_c) \tag{1-53}$$

**2. 端部有外伸构造**

$$底部贯通筋长度 = 筏板长度 - 2 \times 保护层厚度 + 弯折长度 \tag{1-54}$$

$$上部贯通筋长度 = 筏板长度 - 2 \times 保护层厚度 + 弯折长度 \tag{1-55}$$

弯折长度算法如下：

（1）弯钩交错封边

弯钩交错封边构造如图 1-57 所示。

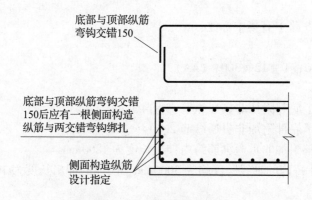

**图 1-57　弯钩交错封边构造**

$$弯折长度 = 筏板高度/2 - 保护层厚度 + 75mm \tag{1-56}$$

（2）U 形封边构造

U 形封边构造如图 1-58 所示。

$$弯折长度 = 12d$$

$$U 形封边长度 = 筏板高度 - 2 \times 保护层厚度 + 2 \times 12d \tag{1-57}$$

（3）无封边构造

无封边构造如图 1-59 所示。

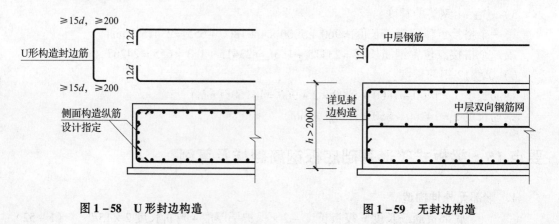

**图 1-58　U 形封边构造**　　　　　　**图 1-59　无封边构造**

$$弯折长度 = 12d$$
$$中层钢筋网片长度 = 筏板长度 - 2 \times 保护层厚度 + 2 \times 12d \qquad (1-58)$$

**3. 梁板式筏形基础平板变截面钢筋翻样**

筏板变截面包括以下几种情况：板底有高差，板顶有高差，板底、板顶均有高差。

如筏板下部有高差，低跨的筏板必须做成45°或者60°梁底台阶或者斜坡。

如筏板梁有高差，不能贯通的纵筋必须相互锚固。

（1）板顶有高差

基础筏板板顶有高差构造如图1-60所示。

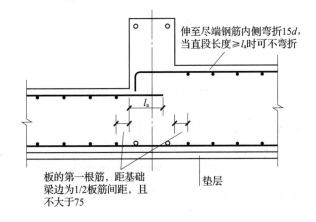

伸至尽端钢筋内侧弯折15d，当直段长度≥$l_a$时可不弯折

$l_a$

板的第一根筋，距基础梁边为1/2板筋间距，且不大于75

垫层

**图1-60 基础筏板板顶有高差**

$$低跨筏板上部纵筋伸入基础梁内长度 = max\ (12d,\ 0.5h_b) \qquad (1-59)$$
$$高跨筏板上部纵筋伸入基础梁内长度 = max\ (12d,\ 0.5h_b) \qquad (1-60)$$

（2）板底有高差

基础筏板板底有高差构造如图1-61所示。

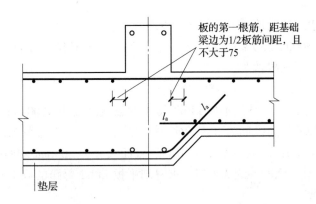

板的第一根筋，距基础梁边为1/2板筋间距，且不大于75

$l_a$

$l_a$

垫层

**图1-61 基础筏板板底有高差**

$$高跨基础筏板下部纵筋伸入高跨内长度 = l_a$$
$$低跨基础筏板下部纵筋斜弯折长度 = 高差值/sin45°\ (60°)\ + l_a \qquad (1-61)$$

（3）板顶、板底均有高差

基础筏板板顶、板底均有高差构造如图 1－62 所示。

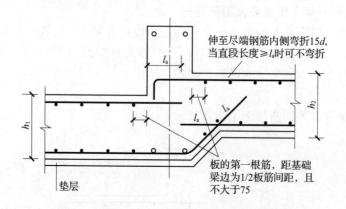

图 1－62　基础筏板板顶、板底均有高差

低跨基础筏板上部纵筋伸入基础主梁内 max（$12d$，$0.5h_b$）。

高跨基础筏板上部纵筋伸入基础主梁内 max（$12d$，$0.5h_b$）。

高跨的基础筏板下部纵筋伸入高跨内长度 = $l_a$

低跨的基础筏板下部纵筋斜弯折长度 = 高差值/sin45°（60°）+ $l_a$　　　（1－62）

【例 1－20】梁板式筏形基础平板 LPB1 每跨的轴线跨度为 5000mm，该方向布置的底部贯通纵筋为 Φ14@150，两端的基础梁 JL1 的截面尺寸为 500mm×900mm，纵筋直径为 22mm，基础梁的混凝土强度等级为 C25。试计算基础平板 LPB1 每跨的底部贯通纵筋根数。

【解】

梁板式筏形基础平板 LPB1 每跨的轴线跨度为 5000mm，即两端的基础梁 JL1 的中心线之间的距离为 5000mm。

两端的基础梁 JL1 的梁角筋中心线之间的距离为：

$$5000 － 250 × 2 + 22 × 2 +（22/2）× 2 = 4566（mm）$$

因此，底部贯通纵筋根数为：

$$4566/150 = 31（根）$$

【例 1－21】梁板式筏形基础平板 LPB2 每跨的轴线跨度为 4000mm，该方向原位标注的基础平板底部附加非贯通纵筋为 B Φ20@300（3），而在该 3 跨范围内集中标注的底部贯通纵筋为 B Φ20@300；两端的基础梁 JL1 的截面尺寸为 500mm×900mm，纵筋直径为 22mm，基础梁的混凝土强度等级为 C25。求基础平板 LPB2 每跨的底部贯通纵筋及底部附加非贯通纵筋的根数。

【解】

原位标注的基础平板底部附加非贯通纵筋为：B Φ20@300（3），而在该 3 跨范围内集中标注的底部贯通纵筋为 B Φ20@300，这样就形成了"隔一布一"的布筋方式。该 3 跨实际横向设置的底部纵筋合计为 Φ20@150。

梁板式筏形基础平板 LPB2 每跨的轴线跨度为 4000mm，即两端的基础梁 JL1 中心线之间的距离为 4000mm，则两端的基础梁 JL1 的梁角筋中心线之间的距离为：

$$4000 - 250 \times 2 + 22 \times 2 + （22/2）\times 2 = 3566（mm）$$

因此，底部贯通纵筋和底部附加非贯通纵筋的总根数为：

$$3566/150 = 24（根）$$

# 第2章 柱

## 要点1：框架柱基础插筋计算及实例

以筏形基础为例，框架柱基础插筋的计算公式如下：

**1. 框架柱插入到基础梁以内部分长度计算公式**

$$框架柱插入到基础梁以内部分长度 = 基础梁截面高度 - 基础梁下部纵筋直径 \atop - 筏板底部纵筋直径 - 筏板保护层 \quad (2-1)$$

**2. 框架柱净高计算公式**

$$地下室柱净高 = 地下室层高 - 地下室顶框架梁高 - 基础主梁与筏板高差 \quad (2-2)$$

【例2-1】试求框架柱 KZ1 的基础插筋。KZ1 的截面尺寸为 750mm × 700mm，柱纵筋为 22 ⊈ 25，混凝土强度等级 C30，二级抗震等级。

假设某建筑物有层高为 5.0m 的地下室。地下室下面是正筏板基础（即低板位的有梁式筏形基础，基础梁底和基础板底一平）。地下室顶板的框架梁采用 KL1（300mm × 700mm）。基础主梁的截面尺寸为 700mm × 900mm，下部纵筋为 9 ⊈ 25。筏板的厚度为 600mm，筏板的纵向钢筋均为 ⊈ 18@200，如图 2-1 所示。

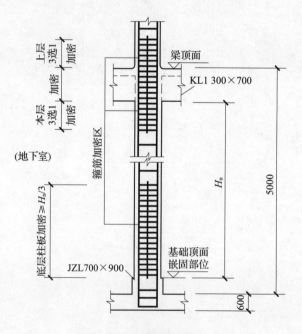

图2-1 筏形基础构造之一

【解】

（1）计算框架柱基础插筋伸出基础梁顶面以上的长度

已知：地下室层高为 5000mm，地下室顶框架梁高为 700mm，基础主梁高为 900mm，筏板厚度为 600mm，所以：

地下室框架柱净高 $H_n = 5000 - 700 - (900 - 600) = 4000$（mm）

框架柱基础插筋（短筋）伸出长度 $= H_n/3 = 4000/3 = 1333$（mm）

框架柱基础插筋（长筋）伸出长度 $= 1333 + 35 \times 25 = 2208$（mm）

（2）计算框架柱基础插筋的直锚长度

已知：基础主梁高度为 900mm，基础主梁下部纵筋直径为 25mm，筏板下层纵筋直径为 18mm，基础保护层厚度为 40mm，所以：

框架柱基础插筋直锚长度 $= 900 - 25 - 18 - 40 = 817$（mm）

（3）框架柱基础插筋的总长度

框架柱基础插筋的垂直段长度（短筋）$= 1333 + 817 = 2150$（mm）

框架柱基础插筋的垂直段长度（长筋）$= 2208 + 817 = 3025$（mm）

因为，$l_{aE} = 40d = 40 \times 25 = 1000$（mm），而现在的直锚长度 $= 817mm < l_{aE}$，所以：

框架柱基础插筋的弯钩长度 $= 15d = 15 \times 25 = 375$（mm）

框架柱基础插筋（短筋）的总长度 $= 2150 + 375 = 2525$（mm）

框架柱基础插筋（长筋）的总长度 $= 3025 + 375 = 3400$（mm）

【例2-2】试求框架柱 KZ1 的基础插筋。KZ1 的柱纵筋为 22$\Phi$25，混凝土强度等级 C30，二级抗震等级。

假设某建筑物一层的层高为 5.0m（从 ±0.000 算起）。一层的框架梁采用 KL1（300mm×700mm）。一层框架柱的下面是独立柱基，独立柱基的总高度为 1200mm（即柱基平台到基础底板的高度为 1200mm）。独立柱基的底面标高为 -1.800m，独立柱基下部的基础板厚 500mm，独立柱基底部的纵向钢筋均为 $\Phi$18@200，如图 2-2 所示。

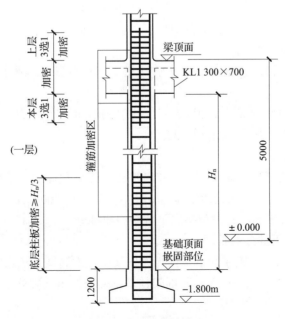

图2-2 筏形基础构造之二

**【解】**

（1）计算框架柱基础插筋伸出基础梁顶面以上的长度

已知：从 ±0.000 到一层板顶的高度为 5000mm，独立柱基的底面标高为 −1.800m，柱基平台到基础板底的高度为 1200mm，则：

柱基平台到一层板顶的高度 = 5000 + 1800 − 1200 = 5600（mm）

一层的框架梁高 = 700mm

一层的框架柱净高 = 5600 − 700 = 4900（mm）

框架柱基础插筋（短筋）伸出长度 = 4900/3 = 1633（mm）

框架柱基础插筋（长筋）伸出长度 = 1633 + 35 × 25 = 2508（mm）

（2）计算框架柱基础插筋的直锚长度

已知：柱基平台到基础板底的高度为 1200mm，独立柱基底部的纵向钢筋直径为 18mm，基础保护层厚度 = 40mm，所以：

框架柱基础插筋直锚长度 = 1200 − 18 − 40 = 1142（mm）

（3）框架柱基础插筋的总长度

框架柱基础插筋（短筋）的垂直段长度 = 1633 + 1142 = 2775（mm）

框架柱基础插筋（长筋）的垂直段长度 = 2508 + 1142 = 3650（mm）

因为，$l_{aE} = 40d = 40 × 25 = 1000$（mm），而现在的直锚长度 = 1142mm > $l_{aE}$，所以：

框架柱基础插筋的弯钩长度 = max（6d，150）= max（6 × 25，150）= 150（mm）

框架柱基础插筋（短筋）的总长度 = 2775 + 150 = 2925（mm）

框架柱基础插筋（长筋）的总长度 = 3650 + 150 = 3800（mm）

# 要点 2：机械连接或焊接连接时的柱纵筋计算

框架柱纵筋计算应遵循分层计算的原则，具体包括以下内容：

## 1. 框架柱纵筋的基础插筋

框架柱纵筋的基础插筋包括：锚入基础（梁）以内的部分和伸出基础（梁）顶面以上部分。

注意：柱基础插筋伸出基础梁顶面有长、短筋的不同长度，其中"短筋"的伸出长度为 $H_n/3$，"长筋"的伸出长度为 $H_n/3 + 35d$。

## 2. 地下室的柱纵筋

地下室的柱纵筋的计算长度：下端与伸出基础（梁）顶面的柱插筋相接，上端伸出地下室顶板以上一个"三选一"的长度，即 max（$H_n/6$，$h_c$，500）。

这样，地下室的柱纵筋的长度包括以下两个组成部分：

1）地下室顶板以下部分的长度：

$$柱净高 H_n + 地下室顶板的框架梁截面高度 − H_n/3$$

其中，$H_n$ 是地下室的件净高，$H_n/3$ 就是框架柱基础插筋伸出基础梁顶面以上的长度。

2）地下室板顶以上部分的长度：

$$max（H_n/6，h_c，500）$$

其中，$H_n$ 是地下室以上的那个楼层（例如"一层"）的柱净高，$h_c$ 也是地下室以上的那个楼层（例如"一层"）的柱截面长边尺寸。

地下室的柱纵筋可以采用统一的长度。这个"统一的长度"与基础插筋伸出基础梁顶面的长、短筋相接，伸到地下室顶板之上时，柱纵筋继续形成长、短筋的两种长度。

**3. 一层的柱纵筋**

（1）当"一层"的下面有"地下室"时

此时一层的柱纵筋的计算长度是：下端与地下室伸出板顶的柱纵筋相连接，上端伸出一层顶板一个"三选一"的长度，即 max（$H_n/6$，$h_c$，500）。

通常情况下，会选用"一层的层高"来作为本楼层的框架柱纵筋的长度。

（2）当"一层"的下面没有"地下室"时

此时的一层的柱纵筋与地下室的柱纵筋类似。

**4. 标准层的柱纵筋**

此时，标准层的柱纵筋的计算长度是：下端与下一层伸出板顶的柱纵筋相连接，上端伸出本层顶板一个"三选一"的长度，即 max（$H_n/6$，$h_c$，500）。

通常情况下，会选用"标准层的层高"来作为本楼层所有的框架柱纵筋的长度。

**5. 顶层的柱纵筋**

顶层的柱纵筋的计算长度是：下端与下一层伸出板顶的柱纵筋相连接，上端伸至本层楼板的板顶（减去保护层厚度），再弯 $12d$ 的直钩。

由于从"下一层"伸上来的柱纵筋有长、短筋两种长度，所以，与长、短筋连接的相应"顶层的柱纵筋"的长度就有短、长筋两种不同的长度。

假如"下一层"伸上来的柱纵筋长度，短筋为 max（$H_n/6$，$h_c$，500），长筋为 max（$H_n/6$，$h_c$，500）$+35d$，则顶层柱纵筋的垂直段长度分别为：

$$顶层的层高 - 保护层厚度 - max（H_n/6，h_c，500）$$
$$顶层的层高 - 保护层厚度 - max（H_n/6，h_c，500）-35d$$

然后，顶层的每根柱纵筋都加上一个 $12d$ 的弯钩。

# 要点 3：绑扎搭接连接时的柱纵筋计算

**1. 框架柱纵筋的基础插筋**

框架柱纵筋的基础插筋包括：锚入基础（梁）以内的部分和伸出基础（梁）顶面以上部分。

需要注意的是，柱基础插筋伸出基础梁顶面有长、短筋的不同长度：

$$"短筋"的伸出长度 = H_n/3 + l_{lE}$$
$$"长筋"的伸出长度 = "短筋"的伸出长度 + 1.3 l_{lE}$$

**2. 地下室的柱纵筋**

地下室的柱纵筋的长度包括以下两个部分：

1）地下室顶板以下部分的长度：

$$柱净高 H_n + 地下室顶板的框架梁截面高度 - H_n/3$$

其中，$H_n$是地下室的柱净高，$H_n/3$就是框架柱基础插筋伸出基础梁顶面以上的长度。

2）地下室顶板以上部分的长度：

$$\max（H_n/6，h_c，500）+l_{lE}$$

其中，$H_n$是地下室以上的那个楼层的柱净高，$h_c$也是地下室以上的那个楼层的柱截面长边尺寸。

地下室的柱纵筋可以采用统一的长度。这个"统一的长度"与基础插筋伸出基础梁顶面的长、短筋相接，伸到地下室顶板之上时，柱纵筋继续形成长、短筋的两种长度。

**3．一层的柱纵筋**

关于"一层的柱纵筋"的计算可参考"要点2：机械连接或焊接连接时的柱纵筋计算"中的相关内容。

**4．标准层的柱纵筋**

标准层的柱纵筋可以采用统一的长度。这个"统一的长度"就是：

$$标准层柱纵筋长度 = 标准层层高 + l_{lE}$$

**5．顶层的柱纵筋**

顶层的柱纵筋的计算长度就是：下端与下一层伸出板顶的柱纵筋相连接，上端伸至本层楼板的板顶（减去保护层厚度），再弯$12d$的直钩。

因为从"下一层"伸上来的柱纵筋有长、短筋两种长度，所以，与长、短筋连接的相应"顶层的柱纵筋"的长度就有短、长筋两种不同的长度。

假如"下一层"伸上来的柱纵筋长度，短筋为$\max（H_n/6，h_c，500）+l_{lE}$，长筋为短筋伸出长度$+1.3l_{lE}$，则顶层柱纵筋与"短筋"和"长筋"相接的垂直段长度分别为：

$$顶层层高 - 保护层厚度 - \max（H_n/6，h_c，500）$$

$$顶层层高 - 保护层厚度 - \max（H_n/6，h_c，500）-1.3l_{lE}$$

然后，顶层的每根柱纵筋都加上一个$12d$的弯钩。

# 要点4："梁插柱"做法中，"顶梁的上部纵筋配筋率"的计算

顶梁上部纵筋配筋率的计算方法如下：

顶梁上部纵筋配筋率等于顶梁上部纵筋（如果有两排钢筋的话，两排都要算）的截面积除以梁的有效截面积。

梁有效截面积等于梁宽乘以梁的有效高度。

梁的有效高度的计算：当配一排筋时，为梁高减35mm；配两排筋时，为梁高减60mm。

# 要点5：抗震框架柱、剪力墙上柱、梁上柱的箍筋加密区及实例

箍筋对混凝土的约束程度是影响框架柱弹塑性变形能力的重要因素之一。从抗震的角度考虑，为增加柱接头搭接整体性以及提高柱承载能力，抗震框架柱（KZ）、剪力墙上柱（QZ）、梁上柱（LZ）的箍筋加密区范围如图2-3所示。

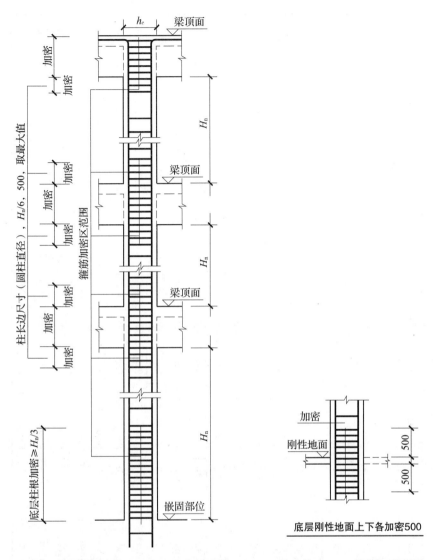

底层刚性地面上下各加密500

**图 2 - 3 抗震框架柱（KZ）、剪力墙上柱（QZ）、梁上柱（LZ）箍筋加密范围**

1）柱端取截面高度或圆柱直径、柱净高的 1/6 和 500mm 三者中的最大值。

2）底层柱的下端不小于柱净高的 1/3。

3）刚性地面上下各 500mm。

4）剪跨比不大于 2 的柱、因设置填充墙等形成的柱净高与柱截面高度之比不大于 4 的柱、框支柱、一级和二级框架的角柱，取全高。

5）当柱在某楼层各向均无梁连接时，计算箍筋加密范围采用的 $H_n$ 按该跃层柱的总净高取用。

6）墙上起柱，在墙顶面标高以下锚固范围内的柱箍筋按上柱非加密区箍筋要求配置。

7）梁上起柱在梁内设两道柱箍筋。

实践中，为便于施工时确定柱箍筋加密区的高度，可按表 2-1 查用，但表中数值未包括框架嵌固部位柱根部箍筋加密区范围。

表2-1　抗震框架柱和小墙肢箍筋加密区高度选用表（mm）

| 柱净高 $H_n$/mm | 柱截面长边尺寸 $h_c$ 或圆柱直径 $D$ | | | | | | | | | | | | | | | | | | |
|---|---|---|---|---|---|---|---|---|---|---|---|---|---|---|---|---|---|---|---|
| | 400 | 450 | 500 | 550 | 600 | 650 | 700 | 750 | 800 | 850 | 900 | 950 | 1000 | 1050 | 1100 | 1150 | 1200 | 1250 | 1300 |
| 1500 | | | | | | | | | | | | | | | | | | | |
| 1800 | 500 | | | | | | | | | | | | | | | | | | |
| 2100 | 500 | 500 | 500 | | | | | | | | | | | | | | | | |
| 2400 | 500 | 500 | 500 | 550 | | | | | | | | | | | | | | | |
| 2700 | 500 | 500 | 500 | 550 | 600 | 650 | | | | | | | | | | | | | |
| 3000 | 500 | 500 | 500 | 550 | 600 | 650 | 700 | | | | | | | | | | | | |
| 3300 | 550 | 550 | 550 | 550 | 600 | 650 | 700 | 750 | 800 | | | | | | | | | | |
| 3600 | 600 | 600 | 600 | 600 | 600 | 650 | 700 | 750 | 800 | 850 | | | | | | | | | |
| 3900 | 650 | 650 | 650 | 650 | 650 | 650 | 700 | 750 | 800 | 850 | 900 | 950 | | | | | | | |
| 4200 | 700 | 700 | 700 | 700 | 700 | 700 | 700 | 750 | 800 | 850 | 900 | 950 | 1000 | | | | | | |
| 4500 | 750 | 750 | 750 | 750 | 750 | 750 | 750 | 750 | 800 | 850 | 900 | 950 | 1000 | 1050 | 1100 | | | | |
| 4800 | 800 | 800 | 800 | 800 | 800 | 800 | 800 | 800 | 800 | 850 | 900 | 950 | 1000 | 1050 | 1100 | 1150 | | | |
| 5100 | 850 | 850 | 850 | 850 | 850 | 850 | 850 | 850 | 850 | 850 | 900 | 950 | 1000 | 1050 | 1100 | 1150 | 1200 | 1250 | |
| 5400 | 900 | 900 | 900 | 900 | 900 | 900 | 900 | 900 | 900 | 900 | 900 | 950 | 1000 | 1050 | 1100 | 1150 | 1200 | 1250 | 1300 |
| 5700 | 950 | 950 | 950 | 950 | 950 | 950 | 950 | 950 | 950 | 950 | 950 | 950 | 1000 | 1050 | 1100 | 1150 | 1200 | 1250 | 1300 |
| 6000 | 1000 | 1000 | 1000 | 1000 | 1000 | 1000 | 1000 | 1000 | 1000 | 1000 | 1000 | 1000 | 1000 | 1050 | 1100 | 1150 | 1200 | 1250 | 1300 |
| 6300 | 1050 | 1050 | 1050 | 1050 | 1050 | 1050 | 1050 | 1050 | 1050 | 1050 | 1050 | 1050 | 1050 | 1050 | 1100 | 1150 | 1200 | 1250 | 1300 |
| 6600 | 1100 | 1100 | 1100 | 1100 | 1100 | 1100 | 1100 | 1100 | 1100 | 1100 | 1100 | 1100 | 1100 | 1100 | 1100 | 1150 | 1200 | 1250 | 1300 |
| 6900 | 1150 | 1150 | 1150 | 1150 | 1150 | 1150 | 1150 | 1150 | 1150 | 1150 | 1150 | 1150 | 1150 | 1150 | 1150 | 1150 | 1200 | 1250 | 1300 |
| 7200 | 1200 | 1200 | 1200 | 1200 | 1200 | 1200 | 1200 | 1200 | 1200 | 1200 | 1200 | 1200 | 1200 | 1200 | 1200 | 1200 | 1200 | 1250 | 1300 |

（空白区域：箍筋全高加密）

注：1　表内数值未包括框架柱嵌固部位柱根部箍筋加密范围。
　　2　柱净高（包括因嵌砌填充墙等形成的柱净高）与柱截面长边尺寸（圆柱为截面直径）的比值 $H_n/h_c \leqslant 4$ 时，箍筋沿柱全高加密。
　　3　小墙肢即墙肢长度不大于墙厚4倍的剪力墙。矩形小墙肢的厚度不大于300mm时，箍筋全高加密。

**【例 2 - 3】** 楼层的层高为 4.20m，抗震框架柱 KZ1 的截面尺寸为 700mm × 650mm，箍筋标注为 Φ10@ 100/200，该层顶板的框架梁截面尺寸为 300mm × 700mm。求该楼层的框架柱箍筋根数。

**【解】**

本层楼的柱净高 $H_n$ = 4200 - 700 = 3500 （mm）

框架柱截面长边尺寸 $h_c$ = 700mm，$H_n/h_c$ = 3500/700 = 5 > 4，由此可以判断该框架柱不是"短柱"。

加密区长度 = max（$H_n/6$，$h_c$，500）= max（3500/6，700，500）= 700 （mm）

（1）上部加密区箍筋根数计算

加密区长度 = max（$H_n/6$，$h_c$，500）+ 框架梁高度 = 700 + 700 = 1400 （mm）

根数 = 1400/100 = 14 （根）

所以上部加密区实际长度 = 14 × 100 = 1400 （mm）

（2）下部加密区箍筋根数计算

加密区长度 = max（$H_n/6$，$h_c$，500）= 700 （mm）

根数 = 700/100 = 7 （根）

所以下部加密区实际长度 = 7 × 100 = 700 （mm）

（3）中间非加密区箍筋根数计算

非加密区长度 = 4200 - 1400 - 700 = 2100 （mm）

根数 = 2100/200 = 11 （根）

（4）本层（KZ1）箍筋根数计算

根数 = 14 + 7 + 11 = 32 （根）

# 要点6：梁上柱插筋计算及实例

梁上柱插筋可分为三种构造形式：绑扎搭接、机械连接、焊接连接，如图 2 - 4 所示。其计算公式如下：

（1）绑扎搭接

梁上柱长插筋长度 = 梁高度 - 梁保护层厚度 - Σ [梁底部钢筋直径 + max（25，$d$）]

$$+ 12d + \max（H_n/6，500，h_c）+ 2.3l_{lE} \qquad (2-3)$$

梁上柱短插筋长度 = 梁高度 - 梁保护层厚度 - Σ [梁底部钢筋直径 + max（25，$d$）]

$$+ 12d + \max（H_n/6，500，h_c）+ l_{lE} \qquad (2-4)$$

（2）机械连接

梁上柱长插筋长度 = 梁高度 - 梁保护层厚度 - Σ [梁底部钢筋直径 + max（25，$d$）]

$$+ 12d + \max（H_n/6，500，h_c）+ 35d \qquad (2-5)$$

梁上柱短插筋长度 = 梁高度 - 梁保护层厚度 - Σ [梁底部钢筋直径 + max（25，$d$）]

$$+ 12d + \max（H_n/6，500，h_c） \qquad (2-6)$$

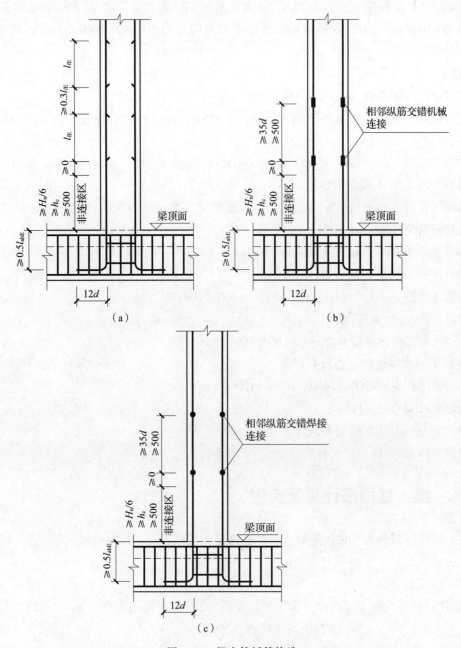

**图 2-4 梁上柱插筋构造**

(a) 绑扎搭接；(b) 机械连接；(c) 焊接连接

（3）焊接连接

$$梁上柱长插筋长度 = 梁高度 - 梁保护层厚度 - \Sigma [梁底部钢筋直径 + \max(25, d)]$$

$$+ 12d + \max(H_n/6, 500, h_c) + \max(35d, 500) \qquad (2-7)$$

$$梁上柱短插筋长度 = 梁高度 - 梁保护层厚度 - \Sigma [梁底部钢筋直径 + \max(25, d)]$$

$$+ 12d + \max(H_n/6, 500, h_c) \qquad (2-8)$$

【例2-4】梁上柱LZ1平面布置图如图2-5所示。计算梁上柱LZ1的纵筋及箍筋。

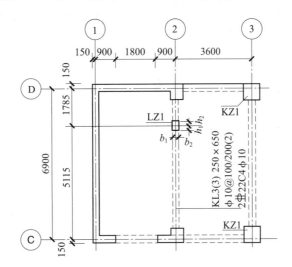

图2-5　梁上柱LZ1平面布置图

梁上柱LZ1的截面尺寸和配筋的数据如下：

LZ1　250×400　6$\Phi$14　$\Phi$8@150　$b_1 = b_2 = 150$mm　$h_1 = h_2 = 200$mm

【解】

（1）梁上柱LZ1纵筋的计算

楼层层高为3.60mm，LZ1的梁顶相对标高高差为-1.800m，则LZ1的梁顶距下一层楼板顶的距离为3600-1800=1800（mm）。

柱根下部的KL3截面高度=650mm

梁上柱LZ1的总长度=1800+650=2450（mm）

柱纵筋的垂直段长度=2450-（20+8）-（22+20+10）=2370（mm）（其中，20+8为柱的保护层厚度，20+10为梁的保护层厚度，22为梁纵筋直径）

柱纵筋的弯钩长度=12×14=168（mm）

柱纵筋的每根长度=168+2370+168=2706（mm）

（2）梁上柱LZ1箍筋的计算

梁上柱LZ1的箍筋根数=2370/150+1=16（根）

箍筋的每根长度=（210+340）×2+26×8=1348（mm）

# 要点7：墙上柱插筋计算

墙上柱插筋可分为三种构造形式：绑扎搭接、机械连接、焊接连接，如图2-6所示。其计算公式为：

## 1. 绑扎搭接

$$墙上柱长插筋长度 = 1.2l_{aE} + \max（H_n/6，500，h_c）+ 2.3l_{lE}$$

$$+ 弯折（h_c/2 - 保护层厚度 + 2.5d）\qquad (2-9)$$

$$墙上柱短插筋长度 = 1.2l_{aE} + \max（H_n/6，500，h_c）$$

$$+ 弯折（h_c/2 - 保护层厚度 + 2.5d）\qquad (2-10)$$

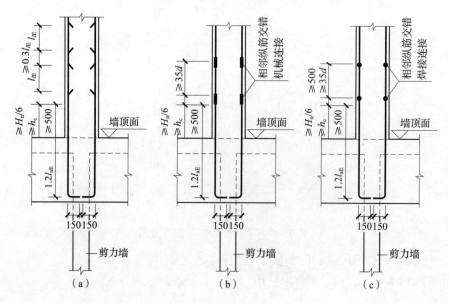

**图 2 - 6　墙上柱插筋构造**

（a）绑扎搭接；（b）机械连接；（c）焊接连接

## 2. 机械连接

$$墙上柱长插筋长度 = 1.2l_{aE} + \max（H_n/6，500，h_c）+ 35d + 弯折（h_c/2$$

$$- 保护层厚度 + 2.5d）\qquad (2-11)$$

$$墙上柱短插筋长度 = 1.2l_{aE} + \max（H_n/6，500，h_c）+ 弯折（h_c/2$$

$$- 保护层厚度 + 2.5d）\qquad (2-12)$$

## 3. 焊接连接

$$墙上柱长插筋长度 = 1.2l_{aE} + \max（H_n/6，500，h_c）+ \max（35d，500）$$

$$+ 弯折（h_c/2 - 保护层厚度 + 2.5d）\qquad (2-13)$$

$$墙上柱短插筋长度 = 1.2l_{aE} + \max（H_n/6，500，h_c）+ 弯折（h_c/2$$

$$- 保护层厚度 + 2.5d）\qquad (2-14)$$

# 要点8：顶层中柱纵筋计算

## 1. 顶层弯锚

（1）绑扎搭接（见图 2 - 7）

$$顶层中柱长筋长度 = 顶层高度 - 保护层厚度 - \max（2H_n/6，500，h_c）+ 12d$$

$$(2-15)$$

顶层中柱短筋长度 = 顶层高度 − 保护层厚度 − max（$2H_n/6$，500，$h_c$）− $1.3l_{lE}$ + $12d$

$$(2-16)$$

（2）机械连接（见图2-8）

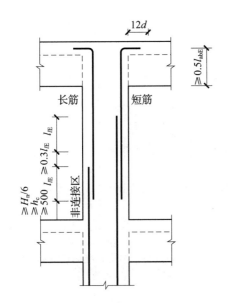

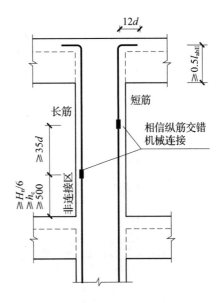

**图2-7 顶层中柱纵筋弯锚构造（绑扎搭接）** **图2-8 顶层中柱纵筋弯锚构造（机械连接）**

顶层中柱长筋长度 = 顶层高度 − 保护层厚度
  − max（$2H_n/6$，500，$h_c$）+ $12d$     $(2-17)$

顶层中柱短筋长度 = 顶层高度 − 保护层厚度
  − max（$2H_n/6$，500，$h_c$）− 500 + $12d$     $(2-18)$

（3）焊接连接（见图2-9）

顶层中柱长筋长度 = 顶层高度 − 保护层厚度
  − max（$2H_n/6$，500，$h_c$）+ $12d$     $(2-19)$

顶层中柱短筋长度 = 顶层高度 − 保护层厚度 − max（$2H_n/6$，500，$h_c$）
  − max（$35d$，500）+ $12d$     $(2-20)$

**2. 顶层直锚**

（1）绑扎搭接（见图2-10）

顶层中柱长筋长度 = 顶层高度 − 保护层厚度 − max（$2H_n/6$，500，$h_c$）     $(2-21)$

顶层中柱短筋长度 = 顶层高度 − 保护层厚度 −
  max（$2H_n/6$，500，$h_c$）− $1.3l_{lE}$     $(2-22)$

（2）机械连接（见图2-11）

顶层中柱长筋长度 = 顶层高度 − 保护层厚度 − max（$2H_n/6$，500，$h_c$）     $(2-23)$

顶层中柱短筋长度 = 顶层高度 − 保护层厚度
  − max（$2H_n/6$，500，$h_c$）− 500     $(2-24)$

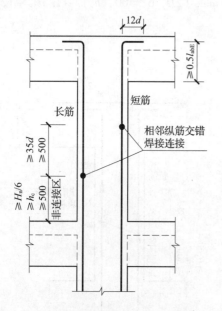

图2-9 顶层中柱纵筋弯锚构造（焊接连接）

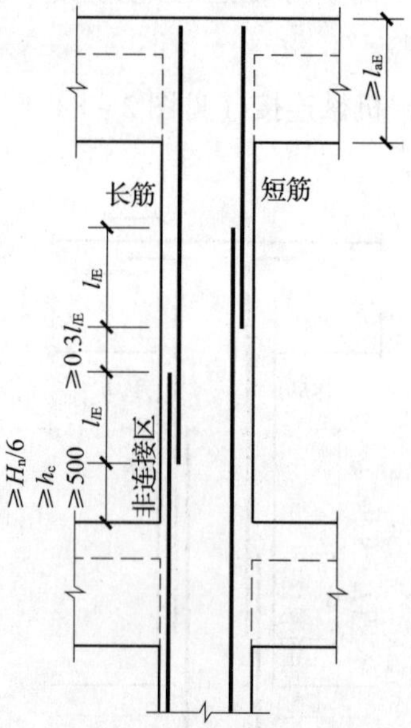

图2-10 顶层中柱纵筋弯锚构造（绑扎搭接）

（3）焊接连接（见图2-12）

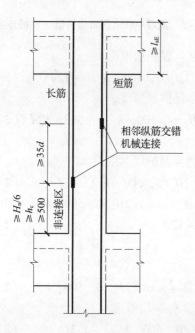

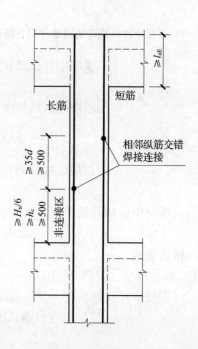

图2-11 顶层中柱纵筋弯锚构造（机械连接）

图2-12 顶层中柱纵筋弯锚构造（焊接连接）

$$顶层中柱长筋长度 = 顶层高度 - 保护层厚度 - \max\left(2H_n/6,\ 500,\ h_c\right) \quad (2-25)$$

$$顶层中柱短筋长度 = 顶层高度 - 保护层厚度 - \max\left(2H_n/6,\ 500,\ h_c\right)$$

$$- \max\left(35d,\ 500\right) \quad (2-26)$$

## 要点9：顶层边柱纵筋计算

以顶层边角柱中节点 D 构造为例，讲解顶层边柱纵筋计算方法。

### 1. 绑扎搭接

当采用绑扎搭接接头时，顶层边角柱节点 D 构造如图 2 - 13 所示，计算简图如图 2 - 14 所示。

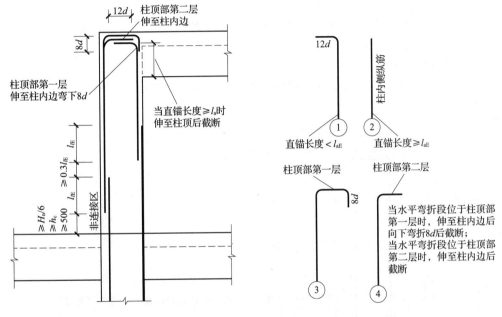

图 2 - 13　顶层边角柱节点 D 构造（绑扎搭接）　　图 2 - 14　顶层边角柱节点 D 计算简图

（1）①号钢筋（柱内侧纵筋）——直锚长度 $< l_{aE}$

长筋长度：

$$l = H_n - 梁保护层厚度 - \max(H_n/6, h_c, 500) + 12d \qquad (2 - 27)$$

短筋长度：

$$l = H_n - 梁保护层厚度 - \max(H_n/6, h_c, 500) - 1.3l_{lE} + 12d \qquad (2 - 28)$$

（2）②号钢筋（柱内侧纵筋）——直锚长度 $\geqslant l_{aE}$

长筋长度：

$$l = H_n - 梁保护层厚度 - \max(H_n/6, h_c, 500) \qquad (2 - 29)$$

短筋长度：

$$l = H_n - 梁保护层厚度 - \max(H_n/6, h_c, 500) - 1.3l_{lE} \qquad (2 - 30)$$

（3）③号钢筋（柱顶第一层钢筋）

长筋长度：

$$l = H_n - 梁保护层厚度 - \max(H_n/6, h_c, 500) + 柱宽 - 2 \times 柱保护层厚度 + 8d$$

$$(2 - 31)$$

短筋长度：

$$l = H_n - 梁保护层厚度 - \max\ (H_n/6,\ h_c,\ 500)\ -1.3l_{lE} + 柱宽 -2$$
$$\times 柱保护层厚度 +8d \qquad\qquad (2-32)$$

（4）④号钢筋（柱顶第二层钢筋）

长筋长度：

$$l = H_n - 梁保护层厚度 - \max\ (H_n/6,\ h_c,\ 500)\ + 柱宽 -2$$
$$\times 柱保护层厚度 \qquad\qquad (2-33)$$

短筋长度：

$$l = H_n - 梁保护层厚度 - \max\ (H_n/6,\ h_c,\ 500)\ -1.3l_{lE} + 柱宽 -2$$
$$\times 柱保护层厚度 \qquad\qquad (2-34)$$

**2. 焊接或机械连接**

当采用焊接或机械连接接头时，顶层边角柱节点 D 构造如图 2 – 15 所示，计算简图如图 2 – 16 所示。

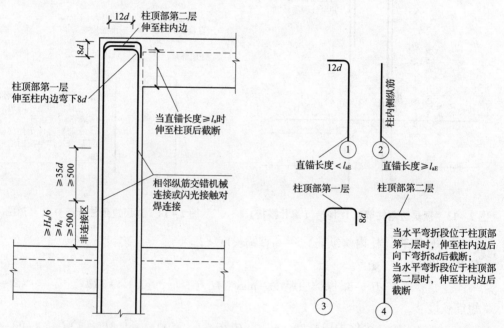

图 2 – 15　顶层边角柱节点 D 构造（焊接或机械连接）　　图 2 – 16　顶层边角柱节点 D 计算简图

（1）①号钢筋（柱内侧纵筋）——直锚长度 $< l_{aE}$

长筋长度：

$$l = H_n - 梁保护层厚度 - \max\ (H_n/6,\ h_c,\ 500)\ + 12d \qquad\qquad (2-35)$$

短筋长度：

$$l = H_n - 梁保护层厚度 - \max\ (H_n/6,\ h_c,\ 500)\ - \max\ (35d,\ 500)\ + 12d \qquad (2-36)$$

（2）②号钢筋（柱内侧纵筋）——直锚长度 $\geq l_{aE}$

长筋长度：

$$l = H_n - 梁保护层厚度 - \max\ (H_n/6,\ h_c,\ 500) \qquad\qquad (2-37)$$

短筋长度：
$$l = H_n - 梁保护层厚度 - \max\ (H_n/6,\ h_c,\ 500)\ - \max\ (35d,\ 500) \quad (2-38)$$

（3）③号钢筋（柱顶第一层钢筋）

长筋长度：
$$l = H_n - 梁保护层厚度 - \max\ (H_n/6,\ h_c,\ 500)\ + 柱宽 - 2 \times 柱保护层厚度 + 8d \quad (2-39)$$

短筋长度：
$$l = H_n - 梁保护层厚度 - \max\ (H_n/6,\ h_c,\ 500)\ - \max\ (35d,\ 500)$$
$$+ 柱宽 - 2 \times 柱保护层厚度 + 8d \quad (2-40)$$

（4）④号钢筋（柱顶第二层钢筋）

长筋长度：
$$l = H_n - 梁保护层厚度 - \max\ (H_n/6,\ h_c,\ 500)\ + 柱宽 - 2 \times 柱保护层厚度 \quad (2-41)$$

短筋长度：
$$l = H_n - 梁保护层厚度 - \max\ (H_n/6,\ h_c,\ 500)\ - \max\ (35d,\ 500)$$
$$+ 柱宽 - 2 \times 柱保护层厚度 \quad (2-42)$$

## 要点 10：柱箍筋和拉筋计算及实例

柱箍筋计算包括柱箍筋长度计算及柱箍筋根数计算两大部分内容，框架柱箍筋布置要求主要应考虑以下几个方面：

1）沿复合箍筋周边，箍筋局部重叠不宜多于两层，并且尽量不在两层位置的中部设置纵筋。

2）抗震设计时，柱箍筋的弯钩角度为135°，弯钩平直段长度为 $\max\ (10d,\ 75mm)$。

3）为使箍筋强度均衡，当拉筋设置在旁边时，可沿竖向将相邻两道箍筋按其各自平面位置交错放置。

4）柱纵向钢筋布置尽量设置在箍筋的转角位置，两个转角位置中部最多只能设置一根纵筋。

箍筋常用的复合方式为 $m \times n$ 肢箍形式，由外封闭箍筋、小封闭箍筋和单肢箍形式组成，箍筋长度计算即为复合箍筋总长度的计算，其各自的计算方法如下：

**1. 单肢箍**

$m \times n$ 箍筋复合方式，当肢数为单数时由若干双肢箍和一根单肢箍形式组合而成，该单肢箍的构造要求为：同时勾住纵筋与外封闭箍筋。

单肢箍（拉筋）长度计算方法为：
$$长度 = 截面尺寸 b 或 h - 柱保护层 c \times 2 + 2 \times d_{箍筋} + 2 \times d_{拉筋} + 2 \times l_w \quad (2-43)$$

**2. 双肢箍**

外封闭箍筋（大双肢箍）长度计算方法为：
$$长度 = (b - 2 \times 柱保护层 c) \times 2 + (h - 2 \times 柱保护层 c) \times 2 + 2 \times l_w \quad (2-44)$$

### 3. 小封闭箍筋（小双肢箍）

纵筋根数决定了箍筋的肢数，纵筋在复合箍筋框内按均匀、对称原则布置，计算小箍筋长度时应考虑纵筋的排布关系进行计算：最多每隔一根纵筋应有一根箍筋或拉筋进行拉结，箍筋的重叠不应多于两层，按柱纵筋等间距分布排列设置箍筋，如图2-17所示。

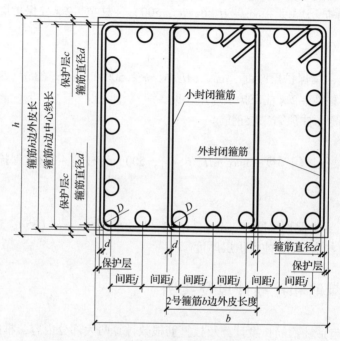

图2-17 柱箍筋图计算示意图

小封闭箍筋（小双肢箍）长度计算方法为：

$$长度 = \left(\frac{b - 2 \times 柱保护层\, c - d_{纵筋}}{纵筋根数 - 1} \times 间距个数 + d_{纵筋} + 2 \times d_{小箍筋}\right)$$
$$\times 2 + (h - 2 \times 柱保护层) \times 2 + 2 \times l_w \tag{2-45}$$

### 4. 箍筋弯钩长度的取值

钢筋弯折后的具体长度与原始长度不等，原因是弯折过程有钢筋损耗。计算中，箍筋长度计算是按箍筋外皮计算，则箍筋弯折90°位置的度量长度差值不计，箍筋弯折135°弯钩的量度差值为1.9d。因此，箍筋的弯钩长度统一取值为 $l_w = \max(11.9d, 75 + 1.9d)$。

【**例2-5**】计算11G101-1图集第11页所标注的框架柱KZ1复合箍筋的尺寸。

框架柱KZ1的截面尺寸为750mm×700mm，在柱表所标注的箍筋类型号为1（5×4），箍筋规格为Φ10@100/200。

框架柱KZ1的角筋为4⊕25，b边一侧中部筋为5⊕25，h边一侧中部筋为4⊕25。混凝土强度等级为C30。

【**解**】

（1）框架柱KZ1外箍的尺寸

框架柱KZ1的截面尺寸为750mm×700mm，查表2-2得箍筋保护层厚度为20mm，箍筋为Φ10，柱的纵筋保护层是20+10=30（mm）。

表 2 - 2　混凝土保护层的最小厚度（mm）

| 环境类别 | 板、墙 | 梁、柱 |
|---|---|---|
| 一 | 15 | 20 |
| 二 a | 20 | 25 |
| 二 b | 25 | 35 |
| 三 a | 30 | 40 |
| 三 b | 40 | 50 |

注：1　表中混凝土保护层厚度指最外层钢筋外边缘至混凝土表面的距离，适用于设计使用年限为 50 年的混凝土结构。

2　构建中受力钢筋的保护层厚度不应小于钢筋的公称直径。

3　设计使用年限为 100 年的混凝土结构，一类环境中，最外层钢筋的保护层厚度不应小于表中数值的 1.4 倍；二、三类环境中，应采取专门的有效措施。

4　混凝土强度等级不大于 C25 时，表中保护层厚度数值应增加 5mm。

5　基础地面钢筋的保护层厚度，由混凝土垫层时应从垫层顶面算起，且不应小于 40mm；无垫层时不应小于 70mm。

框架柱 KZ1 外箍的尺寸为：

$B = 750 - 30 \times 2 = 690$（mm）

$H = 700 - 30 \times 2 = 640$（mm）

（2）$b$ 边上的内箍尺寸

1）二肢箍内箍的尺寸：

内箍钩住第 3 根和第 4 根纵筋。

设内箍宽度为 $b$，纵筋直径为 $d$，纵筋的间距为 $a$，则 $b = a + 2d$，列方程 $6a + 7d = B$，即 $6a + 7d = 690$（mm），解得 $a = 85$mm。所以：

$b$ 边上的内箍宽度 $= 85 + 2 \times 25 = 135$（mm）

$b$ 边上的内箍高度 $= H = 640$（mm）

箍筋弯钩的平直段长度为 $10d$（$d$ 为箍筋直径），取箍筋的弯钩长度为 $26d$。

每根箍筋的长度为 $(135 + 640) \times 2 + 26 \times 10 = 1810$（mm）。

2）单肢箍的尺寸：

单肢箍钩住第 5 根纵筋，同时钩住外箍。

所以，单肢箍的垂直肢长度 $= H + 2 \times$ 箍筋直径 $+ 2 \times$ 单肢箍直径 $= 640 + 2 \times 10 + 2 \times 10 = 680$（mm）。

由于单肢箍弯钩的平直段长度为 $10d$（$d$ 为单肢箍直径），取单肢箍的弯钩长度为 $26d$，每根单肢箍的长度为 $680 + 26.5 \times 10 = 945$（mm）。

（3）$h$ 边上的内箍尺寸：

内箍钩住第 3 根和第 4 根纵筋。

设内箍宽度为 $b$，纵筋直径为 $d$，纵筋的间距为 $a$，则 $b = a + 2d$，列方程 $5a + 6d = H$，即 $5a + 6d = 640$（mm），解得 $a = 98$mm。所以：

$b$ 边上的内箍宽度 $= 98 + 2 \times 25 = 148$（mm）

$b$ 边上的内箍高度 $= H = 690$ （mm）

箍筋弯钩的平直段长度为 $10d$（$d$ 为箍筋直径），取箍筋的弯钩长度为 $26d$。

每根箍筋的长度为 $(148 + 690) \times 2 + 26 \times 10 = 1936$（mm）。

## 要点 11：柱纵筋上下层配筋量不同时钢筋计算及实例

**1. 上柱钢筋比下柱钢筋多**（见图 2 - 18）

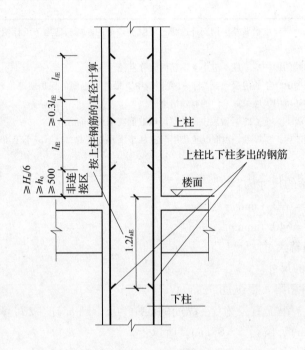

**图 2 - 18 上柱钢筋比下柱钢筋多（绑扎搭接）**

多出的钢筋需要插筋，其他钢筋同是中间层。

$$短插筋 = \max\ (H_n/6,\ 500,\ h_c)\ + l_{lE} + 1.2l_{aE} \tag{2-46}$$

$$长插筋 = \max\ (H_n/6,\ 500,\ h_c)\ + 2.3l_{lE} + 1.2l_{aE} \tag{2-47}$$

**2. 下柱钢筋比上柱钢筋多**（见图 2 - 19）

下柱多出的钢筋在上层锚固，其他钢筋同是中间层。

$$短插筋 = 下层层高 - \max\ (H_n/6,\ 500,\ h_c)\ - 梁高 + 1.2l_{aE} \tag{2-48}$$

$$长插筋 = 下层层高 - \max\ (H_n/6,\ 500,\ h_c)\ - 1.3l_{lE} - 梁高 + 1.2l_{aE} \tag{2-49}$$

**3. 上柱钢筋直径比下柱钢筋直径大**（见图 2 - 20）

（1）绑扎搭接

下层柱纵筋长度 $=$ 下层第一层层高 $- \max\ (H_{n1}/6,\ 500,\ h_c)\ +$ 下层第二层层高

$$- 梁高 - \max\ (H_{n2}/6,\ 500,\ h_c)\ - 1.3l_{lE} \tag{2-50}$$

上柱纵筋插筋长度 $= 2.3l_{lE} + \max\ (H_{n2}/6,\ 500,\ h_c)\ + \max\ (H_{n3}/6,\ 500,\ h_c)\ + l_{lE}$

$$\tag{2-51}$$

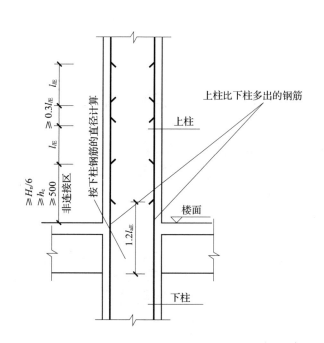

图 2-19 下柱钢筋比上柱钢筋多（绑扎搭接）　图 2-20　上柱钢筋直径比下柱
钢筋直径大（绑扎搭接）

$$上层柱纵筋长度 = l_{lE} + \max(H_{n4}/6, 500, h_c) + 本层层高 + 梁高$$
$$+ \max(H_{n2}/6, 500, h_c) + 2.3l_{lE} \tag{2-52}$$

（2）机械连接

$$下层柱纵筋长度 = 下层第一层层高 - \max(H_{n1}/6, 500, h_c) + 下柱第二层层高$$
$$- 梁高 - \max(H_{n2}/6, 500, h_c) \tag{2-53}$$

$$上柱纵筋插筋长度 = \max(H_{n2}/6, 500, h_c) + \max(H_{n3}/6, 500, h_c) + 500 \tag{2-54}$$

$$上层柱纵筋长度 = \max(H_{n4}/6, 500, h_c) + 500 + 本层层高 + 梁高$$
$$+ \max(H_{n2}/6, 500, h_c) \tag{2-55}$$

（3）焊接连接

$$下层柱纵筋长度 = 下层第一层层高 - \max(H_{n1}/6, 500, h_c) + 下柱第二层层高$$
$$- 梁高 - \max(H_{n2}/6, 500, h_c) \tag{2-56}$$

$$上柱纵筋插筋长度 = \max \left( H_{n2}/6,\ 500,\ h_c \right) + \max \left( H_{n3}/6,\ 500,\ h_c \right)$$
$$+ \max \left( 35d,\ 500 \right) \tag{2-57}$$
$$上层柱纵筋长度 = \max \left( H_{n4}/6,\ 500,\ h_c \right) + \max \left( 35d,\ 500 \right) + 本层层高 + 梁高$$
$$+ \max \left( H_{n2}/6,\ 500,\ h_c \right) \tag{2-58}$$

【例 2-6】计算框架柱 KZ1 的基础插筋。KZ1 的截面尺寸为 750mm×700mm，柱纵筋为 2 ⽷ 25，混凝土强度等级 C30，二级抗震等级。

假设该建筑物具有层高为 4.50m 的地下室。地下室下面是"正筏板"基础（即"低板位"的有梁式筏形基础，基础梁底和基础板底一平）。地下室顶板的框架梁仍然采用 KL1（300mm×700mm）。基础主梁的截面尺寸为 700mm×900mm，下部纵筋为 9 ⽷ 25。筏板的厚度为 500mm，筏板的纵向钢筋都是 ⽷ 18@200（见图 2-21 左图）。

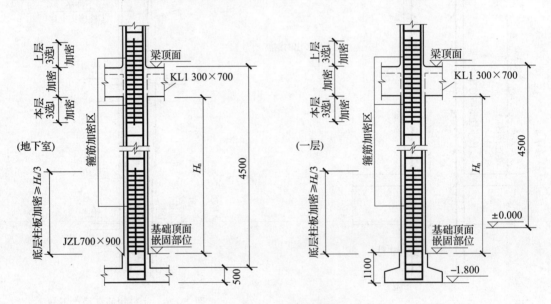

图 2-21 框架柱的配筋图

【解】

（1）框架柱基础插筋伸出基础梁顶面以上的长度

地下室层高 = 4500mm

地下室顶框架梁高 = 700mm

基础主梁高 = 900mm

筏板厚度 = 500mm

地下室框架柱净高 $H_n$ = 4500 − 700 − （900 − 500）= 3400（mm）

框架柱基础插筋（短筋）伸出长度 = $H_n$/3 = 3400/3 = 1133（mm）

框架柱基础插筋（长筋）伸出长度 = 1133 + 35×25 = 2008（mm）

（2）框架柱基础插筋的直锚长度

基础主梁高度 = 900mm

基础主梁下部纵筋直径 = 25mm

筏板下层纵筋直径 = 18mm

基础保护层 = 40mm

框架柱基础插筋直锚长度 = 900 - 25 - 18 - 40 = 817（mm）

（3）框架柱基础插筋的总长度

框架柱基础插筋的垂直段长度（短筋）= 1133 + 817 = 1950（mm）

框架柱基础插筋的垂直段长度（长筋）= 2008 + 817 = 2825（mm）

$l_{aE} = 40d = 40 \times 25 = 1000$（mm）

直锚长度 = 817mm < $l_{aE}$

框架柱基础插筋的弯钩长度 = 15d = 15 × 25 = 375（mm）

框架柱基础插筋（短筋）的总长度 = 1950 + 375 = 2325（mm）

框架柱基础插筋（长筋）的总长度 = 2825 + 375 = 3200（mm）

【例2-7】计算框架柱 KZ1 的基础插筋。KZ1 的柱纵筋为 22$\Phi$25，混凝土强度等级 C30，二级抗震等级。

假设该建筑物具有"一层"的层高为 4.5m（从 ±0.000 算起）。"一层"的框架梁采用 KL1（300mm × 700mm）。"一层"框架柱的下面是独立柱基，独立柱基的总高度为 1100mm （即"柱基平台"到基础板底的高度为 1100mm）。独立柱基的底面标高为 -1.800m，独立柱基下部的基础板厚度为 500mm，独立柱基底部的纵向钢筋都是$\Phi$18@200（见图 2-21 右图）。

【解】

（1）框架柱基础插筋伸出基础梁顶面以上的长度

已知：从 ±0.000 到一层板顶的高度为 4500mm，独立柱基的底面标高为 -1.800m，"柱基平台"到基础板底的高度为 1100mm，"柱基平台"到一层板顶的高度 = 4500 + 1800 - 1100 = 5200（mm），一层的框架梁高为 700mm。所以：

一层的框架柱净高 = 5200 - 700 = 4500（mm）

框架柱基础插筋（短筋）伸出长度 = 4500/3 = 1500（mm）

框架柱基础插筋（长筋）伸出长度 = 1500 + 35 × 25 = 2375（mm）

（2）框架柱基础插筋的直锚长度

已知："柱基平台"到基础板底的高度为 1100mm，独立柱基底部的纵向钢筋直径为 18mm，基础保护层厚度为 40mm。所以：

框架柱基础插筋直锚长度 = 1100 - 18 - 40 = 1042（mm）

（3）框架柱基础插筋的总长度

框架柱基础插筋（短筋）的垂直段长度 = 1500 + 1042 = 2542（mm）

框架柱基础插筋（长筋）的垂直段长度 = 2375 + 1042 = 3417（mm）

因为：$l_{aE} = 40d = 40 \times 25 = 1000$（mm），而现在的直锚长度 = 1042（mm）> $l_{aE}$。所以：

框架柱基础插筋的弯钩长度 = max（6d, 150）= max（6 × 25, 150）= 150（mm）

框架柱基础插筋（短筋）的总长度 = 2542 + 150 = 2692（mm）

框架柱基础插筋（长筋）的总长度 = 3417 + 150 = 3567（mm）

## 要点12：地下室框架柱钢筋计算及实例

### 1. 地下室框架柱的概念

地下室框架柱是指地下室内的框架柱，如图2－22所示。

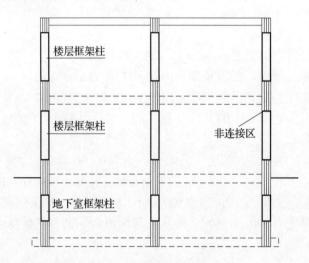

**图2－22　地下室框架柱示意图**

### 2. 框架柱的非连接区高度

地震作用下的框架柱弯矩分布示意图如图2－23所示。

由图2－23可见，框架柱弯矩的反弯点通常在每层柱的中部，弯矩反弯点附近的内力较小，在此范围进行连接符合"受力钢筋连接应在内力较小处"的原则，为此，规定抗震框架柱梁节点附近为柱纵向受力钢筋的非连接区。非连接区的范围如图2－24所示。

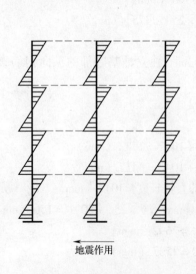

**图2－23　地震作用下的框架柱弯矩分布示意图**

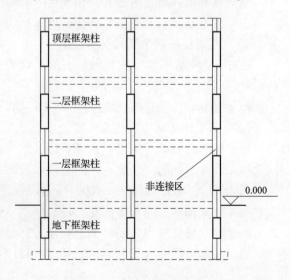

**图2－24　非连接区范围示意图**

**3. 地下室框架柱钢筋识图**

地下室抗震框架柱纵向钢筋连接构造如图 2 – 25 所示。

【例 2 – 8】框架柱 KZ1 平法施工图如图 2 – 26 所示，试求 KZ1 的纵筋及箍筋。其中，混凝土强度等级为 C30，抗震等级为一级。

【解】

由混凝土强度等级 C30 和一级抗震，查表 2 – 2 得：柱钢筋混凝土保护层厚度 $c_{柱}$ = 20mm，基础钢筋保护层厚度 $c_{基础}$ = 40mm。

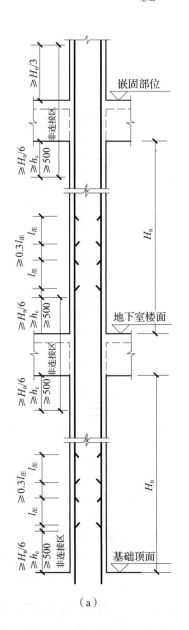

（a）

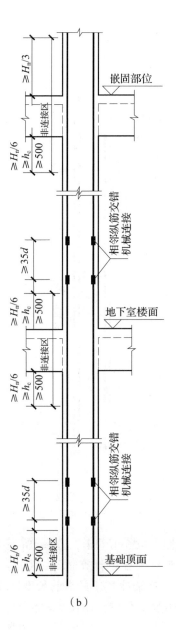

（b）

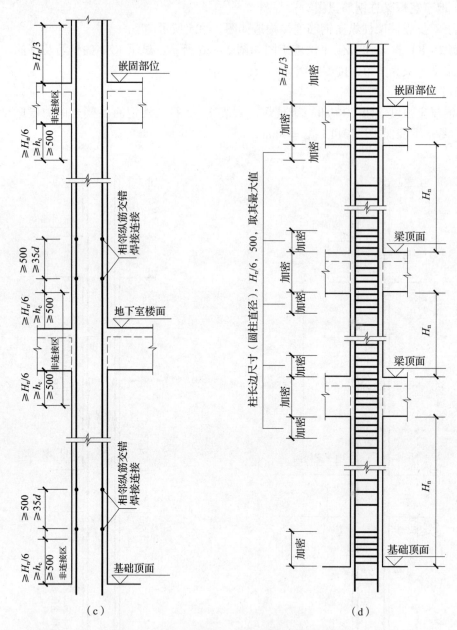

**图 2 – 25  地下室抗震（KZ）纵向钢筋连接构造**

（a）绑扎搭接；（b）机械连接；（c）焊接连接；（d）箍筋加密区

由图 2 – 26 可看出，$d_{箍} = 10 \text{mm}$，$d_{主} = 25 \text{mm}$。

框架柱 KZ1 的计算简图如图 2 – 27 所示。

（1）框架柱 KZ1 的纵筋长度计算

①号筋（低位）的长度 = 本层层高 – 本层下端非连接区高度 + 伸入上层非连接区高度

$$= (4500 + 1000) - (4500 + 1000 - 700) / 3 + (4200 - 700) / 3$$

$$= 5067 \text{（mm）}$$

| 层号 | 顶标高 | 层高 | 顶梁高 |
|---|---|---|---|
| 4 | 15.87 | 3.6 | 700 |
| 3 | 12.27 | 3.6 | 700 |
| 2 | 8.67 | 4.2 | 700 |
| 1 | 4.47 | 4.2 | 700 |
| −1 | −0.03 | 4.5 | 700 |
| 基础 | −5.53 | 基础厚800 | — |

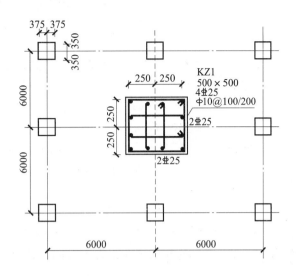

图 2-26 框架柱 KZ1 平法施工图

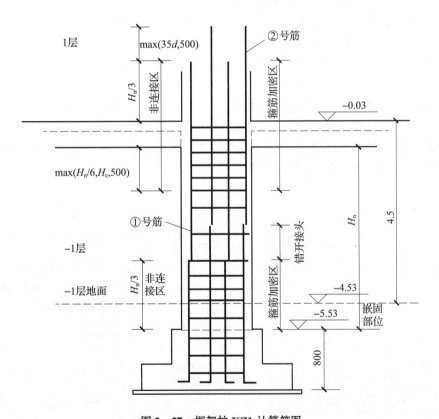

图 2-27 框架柱 KZ1 计算简图

②号筋（高位）的长度 = 本层层高 − 本层下端非连接区高度 − 本层错开接头
+ 伸入上层非连接区高度 + 上层错开接头

$$= (4500+1000) - (4500+1000-700)/3 - \max(35d, 500)$$
$$+ (4200-700)/3 + \max(35d, 500)$$
$$= 5067 \text{(mm)}$$

（2）框架柱 KZ1 的箍筋长度计算（中心线长度为准）

外大箍长度 $= 2 \times [(b-2c_柱-d_箍) + (h-2c_柱-d_箍)] + 2 \times (1.9d_箍+10d_箍)$
$$= 2 \times [(500-2\times20-10) + (500-2\times20-10)] + 2\times(1.9\times10+10\times10)$$
$$= 2038 \text{(mm)}$$

里小箍长度 $= 2 \times [(b-2c_柱-2d_箍-d_主)/3 + d_主+d_箍 + (h-2c_柱-d_箍)] + 2\times11.9d_箍$
$$= 2 \times [(500-40-20-25)/3 + 25+10 + (500-40-10)] + 2\times11.9\times10$$
$$= 1484 \text{(mm)}$$

（3）框架柱 KZ1 的箍筋根数计算

由图 2-27 可看出，箍筋分布可分为两种情况——加密区和非加密区，加密区箍筋间距为100mm，非加密箍筋区间距为200mm。其中，加密区又可分为下部加密区和上部加密区。

下部加密区长度 $= H_n/3 = (4500+1000-700)/3 = 1600 \text{(mm)}$

上部加密区长度 $=$ 梁板厚 + 梁下箍筋加密区高度
$$= 700 + \max(H_n/6, h_c, 500)$$
$$= 700 + \max(5500/6, 500, 500)$$
$$= 1617 \text{(mm)}$$

箍筋根数 $= (1600/100+1) + (1600/100+1) + (5500-1600-1617)/200 - 1$
$$= 45 \text{(根)}$$

**【例 2-9】** 框架柱 KZ2 的平法施工图如图 2-28 所示，试求 KZ2 的纵筋及箍筋。其中，混凝土强度等级为 C30，抗震等级为一级。

| 层号 | 顶标高 | 层高 | 顶梁高 |
|---|---|---|---|
| 4 | 15.87 | 3.6 | 700 |
| 3 | 12.27 | 3.6 | 700 |
| 2 | 8.67 | 3.6 | 700 |
| 1 | 4.47 | 3.6 | 700 |
| -1 | -0.03 | 3.6 | 700 |
| 基础 | -4.13 | 基础厚500 | — |

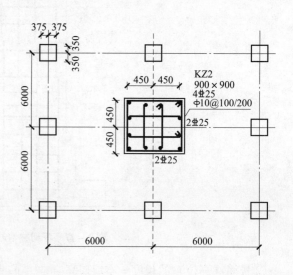

图 2-28 框架柱 KZ2 平法施工图

**【解】**

由混凝土强度等级 C30 和一级抗震，查表 2 - 2 得：柱钢筋混凝土保护层厚度 $c_{柱}$ = 20mm，基础钢筋保护层厚度 $c_{基础}$ = 40mm。

由图 2 - 28 可看出，$d_{箍}$ = 10mm，$d_{主}$ = 25mm。

框架柱 KZ2 的计算简图如图 2 - 29 所示。

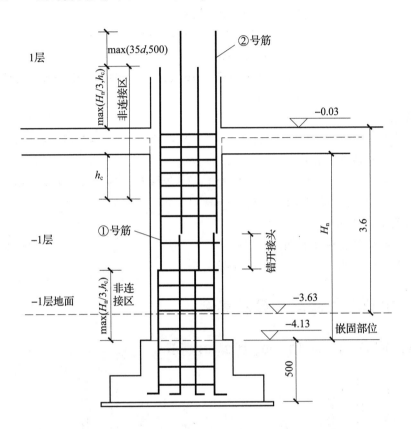

图 2 - 29　框架柱 KZ2 计算简图

首先，先判别框架柱 KZ2 是否为短柱。

$H_n/h_c$ = （3600 + 500 - 700）/900 < 4，则 KZ2 为地下框架短柱。

（1）框架柱 KZ2 纵筋长度计算

低位（①号筋）长度 = 层高 - 本层下端非连接区高度 + 伸入上层非连接区高度

$$本层下端非连接区高度 = \max\ (H_n/3,\ h_c)$$

$$= \max\ \left[\ (3600 + 500 - 700)\ /3,\ 900\right]$$

$$= 1133\ （mm）$$

$$伸入首层的非连接区高度 = \max\ (H_n/3,\ h_c)$$

$$= \max\ \left[\ (3600 + 500 - 700)\ /3,\ 900\right]$$

$$= 1133\ （mm）$$

低位（①号筋）总长度 = 3600 + 500 - 1133 + 1133 = 4100（mm）

高位（②号筋）长度＝层高－本层下端非连接区高度－本层错开接头＋伸入上层非连接区高度＋上层错开接头

本下端非连接区高度 $= \max\ (H_n/3,\ h_c)$
$= \max\ [\ (3600+500-700)\ /3,\ 900\ ]$
$= 1133\ (mm)$

伸入首层的非连接区高度 $= \max\ (H_n/3,\ h_c)$
$= \max\ [\ (3600+500-700)\ /3,\ 900\ ]$
$= 1133\ (mm)$

高位（②号筋）总长 $= 3600+500-1133-\max\ (35d,\ 500)\ +1133+\max\ (35d,\ 500)$
$= 4100\ (mm)$

（2）箍筋长度计算

外大箍长度 $= 2 \times\ [\ (900-40-10)\ +\ (900-40-10)\ ]\ +2 \times 11.9 \times 10$
$= 3638\ (mm)$

里小箍长度 $= 2 \times\ [\ (900-40-20-25)\ /3+25+10\ ]\ +2 \times\ (900-40-10)$
$+2 \times 11.9 \times 10 = 2552\ (mm)$

（3）箍筋根数计算

由于地下框架短柱为全高加密，故：

箍筋根数 $=\ (3600+500)\ /100+1=42\ （根）$

## 要点 13：中间层柱钢筋计算及实例

中间层柱的钢筋构造如图 2－30、图 2－31 所示。

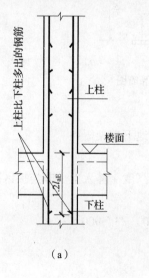

（a）

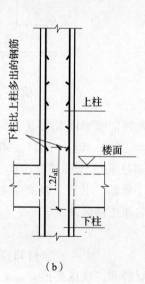

（b）

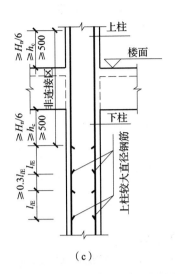

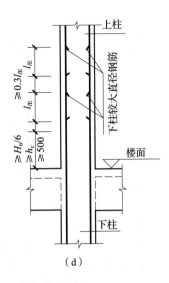

（c）                （d）

**图 2-30    中间层柱钢筋构造（上下柱钢筋不同）**

（a）上柱钢筋比下柱钢筋根数多；（b）下柱钢筋比上柱钢筋根数多；

（c）上柱钢筋比下柱钢筋直径大；（d）下柱钢筋比上柱钢筋直径大

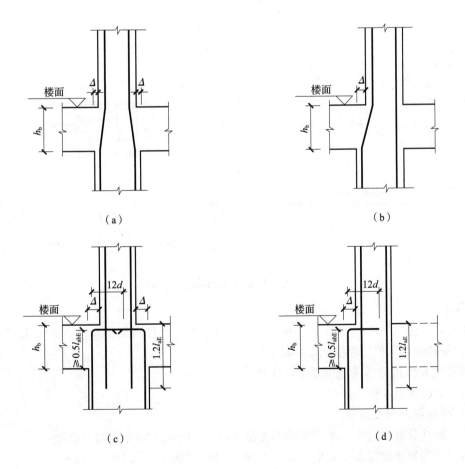

（a）                （b）

（c）                （d）

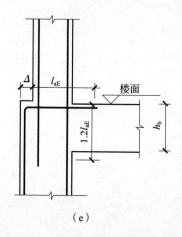

（e）

**图 2 – 31　中间层柱钢筋构造（变截面）**

（a）两侧错台（$\Delta/h_b \leqslant 1/6$）；（b）一侧错台（$\Delta/h_b \leqslant 1/6$）；（c）两侧错台（$\Delta/h_b > 1/6$）；

（d）内侧错台（$\Delta/h_b > 1/6$）；（e）外侧错台（$\Delta/h_b > 1/6$）

**【例 2 – 10】** 框架柱 KZ3 平法施工图如图 2 – 32 所示，试求 KZ3 的纵筋及箍筋。其中，混凝土强度等级为 C30，抗震等级为一级。

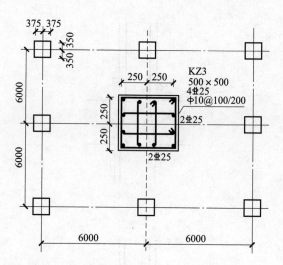

| 层号 | 顶标高 | 层高 | 顶梁高 |
|---|---|---|---|
| 4 | 16.47 | 3.6 | 700 |
| 3 | 12.27 | 4.2 | 700 |
| 2 | 8.67 | 4.2 | 700 |
| 1 | 4.47 | 4.5 | 700 |
| 基础 | -1.03 | 基础厚800 | — |

**图 2 – 32　框架柱 KZ3 平法施工图**

**【解】**

由混凝土强度等级 C30 和一级抗震，查表 2 – 2 得：柱钢筋混凝土保护层厚度 $c_{柱}$ = 20mm，基础钢筋保护层厚度 $c_{基础}$ = 40mm。

框架柱 KZ3 的计算简图如图 2 – 33 所示。

（1）1 层钢筋计算

1）低位纵筋长度计算：

低位纵筋长度 = 层高 – 本层下端非连接区高度 + 伸入上层非连接区高度

本层下端非连接区高度 = $H_n/3$ = （4500 + 1000 – 700）/3 = 1600（mm）

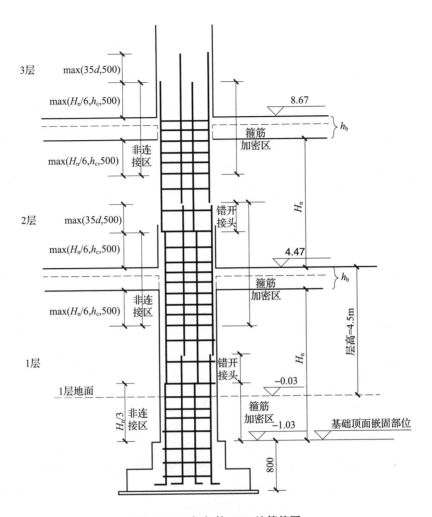

图 2-33　框架柱 KZ3 计算简图

伸入 2 层的非连接区高度 = max $(H_n/6, h_c, 500)$

$$= \max\left[\ (4200 - 700)\ /6,\ 500,\ 500\right]$$

$$= 583\ (\text{mm})$$

低位纵筋总长度 = 4500 + 1000 - 1600 + 583 = 4483（mm）

2）高位纵筋长度计算：

高位纵筋长度 = 层高 - 本层下端非连接区高度 - 本层错开接头

　　　　　　 + 伸入上层非连接区高度 + 上层错开接头

本层下端非连接区高度 = $H_n/3$ =（4500 + 1000700）/3 = 1600（mm）

错开接头 = max（35d，500）= 875（mm）

伸入 2 层的非连接区高度 = max $(H_n/6, h_c, 500)$

$$= \max\left[\ (4200 - 700)\ /6,\ 500,\ 500\right]$$

$$= 583\ (\text{mm})$$

高位纵筋总长 = 4500 + 1000 - 1600 - max（35d，500）+ 583 + max（35d，500）

$$= 4483 \text{（mm）}$$

3）箍筋长度计算：

外大箍长度 $= 2 \times [(500 - 40 - 10) + (500 - 40 - 10)] + 2 \times 11.9 \times 10$
$$= 2038 \text{（mm）}$$

里小箍长度 $= 2 \times [(500 - 40 - 20 - 25)/3 + 25 + 10] + 2 \times (500 - 40 - 10)$
$$+ 2 \times 11.9 \times 10 = 1484 \text{（mm）}$$

4）箍筋根数计算：

下部加密区长度 $= H_n/3 = (4500 + 1000 - 700)/3 = 1600 \text{（mm）}$

上部加密区长度 = 梁板厚 + 梁下箍筋加密区高度
$$= 700 + \max (H_n/6,\ h_c,\ 500)$$
$$= 700 + \max [(4500 - 700 + 1000)/6,\ 500,\ 500]$$
$$= 1500 \text{（mm）}$$

箍筋根数 $= (1600/100 + 1) + (1500/100 + 1) + (5500 - 1600 - 1500)/200 - 1$
$$= 44 \text{（根）}$$

（2）2 层钢筋计算

1）低位纵筋长度计算：

低位纵筋长度 = 层高 − 本层下端非连接区高度 + 伸入上层非连接区高度

本层下端非连接区高度 $= \max (H_n/6,\ h_c,\ 500)$
$$= \max [(4200 - 700)/6,\ 500,\ 500]$$
$$= 583 \text{（mm）}$$

伸入 3 层的非连接区高度 $= \max (H_n/6,\ h_c,\ 500)$
$$= \max [(4200 - 700)/6,\ 500,\ 500]$$
$$= 583 \text{（mm）}$$

低位纵筋总长度 $= 4200 - 583 + 583 = 4200 \text{（mm）}$

2）高位纵筋长度计算：

高位纵筋长度 = 层高 − 本层下端非连接区高度 − 本层错开接头
$$+ 伸入上层非连接区高度 + 上层错开接头$$

本层下端非连接区高度 $= \max (H_n/6,\ h_c,\ 500)$
$$= \max [(4200 - 700)/6,\ 500,\ 500]$$
$$= 583 \text{（mm）}$$

伸入 3 层的非连接区高度 $= \max (H_n/6,\ h_c,\ 500)$
$$= \max [(4200 - 700)/6,\ 500,\ 500]$$
$$= 583 \text{（mm）}$$

高位纵筋总长 $= 4200 - 583 - \max (35d,\ 500) + 583 + \max (35d,\ 500)$
$$= 4200 \text{（mm）}$$

3）箍筋长度计算：

外大箍长度 $= 2 \times [(500 - 40 - 10) + (500 - 40 - 10)] + 2 \times 11.9 \times 10$
$$= 2038 \text{（mm）}$$

里小箍长度 $= 2 \times [ (500 - 40 - 20 - 25) /3 + 25 + 10 ] + 2 \times (500 - 40 - 10)$
$+ 2 \times 11.9 \times 10 = 1484$ （mm）

4）箍筋根数计算：

下部加密区长度 $= \max (H_n/6, h_c, 500)$
$= \max [ (4200 - 700) /6, 500, 500 ]$
$= 583$ （mm）

上部加密区长度 $=$ 梁板厚 $+$ 梁下箍筋加密区高度
$= 700 + \max (H_n/6, h_c, 500)$
$= 700 + \max [ (4200 - 700) /6, 500, 500 ]$
$= 1283$ （mm）

箍筋根数 $= (583/100 + 1) + (1283/100 + 1) + (4200 - 583 - 1283) /200 - 1$
$= 31$ （根）

【例 2 – 11】框架柱 KZ4 平法施工图如图 2 – 34 所示，试求 KZ4 的纵筋及箍筋。其中，混凝土强度等级为 C30，抗震等级为一级。

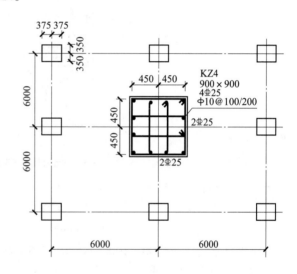

| 层号 | 顶标高 | 层高 | 顶梁高 |
|---|---|---|---|
| 4 | 15.87 | 3.6 | 700 |
| 3 | 12.27 | 4.2 | 700 |
| 2 | 8.67 | 4.2 | 700 |
| 1 | 4.47 | 4.5 | 700 |
| 基础 | −1.03 | 基础厚800 | — |

图 2 – 34 框架柱 KZ4 平法施工图

【解】

由混凝土强度等级 C30 和一级抗震，查表 2 – 2 得：柱钢筋混凝土保护层厚度 $c_{柱} = 20mm$，基础钢筋保护层厚度 $c_{基础} = 40mm$。

框架柱 KZ4 计算简图如图 2 – 35 所示。

（1）1 层钢筋（普通柱）

首先，先判别 KZ4 是否为短柱。

由于 $H_n/h_c = (4500 - 700 + 1000) /900 > 4$，故 1 层不是短柱。

1）低位纵筋长度计算：

低位纵筋长度 $=$ 层高 $-$ 本层下端非连接区高度 $+$ 伸入上层非连接区高度

本层下端非连接区高度 $= H_n/3 = (4500 + 1000 - 700) /3 = 1600$ （mm）

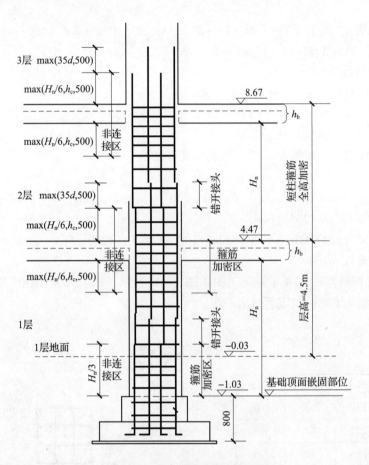

**图 2 – 35   框架柱 KZ4 计算简图**

伸入 2 层的非连接区高度 = max（$H_n/6$, $h_c$, 500）

$$= \max [（4200 - 700）/6, 500, 500]$$

$$= 583（mm）$$

低位纵筋总长度 = 4500 + 1000 - 1600 + 583 = 4483（mm）

2）高位纵筋长度计算：

高位纵筋长度 = 层高 - 本层下端非连接区高度 - 本层错开接头

+ 伸入上层非连接区高度 + 上层错开接头

本层下端非连接区高度 = $H_n/3$ = （4500 + 1000 - 700）/3 = 1600（mm）

伸入 2 层的非连接区高度 = max（$H_n/6$, $h_c$, 500）

$$= \max [（4200 - 700）/6, 500, 500]$$

$$= 583（mm）$$

高位纵筋总长度 = 4500 + 1000 - 1600 - max（35$d$, 500）+ 583 + max（35$d$, 500）

$$= 4483（mm）$$

3）箍筋长度计算：

外大箍长度 = 2 × [（900 - 40 - 10）+（900 - 40 - 10）]+ 2 × 11.9 × 10

$$= 3638（mm）$$

里小箍长度 $= 2 \times [ (900-40-20-25) /3+25+10 ]$
$$+ 2 \times (900-40-10) +2 \times 11.9 \times 10 = 2552 （mm）$$

4）箍筋根数计算：

下部加密区长度 $= H_n/3 = (4500+1000-700) /3 = 1600 （mm）$

上部加密区长度 $=$ 梁板厚 $+$ 梁下箍筋加密区高度
$$= 700 + \max (H_n/6, h_c, 500)$$
$$= 700 + \max [ (4500-700+1000) /6, 500, 500 ]$$
$$= 1500 （mm）$$

箍筋根数 $= (1600/100+1) + (1500/100+1) + (5500-1600-1500) /200-1$
$$= 44 （根）$$

（2）2 层钢筋（短柱）

首先，先判别 KZ4 是否为短柱。

由于 $H_n/h_c = (4200-700) /900 < 4$，故 2 层是短柱。

1）低位纵筋长度计算：

低位纵筋长度 $=$ 层高 $-$ 本层下端非连接区高度 $+$ 伸入上层非连接区高度

本层下端非连接区高度 $= h_c = 900$mm

伸入 3 层的非连接区高度 $= h_c = 900$mm

低位纵筋总长 $= 4200-900+900 = 4200 （mm）$

2）高位纵筋长度计算：

高位纵筋长度 $=$ 层高 $-$ 本层下端非连接区高度 $-$ 本层错开接头
$$+ 伸入上层非连接区高度 + 上层错开接头$$

本层下端非连接区高度 $= h_c = 900$mm

伸入 3 层的非连接区高度 $= h_c = 900$mm

高位纵筋总长度 $= 4200-900-35d+900+35d = 4200 （mm）$

3）箍筋长度计算：

外大箍长度 $= 2 \times [ (500-40-10) + (500-40-10) ] + 2 \times 11.9 \times 10$
$$= 2038 （mm）$$

里小箍长度 $= 2 \times [ (500-40-20-25) /3+25+10 ] + 2 \times (500-40-10)$
$$+ 2 \times 11.9 \times 10 = 1484 （mm）$$

4）箍筋根数计算：

2 层箍筋为全高加密，故：

箍筋根数 $= (4200/100) + 1 = 43 （根）$

【例 2-12】框架柱 KZ5 平法施工图如图 2-36 所示，试求 KZ5 的纵筋及箍筋。其中，混凝土强度等级为 C30，抗震等级为一级。

【解】

由混凝土强度等级 C30 和一级抗震，查表 2-2 得：柱钢筋混凝土保护层厚度 $c_{柱} = 20$mm，基础钢筋保护层厚度 $c_{基础} = 40$mm。

框架柱 KZ5 计算简图如图 2-37 所示。

| 层号 | 顶标高 | 层高 | 顶梁高 |
|------|--------|------|--------|
| 4 | 15.87 | 3.6 | 700 |
| 3 | 12.27 | 3.6 | 700 |
| 2 | 8.67 | 4.2 | 700 |
| 1 | 4.47 | 4.5 | 700 |
| 基础 | −1.03 | 基础厚800 | — |

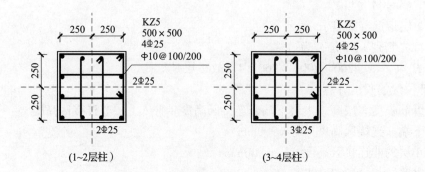

图 2−36 框架柱 KZ5 平法施工图

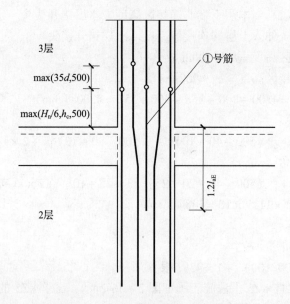

图 2−37 框架柱 KZ5 计算简图

①号筋长度 = 本层非连接区高度 + 伸入下层的长度

本层（3层）非连接区高度 = $\max\left(H_n/6, h_c, 500\right)$

$= \max\left[\left(3600-700\right)/6, 500, 500\right]$

$= 500$（mm）

伸入下层的长度 $=1.2l_{aE}=1.2\times34\times25=1020$ （mm）

①号筋总长 $=500+1020=1520$ （mm）

【例 2 - 13】 框架柱 KZ6 平法施工图如图 2 - 38 所示，试求 KZ6 的纵筋及箍筋。其中，混凝土强度等级为 C30，抗震等级为一级。

| 层号 | 顶标高 | 层高 | 顶梁高 |
|------|--------|------|--------|
| 4 | 15.87 | 3.6 | 700 |
| 3 | 12.27 | 3.6 | 700 |
| 2 | 8.67 | 4.2 | 700 |
| 1 | 4.47 | 4.5 | 700 |
| 基础 | -1.03 | 基础厚800 | — |

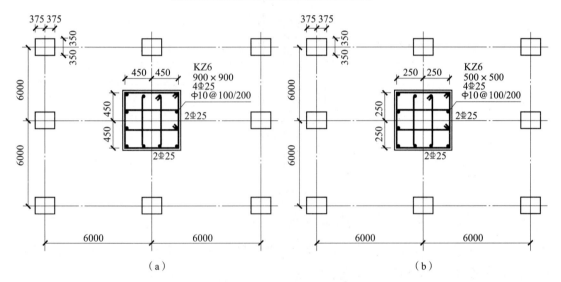

图 2 - 38　框架柱 KZ6 平法施工图

（a）1、2 层平面图；（b）3、4 层平面图

【解】

由混凝土强度等级 C30 和一级抗震，查表 2 - 2 得：柱钢筋混凝土保护层厚度 $c_{柱}=20\text{mm}$，基础钢筋保护层厚度 $c_{基础}=40\text{mm}$。

框架柱 KZ6 计算简图如图 2 - 39 所示。

由于 $\Delta=200\text{mm}$，$\Delta/h_b=200/700>1/12$，故采用非直通构造。

（1）2 层纵筋

①号筋（低位）长度 $=$ 本层层高 $-$ 下部非连接区 $-$ 上部保护层 $+12d$

下部非连接区 $=\max\left(H_n/6,h_c,500\right)$

$\qquad\qquad\qquad=\max\left[\left(4200-700\right)/6,900,500\right]$

$\qquad\qquad\qquad=900$ （mm）

①号筋（低位）总长度 $=4200-900-20+12\times25=3580$ （mm）

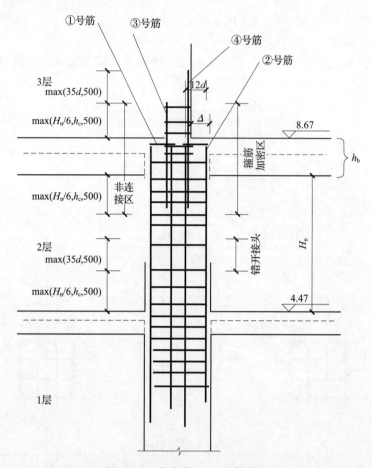

**图 2 - 39  框架柱 KZ6 计算简图**

②号筋（高位）长度 = 本层层高 − 下部非连接区 − 错开连接高度 − 上部保护层 + 12$d$

下部非连接区 = max（$H_n$/6，$h_c$，500）

= max [（4200 − 700）/6，900，500]

= 900（mm）

错开连接高度 = max（35$d$，500）= max（35 × 25，500）= 875（mm）

②号筋（高位）总长度 = 4200 − 900 − 875 − 20 + 12 × 25 = 2705（mm）

（2）3 层纵筋

③号筋（低位）长度 = 伸入下层的高度（1.2$l_{aE}$）+ 本层下部非连接区高度

本层非连接区高度 = max（$H_n$/6，$h_c$，500）

= max [（3600 − 700）/6，500，500]

= 500（mm）

③号筋（低位）总长 = 1.2$l_{aE}$ + 500 = 1.2 × 34 × 25 + 500 = 1520（mm）

③号筋（高位）长度 = 伸入下层的高度（1.5$l_{aE}$）+ 本层下部非连接区高度 + 错开连接高度

本层非连接区高度 = max（$H_n$/6，$h_c$，500）

$$= \max \left[ (3600 - 700) / 6, 500, 500 \right]$$
$$= 500 \ (mm)$$

③号筋（高位）总长度 $= 1.2 l_{aE} + 500 + \max (35d, 500)$
$$= 1.2 \times 34 \times 25 + 500 + 35 \times 25$$
$$= 2395 \ (mm)$$

# 要点 14：顶层柱钢筋计算及实例

根据柱的平面位置，把柱分为边、中、角柱，柱钢筋伸到顶层梁板的方式和长度不同，如图 2 – 40 所示。

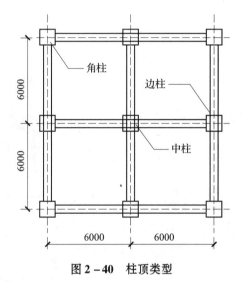

**图 2 – 40 柱顶类型**

顶层中柱钢筋构造如图 2 – 41 所示。

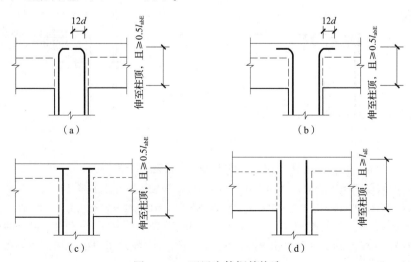

**图 2 – 41 顶层中柱钢筋构造**
（a）节点 A；（b）节点 B；（c）节点 C；（d）节点 D

顶层边柱、角柱钢筋构造如图 2-42 所示。

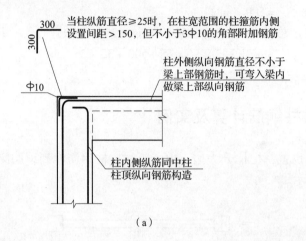

（a）

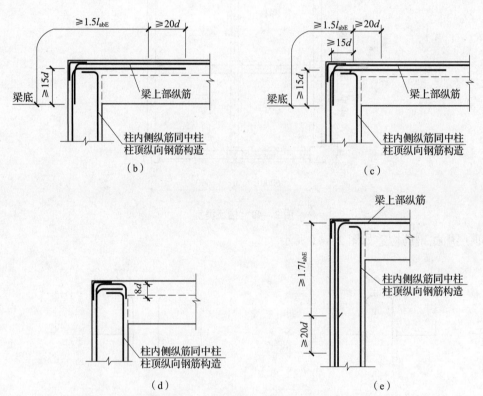

（d）                              （e）

**图 2-42  顶层边柱、角柱钢筋构造**

（a）节点 A；（b）节点 B；（c）节点 C；（d）节点 D；（e）节点 E

注：1  柱内侧纵筋伸入框架梁内，采取向内弯折锚固的形式，弯折长度为 12d。

2  节点 A、B、C、D 应配合使用，节点 D 不应单独使用（仅用于未伸入梁内的柱外侧纵筋锚固），伸入梁内的柱外侧纵筋不宜少于柱外侧全部纵筋面积的 65%。可选择 B＋D 或 C＋D 或 A＋B＋D 或 A＋C＋D 的做法。

3  节点 E 用于梁、柱纵向钢筋接头沿节点柱顶外侧直线布置的情况，可与节点 A 组合使用。

【例2-14】框架柱 KZ7 平法施工图如图 2-43 所示，试求 KZ7 的纵筋及箍筋。其中，混凝土强度等级为 C30，抗震等级为一级。

| 层号 | 顶标高 | 层高 | 梁高 |
|------|--------|------|------|
| 4 | 15.9 | 3.6 | 700 |
| 3 | 12.3 | 3.6 | 700 |
| 2 | 8.7 | 4.2 | 700 |
| 1 | 4.5 | 4.5 | 700 |
| 基础 | -0.8 | — | 基础厚度：500 |

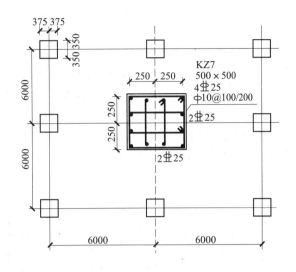

图 2-43 框架柱 KZ7 平法施工图

【解】

由混凝土强度等级 C30 和一级抗震，查表 2-2 得：柱钢筋混凝土保护层厚度 $c_柱 = 20mm$，基础钢筋保护层厚度 $c_{基础} = 40mm$。

框架柱 KZ7 计算简图如图 2-44 所示。

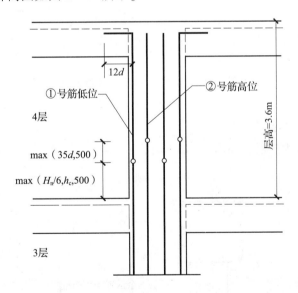

图 2-44 框架柱 KZ7 计算简图

首先，先判别框架柱 KZ7 的锚固方式。

由于 $h_b - 700 < l_{aE} = 34d = 34 \times 25 = 850$ （mm），因此框架柱 KZ7 中所有纵筋伸入顶层梁板内弯锚。

②号筋高位长度＝本层净高－本层非连接区高度－错开连接高度＋（梁高－保护层＋12$d$）

本层非连接区高度＝max（$H_n/6$，$h_c$，500）

$\qquad$＝max［（3600－700）/6，500，500］

$\qquad$＝500（mm）

错开连接高度＝max（35$d$，500）＝875（mm）

②号筋高位总长＝（3600－700）－500－875＋（700－20＋12$d$）

$\qquad$＝（3600－700）－500－875＋（700－20＋12×25）

$\qquad$＝2505（mm）

【例2－15】框架柱KZ8平法施工图如图2－45所示，试求KZ8的纵筋及箍筋。其中，混凝土强度等级为C30，抗震等级为一级。

| 层号 | 顶标高 | 层高 | 梁高 |
|---|---|---|---|
| 4 | 15.9 | 3.6 | 600 |
| 3 | 12.3 | 3.6 | 700 |
| 2 | 8.7 | 4.2 | 700 |
| 1 | 4.5 | 4.5 | 700 |
| 基础 | －0.8 | — | 基础厚度：500 |

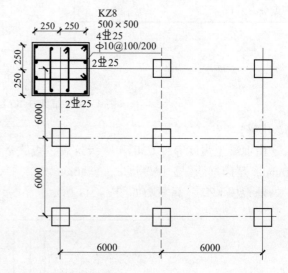

图2－45 框架柱KZ8平法施工图

【解】

（1）区分内、外侧钢筋

外侧钢筋总根数为7根，如图2－46所示。

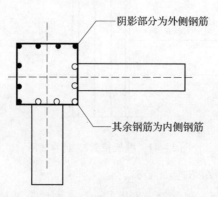

图2－46 内、外侧钢筋示意图

（2）区分内、外侧钢筋中的第一层、第二层钢筋，以及伸入梁板内不同长度的钢筋（见图 2 - 47）

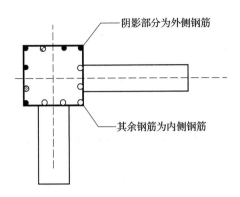

| ①号筋 | ● | 不少于65%的柱外侧钢筋伸入梁内 7×65%=5（根） |
|---|---|---|
| ②号筋 | ⊘ | 其余外侧钢筋中，位于第一层的，伸至柱内侧边下弯8d，共1根 |
| ③号筋 | ⊘ | 其余外侧钢筋中，位于第二层的，伸至柱内侧边，共1根 |
| ④号筋 | ○ | 内侧钢筋，共5根 |

图 2 - 47 第一层、第二层钢筋示意图

（3）计算每一种钢筋

1）①号筋计算图如图 2 - 48 所示。

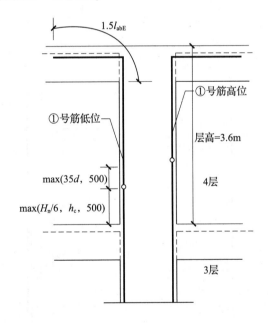

图 2 - 48 ①号筋计算图

①号筋低位长度 = 净高 - 下部非连接区高度 + 伸入梁板内长度

下部非连接区高度 = max（$H_n/6$，$h_c$，500）

= max［（3600 - 600）/6，500，500］

= 500（mm）

伸入梁板内长度 = $1.5l_{abE}$ = 1.5 × 33 × 25 = 1238（mm）

①号筋低位总长度 = （3600 - 600）- 500 + 1238 = 3738（mm）

①号筋高位长度 = 净高 - 下部非连接区高度 - 错开连接高度 + 伸入梁板内长度

下部非连接区高度 = max $(H_n/6, h_c, 500)$

$\qquad\qquad\qquad\quad$ = max $[(3600-600)/6, 500, 500]$

$\qquad\qquad\qquad\quad$ = 500（mm）

错开连接高度 = max $(35d, 500)$ = 875（mm）

伸入梁板内长度 = $1.5l_{aE}$ = 1.5 × 33 × 25 = 1238（mm）

①号筋高位总长度 = $(3600-600)$ - 500 - 875 + 1238 = 2863（mm）

2）②号筋计算图如图 2-49 所示。

②号筋只有 1 根，根据其所在的位置，判别为高位钢筋。

②号筋高位长度 = 净高 - 下部非连接区高度 - 错开连接高度 + 伸入梁板内长度

下部非连接区高度 = max $(H_n/6, h_c, 500)$

$\qquad\qquad\qquad\quad$ = max $[(3600-600)/6, 500, 500]$

$\qquad\qquad\qquad\quad$ = 500（mm）

伸入梁板内长度 = （梁高保护层）+ （柱宽 - 保护层）+ 8d

$\qquad\qquad\qquad\quad$ = $(600-20)$ + $(500-40)$ + 8 × 25

$\qquad\qquad\qquad\quad$ = 1240（mm）

错开连接高度 = max $(35d, 500)$ = 875（mm）

②号筋高位总长度 = $(3600-600)$ - 500 - 875 + 1240 = 2865（mm）

3）③号筋计算图如图 2-50 所示。

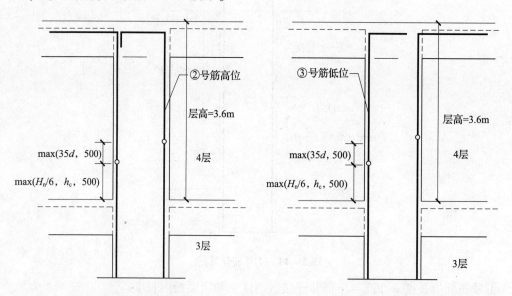

图 2-49　②号筋计算图　　　　　　　图 2-50　③号筋计算图

③号筋只有 1 根，根据其所在的位置，判别为高位钢筋。

③号筋低位长度 = 净高 - 下部非连接区高度 + 伸入梁板内长度

下部非连接区高度 = max $(H_n/6, h_c, 500)$

$\qquad\qquad\qquad\quad$ = max $[(3600-600)/6, 500, 500]$

$\qquad\qquad\qquad\quad$ = 500（mm）

伸入梁板内长度 = （梁高 – 保护层） + （柱宽 – 保护层）

$$= （600 - 20） + （500 - 40）$$

$$= 1040 （mm）$$

③号筋低位总长度 = （3600 – 600） – 500 + 1010 = 3540 （mm）

4）④号筋计算图如图 2 – 51 所示。

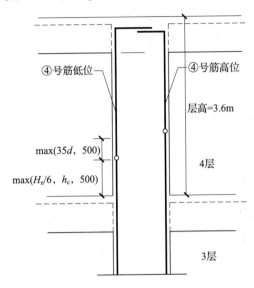

图 2 – 51　④号筋计算图

首先，判别④号筋的锚固方式。

由于 $h_b - 700 < l_{aE}$ （ $= 34d = 34 × 25 = 850$ ），框架柱 KZ4 中所有纵筋伸入顶层梁板内弯锚。

④号筋低位长度 = 本层净高 – 本层非连接区高度 + （梁高 – 保护层 + 12d）

本层非连接区高度 = max （$H_n/6$ ， $h_c$ ， 500）

$$= max [ （3600 - 600） /6 ， 500 ， 500 ]$$

$$= 500 （mm）$$

④号筋低位总长度 = （3600 – 600） – 500 + （600 – 20 + 12d）

$$= （3600 - 600） - 500 + （600 - 20 + 12 × 25）$$

$$= 3360 （mm）$$

④号筋高位长度 = 本层净高 – 本层非连接区高度 – 错开连接高度 + （梁高 – 保护层 + 12d）

本层非连接区高度 = max （$H_n/6$ ， $h_c$ ， 500）

$$= max [ （3600 - 600） /6 ， 500 ， 500 ]$$

$$= 500 （mm）$$

错开连接高度 = max （35d ， 500） = 875 （mm）

④号筋高位总长度 = （3600 – 600） – 500 – 875 + （600 – 20 + 12d）

$$= （3600 - 600） - 500 - 875 + （600 - 20 + 12 × 25）$$

$$= 2485 （mm）$$

## 要点 15：框支柱钢筋翻样计算

框支柱纵向钢筋宜采用机械连接接头，如图 2-52 所示。

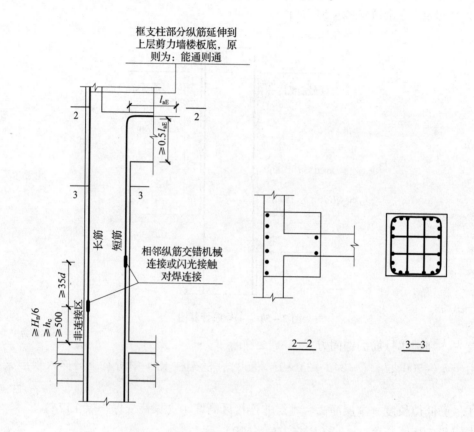

框支柱部分纵筋延伸到
上层剪力墙楼板底，原
则为：能通则通

**图 2-52　框支柱纵向钢筋构造（机械连接）**

框支柱与上层剪力墙重合部分延伸至上层剪力墙楼板顶。其余纵筋在本层弯折锚固，弯折长度自框支柱边缘算起，弯入框支梁或楼层板内不小于 $l_{aE}$。

$$框支柱本层截断长筋长度 = 本层层高 - \max\ (H_n/6,\ 500,\ h_c)\ + l_{aE} \qquad (2-59)$$

$$框支柱本层截断短筋长度 = 本层层高 - \max\ (H_n/6,\ 500,\ h_c)\ - 35d + l_{aE} \qquad (2-60)$$

$$框支柱上层截断长筋长度 = 上层层高 - \max\ (H_n/6,\ 500,\ h_c) \qquad (2-61)$$

$$框支柱上层截断长筋长度 = 上层层高 - \max\ (H_n/6,\ 500,\ h_c)\ - 35d \qquad (2-62)$$

## 要点 16：中柱顶筋的加工、下料尺寸计算及实例

各种柱的顶筋都弯成直角（弯曲半径见表 2-3），分为水平部分和竖直部分。而且，除了尺寸计算以外，筋的摆放，从立体图中也可以得到启示。

表2-3　钢筋外皮尺寸的差值表之一

| 弯曲角度 | HPB300级主筋 | 箍筋 | 平法框架主筋 | | |
|---|---|---|---|---|---|
| | $R = 1.25d$ | $R = 2.5d$ | $R = 4d$ | $R = 6d$ | $R = 8d$ |
| 30° | 0.29d | 0.305d | 0.323d | 0.348d | 0.373d |
| 45° | 0.49d | 0.543d | 0.608d | 0.694d | 0.78d |
| 60° | 0.765d | 0.9d | 1.061d | 1.276d | 1.491d |
| 90° | 1.751d | 2.288d | 2.931d | 3.79d | 4.648d |
| 135° | 2.24d | 2.831d | 3.539d | 4.484d | 5.428d |
| 180° | 3.502d | 4.576d | | | |

注：1. 135°和180°的差值必须具备准确的外皮尺寸值。

　　2. 平法框架主筋 $d \leqslant 25$mm 时，$R = 4d$（$6d$）；$d > 25$mm 时，$R = 6d$（$8d$）。括号内为顶层边节点要求。

## 1. 中柱顶筋的类别和数量

表2-4给出了中柱顶筋类别及其数量表，具体摆放如图2-53所示。

表2-4　中柱顶筋类别及其数量表

| 类别 | 长角部向梁筋 | 短角部向梁筋 | 长中部向梁筋 | 短中部向梁筋 |
|---|---|---|---|---|
| $i$ 为偶数，$j$ 为偶数 | 2 | 2 | $i+j-4$ | $i+j-4$ |
| $i$ 为奇数，$j$ 为偶数 | | | | |
| $i$ 为偶数，$j$ 为奇数 | | | | |
| $i$ 为奇数，$j$ 为奇数 | 4 | 0 | $i+j-6$ | $i+j-2$ |

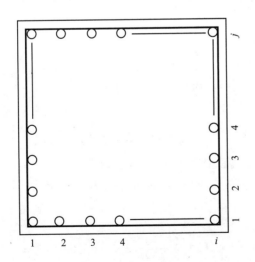

图2-53　顶筋摆放

$$柱截面中的钢筋数 = 2 \times (i+j) - 4 \qquad (2-63)$$

式（2-63）适用于中柱、边柱和角柱中的钢筋数量计算。

## 2. 中柱顶筋计算

从中柱的两个剖面方向看，都是向梁筋。现在把向梁筋的计算公式列在下面。在图 2-54 的算式中，有"max（　）"符号，意思是从 {　} 内选出它们中的最大值。

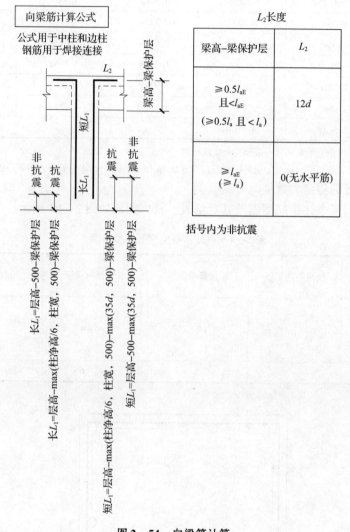

图 2-54　向梁筋计算

【例 2-16】已知中柱截面中钢筋分布为：$i=6$，$j=6$。

求：中柱截面中钢筋根数及长角部向梁筋、短角部向梁筋、长中部向梁筋和短中部向梁筋各为多少？

【解】

中柱截面中钢筋根数 $= 2 \times (i+j) - 4 = 2 \times (6+6) - 4 = 20$（根）

长角部向梁筋 $= 2$ 根

短角部向梁筋 $= 2$ 根

长中部向梁筋 $= i+j-4 = 8$（根）

短中部向梁筋 $= i+j-4 = 8$（根）

验算：

长角部向梁筋＋短角部向梁筋＋长中部向梁筋＋短中部向梁筋＝2＋2＋8＋8＝20（根）

正确无误。

【例 2－17】已知：三级抗震楼层中柱，钢筋 $d=20$mm；混凝土 C30；梁高 700mm；梁保护层 20mm；柱净高 2400mm；柱宽 400mm。

求：向梁筋的长 $L_1$、短 $L_1$ 和 $L_2$ 的加工、下料尺寸。

【解】

长 $L_1$＝层高－max（柱净高/6，柱宽，500）－梁保护层

　　＝2400＋700－max（2400/6，400，500）－20

　　＝3100－500－20

　　＝2580（mm）

短 $L_1$＝层高－max（柱净高/6，柱宽，500）－max（35$d$，500）－梁保护层

　　＝2400＋700－max（2400/6，400，500）－max（700，500）－20

　　＝3100－500－700－20

　　＝1880（mm）

　　梁高－梁保护层＝700－20＝680（mm）

三级抗震，$d=20$mm，C30 时，$l_{aE}=31d=620$（mm），因为（梁高－梁保护层）≥ $l_{aE}$，所以 $L_2=0$

无须弯有水平段的筋 $L_2$。因此，长 $L_1$、短 $L_1$ 的下料长度分别等于自身。

## 要点 17：边柱顶筋的加工、下料尺寸计算及实例

### 1. 边柱顶筋的类别和数量

表 2－5 给出了边柱截面边各种加工类型钢筋的计算。

表 2－5　边柱顶筋类别及其数量表

| 类别 | 长角部向梁筋 | 短角部向梁筋 | 长中部向梁筋 | 短中部向梁筋 | 长中部远梁筋 | 短中部远梁筋 | 长中部向边筋 | 短中部向边筋 |
|---|---|---|---|---|---|---|---|---|
| $i$ 为偶数 $j$ 为偶数 | 2 | 2 | $j-2$ | $j-2$ | $(i-2)/2$ | $(i-2)/2$ | $(i-2)/2$ | $(i-2)/2$ |
| $i$ 为奇数 $j$ 为偶数 | 2 | 2 | $j-2$ | $j-2$ | $(i-3)/2$ | $(i-1)/2$ | $(i-1)/2$ | $(i-3)/2$ |
| $i$ 为偶数 $j$ 为奇数 | 2 | 2 | $j-2$ | $j-2$ | $(i-2)/2$ | $(i-2)/2$ | $(i-2)/2$ | $(i-2)/2$ |
| $i$ 为奇数 $j$ 为奇数 | 4 | 0 | $j-3$ | $j-1$ | $(i-3)/2$ | $(i-1)/2$ | $(i-3)/2$ | $(i-1)/2$ |

### 2. 边柱顶筋计算

边柱顶筋与中柱相比，除了向梁筋计算相同外，还有远梁筋和向边筋。加上各有长、

短之分，共有 6 种加工尺寸。

　　向梁筋的计算方法和中柱里的向梁筋是一样的。另外，远梁筋的 $L_1$ 与向梁筋的 $L_1$ 也是一样的。向边筋的 $L_2$ 比远梁筋的 $L_2$ 低一排（即低 $d+30$），因此，向边筋的 $L_2$ 要短 $d+30$，如图 2-55 所示。

　　由图 2-55 中还可看出，远梁筋与向边筋是相向弯折的。图 2-56 为边柱远梁筋示意图及计算公式，图 2-57 为边柱中的向边筋示意图及其计算公式。再强调一下，钢筋类别数量，是对钢筋安放部位来说的。钢筋加工种类是按加工尺寸形状来区分的。比如说，边柱的钢筋类别数量是 8 个，即：长角部向梁筋、短角部向梁筋、长中部向梁筋、短中部向梁筋、长中部远梁筋、短中部远梁筋、长中部向边筋和短中部向边筋。如按加工尺寸形状来区分，即：长向梁筋、短向梁筋、长远梁筋、短远梁筋、长向边筋和短向边筋。也就是说，钢筋加工时，按这 6 种尺寸加工就行了。

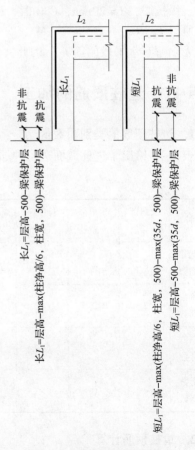

| 边柱远梁筋计算公式 |
| --- |

抗　震：$L_2=1.5l_{aE}-$梁高+梁保护层
非抗震：$L_2=1.5l_a-$梁高+梁保护层
附注：1.本公式用于边柱远梁筋角柱远梁筋一排。
　　　2.钢筋用于焊接连接。

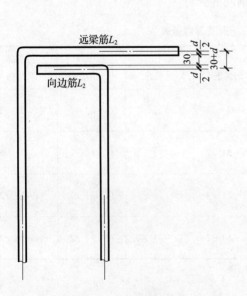

图 2-55　向梁筋计算　　　　　图 2-56　边柱远梁筋计算

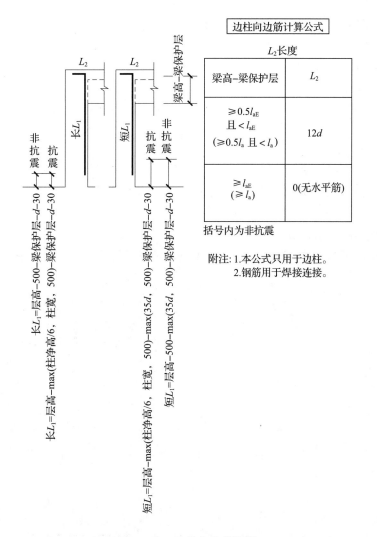

图 2 - 57　边柱向边筋计算

【例 2 - 18】已知边柱截面中钢筋分布为：$i = 4$，$j = 7$。

求：边柱截面中钢筋根数及长角部向梁筋、短角部向梁筋、长中部向梁筋、短中部向梁筋、长中部远梁筋、短中部远梁筋、长中部向边筋和短中部向边筋各为多少？

【解】

边柱截面中钢筋根数 $= 2 \times (i + j) - 4$

$= 2 \times (4 + 7) - 4$

$= 18$（根）

长角部向梁筋 $= 2$ 根

短角部向梁筋 $= 2$ 根

长中部向梁筋 $= j - 2 = 5$（根）

短中部向梁筋 $= j - 2 = 5$（根）

长中部远梁筋 = $(i-2)/2 = (4-2)/2 = 1$（根）

短中部远梁筋 = $(i-2)/2 = (4-2)/2 = 1$（根）

长中部向边筋 = $(i-2)/2 = (4-2)/2 = 1$（根）

短中部向边筋 = $(i-2)/2 = (4-2)/2 = 1$（根）

验算：

长角部向梁筋 + 短角部向梁筋 + 长中部向梁筋 + 短中部向梁筋 = $2+2+5+5+1+1+1+1 = 18$（根）

正确无误。

# 要点18：角柱顶筋的加工、下料尺寸计算及实例

### 1. 角柱顶筋的类别和数量

表2-6给出了角柱截面的各种加工类型钢筋数量的计算。

表2-6 角柱顶筋类别及其数量表

| 类别 | 长角部远梁筋（一排） | 短角部远梁筋（一排） | 长中部远梁筋（一排） | 短中部远梁筋（一排） | 长中部远梁筋（二排） | 短中部远梁筋（二排） | 长角部远梁筋（二排） | 短角部远梁筋（二排） | 长角部向边筋（三排） | 短角部向边筋（三排） | 长中部向边筋（三排） | 短中部向边筋（三排） | 长中部向边筋（四排） | 短中部向边筋（四排） |
|---|---|---|---|---|---|---|---|---|---|---|---|---|---|---|
| $i$ 为偶数 $j$ 为偶数 | 1 | 1 | $\frac{j}{2}-1$ | $\frac{j}{2}-1$ | $\frac{i}{2}-1$ | $\frac{i}{2}-1$ | 0 | 1 | 1 | 0 | $\frac{j}{2}-1$ | $\frac{j}{2}-1$ | $\frac{i}{2}-1$ | $\frac{i}{2}-1$ |
| $i$ 为奇数 $j$ 为偶数 | 2 | 0 | $\frac{j}{2}-\frac{3}{2}$ | $\frac{j}{2}-\frac{1}{2}$ | $\frac{i}{2}-1$ | $\frac{i}{2}-1$ | 0 | 1 | 0 | 1 | $\frac{j}{2}-\frac{1}{2}$ | $\frac{j}{2}-\frac{3}{2}$ | $\frac{i}{2}-1$ | $\frac{i}{2}-1$ |
| $i$ 为偶数 $j$ 为奇数 | 1 | 1 | $\frac{j}{2}-1$ | $\frac{j}{2}-1$ | $\frac{i}{2}-\frac{3}{2}$ | $\frac{i}{2}-\frac{1}{2}$ | 1 | 0 | 0 | 1 | $\frac{j}{2}-1$ | $\frac{j}{2}-1$ | $\frac{i}{2}-\frac{1}{2}$ | $\frac{i}{2}-\frac{3}{2}$ |
| $i$ 为奇数 $j$ 为奇数 | 2 | 0 | $\frac{j}{2}-\frac{3}{2}$ | $\frac{j}{2}-\frac{1}{2}$ | $\frac{i}{2}-\frac{3}{2}$ | $\frac{i}{2}-\frac{1}{2}$ | 1 | 0 | 1 | 0 | $\frac{j}{2}-\frac{3}{2}$ | $\frac{j}{2}-\frac{1}{2}$ | $\frac{i}{2}-\frac{1}{2}$ | $\frac{i}{2}-\frac{3}{2}$ |

### 2. 角柱顶筋计算

角柱顶筋中没有向梁筋。角柱顶筋中的远梁筋一排，可以利用边柱远梁筋的公式来计算。

角柱顶筋中的弯筋分为四层，因而二、三、四排筋要分别缩短，如图2-58所示。

角柱顶筋中的远梁筋二排计算公式如图2-59所示。

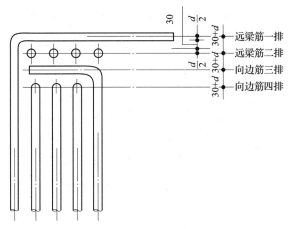

图 2-58　角柱弯筋计算

角柱远梁筋二排计算公式

抗　震：$L_2 = 1.5l_{aE} -$ 梁高 + 梁保护层
非抗震：$L_2 = 1.5l_a -$ 梁高 + 梁保护层
　　　　附注:钢筋用于焊接连接。

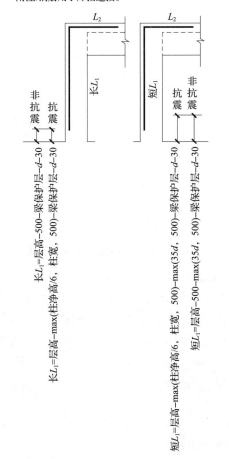

图 2-59　角柱远梁筋二排计算

角柱顶筋中的向边筋三、四排计算公式如图 2-60 和图 2-61 所示。

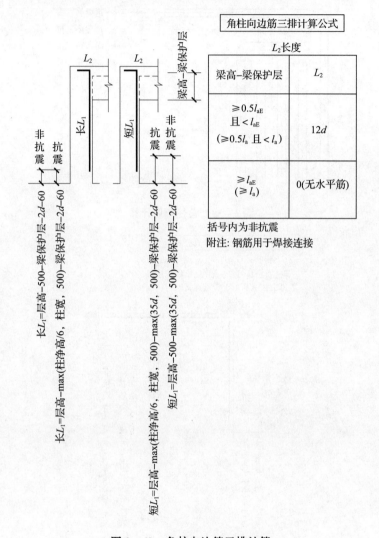

| 角柱向边筋三排计算公式 | |
| --- | --- |
| $L_2$长度 | |
| 梁高−梁保护层 | $L_2$ |
| $\geq 0.5 l_{aE}$<br>且$< l_{aE}$<br>($\geq 0.5 l_a$ 且 $< l_a$) | $12d$ |
| $\geq l_{aE}$<br>($\geq l_a$) | 0(无水平筋) |

括号内为非抗震
附注: 钢筋用于焊接连接

**图 2-60　角柱向边筋三排计算**

**【例 2-19】**已知角柱截面中钢筋分布为：$i=6$，$j=6$。

求：角柱截面中钢筋根数及长角部远梁筋（一排）、短角部远梁筋（一排）、长中部远梁筋（一排）、短中部远梁筋（一排）、长中部远梁筋（二排）、短中部远梁筋（二排）、长角部远梁筋（二排）、短角部远梁筋（二排）、长角部向边筋（三排）、短角部向边筋（三排）、长中部向边筋（三排）、短中部向边筋（三排）、长中部向边筋（四排）、短中部向边筋（四排）各为多少？

**【解】**

角柱截面中钢筋根数 $= 2 \times (i+j) - 4 = 2 \times (6+6) - 4 = 20$（根）

长角部远梁筋（一排）$= 1$ 根

短角部远梁筋（一排）$= 1$ 根

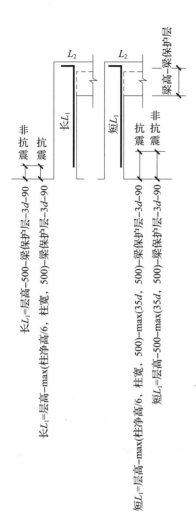

| 角柱向边筋四排计算公式 | |
|---|---|
| $L_2$长度 | |
| 梁高-梁保护层 | $L_2$ |
| $\geqslant 0.5 l_{aE}$ 且 $< l_{aE}$ ($\geqslant 0.5 l_a$ 且 $< l_a$) | $12d$ |
| $\geqslant l_{aE}$ ($\geqslant l_a$) | 0(无水平筋) |

括号内为非抗震
附注: 钢筋用于焊接连接

**图 2-61  角柱向边筋四排计算**

长中部远梁筋（一排） $=j/2-1=2$（根）

短中部远梁筋（一排） $=j/2-1=2$（根）

长中部远梁筋（二排） $=i/2-1=2$（根）

短中部远梁筋（二排） $=i/2-1=2$（根）

长角部远梁筋（二排） $=0$ 根

短角部远梁筋（二排） $=1$ 根

长角部向边筋（三排） $=1$ 根

短角部向边筋（三排） $=0$ 根

长中部向边筋（三排） $=j/2-1=2$（根）

短中部向边筋（三排） $=j/2-1=2$（根）

长中部向边筋（四排） $=i/2-1=2$（根）

短中部向边筋（四排）$= i/2 - 1 = 2$（根）

验算：

长角部远梁筋（一排）＋短角部远梁筋（一排）＋长中部远梁筋（一排）＋短中部远梁筋（一排）＋长中部远梁筋（二排）＋短中部远梁筋（二排）＋长角部远梁筋（二排）＋短角部远梁筋（二排）＋长角部向边筋（三排）＋短角部向边筋（三排）＋长中部向边筋（三排）＋短中部向边筋（三排）＋长中部向边筋（四排）＋短中部向边筋（四排）$= 1 + 1 + 2 + 2 + 2 + 2 + 0 + 1 + 1 + 0 + 2 + 2 + 2 + 2 = 20$（根）

正确无误。

# 第3章 剪 力 墙

## 要点1：根据剪力墙的厚度计算暗柱箍筋的宽度

因为剪力墙的保护层是针对水平分布筋，而不是针对暗柱纵筋的，所以在计算暗柱箍筋宽度时，不能套用"框架柱箍筋宽度 - 柱宽度 - 2 × 保护层厚度"这样的算法。

分析可知，由于水平分布筋与暗柱箍筋处于同一垂直层面，则暗柱纵筋与混凝土保护层之间同时隔着暗柱箍筋和墙身水平分布筋。

箍筋的尺寸是以"净内尺寸"来表示，又因为柱纵筋的外侧紧贴着箍筋的内侧，以"暗柱纵筋的外侧"作为参照箍，来解析暗柱箍筋宽度的算法就是：

当水平分布筋直径大于箍筋直径时：

$$暗柱箍筋宽度 = 墙厚 - 2 × 保护层厚度 - 2 × 水平分布筋直径 \qquad (3-1)$$

否则（即水平分布筋直径不大于箍筋直径时）：

$$暗柱箍筋宽度 = 墙厚 - 2 × 保护层厚度 - 2 × 箍筋直径 \qquad (3-2)$$

## 要点2：剪力墙身拉筋长度计算

剪力墙身拉筋就是要同时钩住水平分布筋和垂直分布筋。剪力墙的保护层是对于剪力墙身水平分布筋而言的。这样，剪力墙厚度减去保护层厚度就到了水平分布筋的外侧，而拉筋钩在水平分布筋之外。

由上述可知，拉筋的直段长度（就是工程钢筋表中的标注长度）的计算公式为：

$$拉筋直段长度 = 墙厚 - 2 × 保护层厚度 + 2 × 拉筋直径 \qquad (3-3)$$

知道了拉筋的直段长度，再加上拉筋弯钩长度，就得到拉筋的每根长度。由图 3-1 可知，拉筋弯钩的平直段长度为 $10d$。

现以光面圆钢筋为例，它的 180° 小弯钩长度：一个弯钩为 $6.25d$，两个弯钩为 $12.5d$；而 180° 小弯钩的平直段长度为 $3d$，小弯钩的一个平直段长度比拉筋少 $7d$，则两个平直段长度比拉筋少 $14d$。

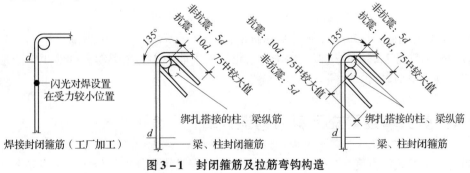

图 3-1 封闭箍筋及拉筋弯钩构造

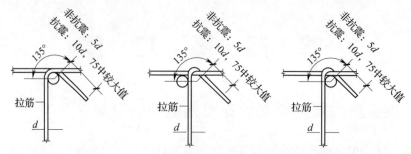

拉筋紧靠箍筋并钩住纵筋   拉筋紧靠纵向钢筋并钩住箍筋   拉筋同时钩住纵筋和箍筋

**图 3 – 1　封闭箍筋及拉筋弯钩构造（续）**

注：非抗震设计时，当构件受扭或柱中全部纵向受力钢筋的配筋率大于 3% 时，箍筋及拉筋弯钩平直段长度应为 $10d$

由此可知，拉筋两个弯钩的长度为 $12.5d + 14d = 26.5d$，考虑到角度差异，可取其为 $26d$。所以

$$拉筋每根长度 = 墙厚 - 2 \times 保护层厚度 - 2 \times 拉筋直径 + 26d \qquad (3-4)$$

剪力墙其他构件的"拉筋"也可依照上述计算公式进行计算。

## 要点 3：剪力墙暗梁（AL）箍筋计算

1）首先来看暗梁箍筋宽度的计算方法。暗梁箍筋宽度的计算不能像框架梁箍筋宽度计算那样用梁宽度减 2 倍保护层厚度来得到，其主要区别在于框架梁的保护层是针对梁纵筋，而暗梁的保护层（和墙身一样）是针对水平分布筋的。

由于暗梁的宽度也就是墙的厚度，所以，暗梁的宽度计算以墙厚作为基数。当墙厚减去两侧的保护层厚度，就到了水平分布筋的外侧；再减去两个水平分布筋直径，才到了暗梁箍筋的外侧；再减去两个暗梁箍筋直径，这才到达暗梁箍筋的内侧——此时就得到暗梁箍筋的宽度尺寸。所以暗梁箍筋宽度 $b$ 的计算公式就是：

$$箍筋宽度 b = 墙厚 - 2 \times 保护层厚度 - 2 \times 水平分布筋直径 - 2 \times 箍筋直径 \quad (3-5)$$

2）关于暗梁箍筋的高度计算，存在一些争议。由于暗梁的上方和下方都是混凝土墙身，所以不存在面临一个保护层的问题。因此，在暗梁箍筋高度计算中，是采用暗梁的标注高度尺寸直接作为暗梁箍筋的高度，还是需要把暗梁的标注高度减去保护层厚度？根据一般习惯，人们往往采用下面的计算公式：

$$箍筋高度 h = 暗梁标注高度 - 2 \times 保护层厚度 \qquad (3-6)$$

3）关于暗梁箍筋根数的计算：暗梁箍筋的分布规律，不但影响箍筋个数的计算，而且直接影响钢筋施工绑扎的过程。做法为：距暗柱主筋中心为暗梁箍筋间距 1/2 的地方布置暗梁的第一根箍筋。

## 要点 4：剪力墙连梁交叉斜筋构造计算

当洞口连梁截面宽度≥250mm 时，连梁中应根据具体条件设置斜向交叉斜筋配筋，如

图 3 – 2 所示。斜向交叉钢筋锚入连梁支座内的锚固长度应 ≥ max $[l_{aE}(l_a), 600 \text{mm}]$；交叉斜筋配筋连梁的对角斜筋在梁端部应设置拉筋，具体值见设计标注。

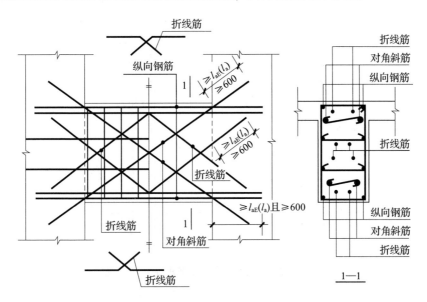

**图 3 – 2　剪力墙连梁交叉斜筋构造**

连梁配筋计算公式如下：

连梁斜向交叉钢筋：

$$长度 = \sqrt{h^2 + l_0^2} + 2 \times \max(l_{aE}, 600)（其中 h 为连梁的梁高，l_0 为连梁的跨度）$$

$$(3 – 7)$$

折线筋：

$$长度 = l_0/2 + \sqrt{h^2 + l_0^2}/2 + 2 \times \max(l_{aE}, 600) \qquad (3 – 8)$$

注：交叉斜筋配筋连梁的水平钢筋及箍筋形成的钢筋网之间应采用拉筋拉结，拉筋直径不宜小于 6mm，间距不宜大于 400mm。

# 要点 5：顶层墙竖向钢筋下料及算例

## 1. 绑扎搭接

当暗柱采用绑扎搭接接头时，顶层构造如图 3 – 3 所示。

（1）计算长度

$$长筋长度 = 顶层层高 - 顶层板厚 + 顶层锚固总长度 l_{aE} \qquad (3 – 9)$$

$$短筋长度 = 顶层层高 - 顶层板厚 - (1.2 l_{aE} + 500) + 顶层锚固总长度 l_{aE} \quad (3 – 10)$$

（2）下料长度

$$长筋长度 = 顶层层高 - 顶层板厚 + 顶层锚固总长度 l_{aE} - 90°差值 \qquad (3 – 11)$$

$$短筋长度 = 顶层层高 - 顶层板厚 - (1.2 l_{aE} + 500) + 顶层锚固总长度 l_{aE} - 90°差值$$

$$(3 – 12)$$

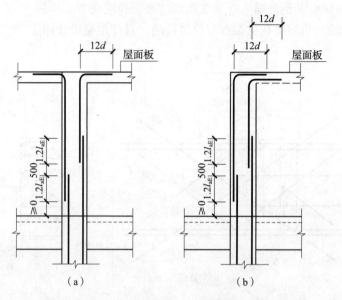

**图 3 – 3　顶层暗柱（绑扎搭接）**

（a）中间暗柱；（b）边角暗柱

**2. 机械或焊接连接**

当暗柱采用机械或焊接连接接头时，顶层构造如图 3 – 4 所示。

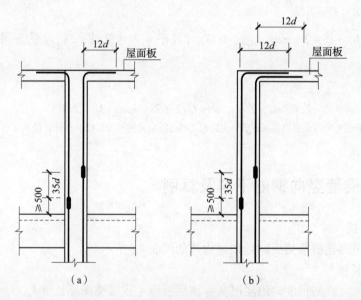

**图 3 – 4　顶层暗柱（机械或焊接连接）**

（a）中间暗柱；（b）边角暗柱

（1）计算长度

$$长筋长度 = 顶层层高 - 顶层板厚 - 500 + 顶层锚固总长度 \, l_{aE} \qquad (3-13)$$

$$短筋长度 = 顶层层高 - 顶层板厚 - 500 - 35d + 顶层锚固总长度 \, l_{aE} \qquad (3-14)$$

（2）下料长度

$$长筋长度 = 顶层层高 - 顶层板厚 - 500 + 顶层锚固总长度 \, l_{aE} - 90°差值 \quad （3-15）$$

$$短筋长度 = 顶层层高 - 顶层板厚 - 500 - 35d + 顶层锚固总长度 \, l_{aE} - 90°差值 \quad （3-16）$$

**【例 3-1】** 某二级抗震剪力墙中墙身顶层竖向分布筋，钢筋直径为 Φ30（HRB335 级钢筋），混凝土强度等级为 C35。采用机械连接，其层高为 3.5m，屋面板厚为 100mm，试计算其顶层分布钢筋的下料长度。

**【解】**

已知 $d = 30\text{mm} > 28\text{mm}$，HRB335 级钢筋，顶层室内净高 = 层高 - 屋面板厚度 = 3.5 - 0.1 = 3.4（m），C35 时的锚固值 $l_{aE}$ 为 $40d$，HRB335 级框架顶层节点 90°外皮差值为 $4.648d$，代入公式：

$$\begin{aligned}
长筋 &= 顶层室内净高 + l_{aE} - 500\text{mm} - 1 个 90°外皮差值 \\
&= 3.4 + 40 \times 0.03 - 0.5 - 4.648 \times 0.03 \\
&= 2.88 （\text{m}）
\end{aligned}$$

$$\begin{aligned}
短筋 &= 顶层室内净高 + l_{aE} - 500\text{mm} - 35d - 1 个 90°外皮差值 \\
&= 3.4 + 40 \times 0.03 - 0.5 - 35 \times 0.03 - 4.648 \times 0.03 \\
&= 1.83 （\text{m}）
\end{aligned}$$

# 要点 6：变截面处剪力墙竖向钢筋翻样计算

## 1. 绑扎搭接

当采用绑扎搭接接头时，剪力墙柱变截面纵筋的锚固形式如图 3-5 所示。

（1）内、外侧错台 $\Delta$

1）截断边：

长筋：

$$长度 = 层高 - 板保护层厚度 \, c + 墙厚 - 2 \times 墙保护层厚度 \, c \quad （3-17）$$

短筋：

$$长度 = 层高 - 板保护层厚度 \, c - 1.2 l_{aE} + 墙厚 - 2 \times 墙保护层厚度 \, c \quad （3-18）$$

2）仅在墙身一侧插筋：

长筋：

$$长度 = 1.2 l_{aE} + 2.4 l_{aE} + 500 \quad （3-19）$$

短筋：

$$长度 = 1.2 l_{aE} + 1.2 l_{aE} \quad （3-20）$$

（2）错台 $\Delta$ 较大

1）下层插筋：

长筋：

$$长度 = 层高 - 板保护层厚度 \, c + 墙厚 - \Delta - 2 \times 墙保护层厚度 \, c \quad （3-21）$$

短筋：

$$长度 = 层高 - 板保护层厚度 \, c - 1.2 l_{aE} + 墙厚 - \Delta - 2 \times 墙保护层厚度 \, c \quad （3-22）$$

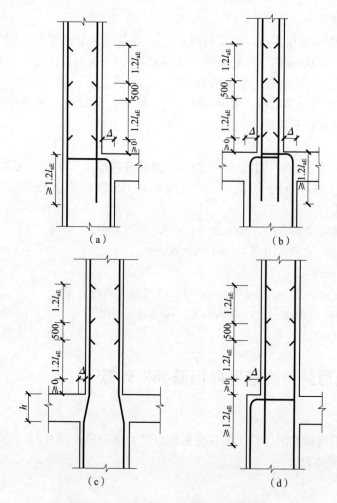

**图 3 – 5　剪力墙柱变截面纵筋绑扎连接**

(a) 内侧错台 Δ；(b) 错台 Δ 较大；(c) 错台 Δ≤30；(d) 外侧错台 Δ

2）上层插筋：

长筋：

$$长度 = 1.2l_{aE} + 2.4l_{aE} + 500 \tag{3-23}$$

短筋：

$$长度 = 1.2l_{aE} + 1.2l_{aE} \tag{3-24}$$

**2. 机械或焊接连接**

当采用机械或焊接连接接头时，剪力墙柱变截面纵筋的锚固形式如图 3 – 6 所示。

（1）内、外侧错台 Δ

1）截断边：

长筋：

$$长度 = 层高 - 板保护层厚度 \, c - 500 + 墙厚 - 2 \times 墙保护层厚度 \, c \tag{3-25}$$

短筋：

$$长度 = 层高 - 板保护层厚度 \, c - 500 - 35d + 墙厚 - 2 \times 墙保护层厚度 \, c \tag{3-26}$$

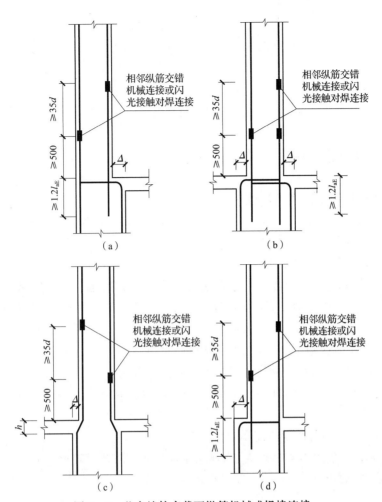

图 3 - 6　剪力墙柱变截面纵筋机械或焊接连接

（a）内侧错台 $\Delta$；（b）错台 $\Delta$ 较大；（c）错台 $\Delta \leqslant 30$；（d）外侧错台 $\Delta$

2）仅在墙身一侧插筋：

长筋：

$$长度 = 1.2 l_{aE} + 500 \qquad (3 - 27)$$

短筋：

$$长度 = 1.2 l_{aE} + 500 + 35d \qquad (3 - 28)$$

（2）错台 $\Delta$ 较大

1）下层插筋：

长筋：

$$长度 = 层高 - 板保护层厚度 c - 500 + 墙厚 - \Delta - 2 \times 墙保护层厚度 c \qquad (3 - 29)$$

短筋：

$$长度 = 层高 - 板保护层厚度 c - 500 - 35d + 墙厚 - \Delta - 2 \times 墙保护层厚度 c \qquad (3 - 30)$$

2）上层插筋

长筋：

$$长度 = 1.2l_{aE} + 500 \qquad (3-31)$$

短筋：

$$长度 = 1.2l_{aE} + 500 + 35d \qquad (3-32)$$

（3）错台 $\Delta \leqslant 30$

$$变截面处纵筋长度 = 层高 + 斜度延伸长度（+1.2l_{aE}） \qquad (3-33)$$

## 要点7：剪力墙洞口补强钢筋构造及算例

### 1. 剪力墙矩形洞口补强钢筋构造

剪力墙由于开矩形洞口，需补强钢筋，当设计注写补强纵筋具体数值时，按设计要求，当设计未注明时，依据洞口宽度和高度尺寸，按以下构造要求：

（1）剪力墙矩形洞口宽度和高度均不大于800mm

剪力墙矩形洞口宽度、高度不大于800mm时，洞口需补强钢筋，如图3-7所示。

补强钢筋面积：按每边配置两根不小于12mm且不小于同向被切断纵筋总面积的一半补强。

补强钢筋级别：补强钢筋级别与被截断钢筋相同。

补强钢筋锚固措施：补强钢筋两端锚入墙内的长度为 $l_{aE}$（$l_a$），洞口被切断的钢筋设置弯钩，弯钩长度为过墙中线加5d（即墙体两面的弯钩相互交错10d），补强纵筋固定在弯钩内侧。

（2）剪力墙矩形洞口宽度或高度均大于800mm

剪力墙矩形洞口宽度或高度均大于800mm时，洞口需补强暗梁，如图3-8所示，配筋具体数值按设计要求。

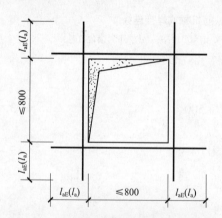

图3-7 剪力墙矩形洞口补强钢筋构造
（剪力墙矩形洞口宽度和高度均不大于800mm）

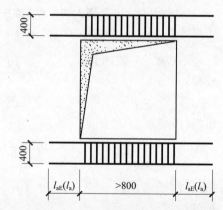

图3-8 剪力墙矩形洞口补强暗梁构造
（剪力墙矩形洞口宽度和高度均大于800mm）

当洞口上边或下边为连梁时，不再重复补强暗梁，洞口竖向两侧设置剪力墙边缘构件。洞口被切断的剪力墙竖向分布钢筋设置弯钩，弯钩长度为15d，在暗梁纵筋内侧锚入梁中。

**2. 剪力墙圆形洞口补强钢筋构造**

（1）剪力墙圆洞口直径不大于300mm

剪力墙圆形洞口直径不大于300mm时，洞口需补强钢筋。剪力墙水平分布筋与竖向分布筋遇洞口不截断，均绕洞口边缘通过；或按设计标注在洞口每侧补强纵筋，锚固长度为两边均不小于$l_{aE}$（$l_a$），如图3－9所示。

（2）剪力墙圆形洞口直径大于300mm且小于或等于800mm

剪力墙圆形洞口直径大于300mm且小于或等于800mm时，洞口需补强钢筋。洞口每侧补强钢筋设计标注内容，锚固长度为均应不小于$l_{aE}$（$l_a$），如图3－10所示。

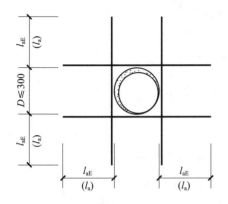 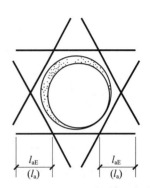

图3－9　剪力墙圆形洞口补强钢筋构造
（圆形洞口直径不大于300mm）

图3－10　剪力墙圆形洞口补强钢筋构造
（圆形洞口直径大于300mm且小于
或等于800mm）

（3）剪力墙圆形洞口直径大于800mm

剪力墙圆形洞口直径大于800mm时，洞口需补强钢筋。当洞口上边或下边为剪力墙连梁时，不再重复设置补强暗梁。洞口每侧补强钢筋设计标注内容，锚固长度均应不小于$\max$（$l_{aE}$，300mm），如图3－11所示。

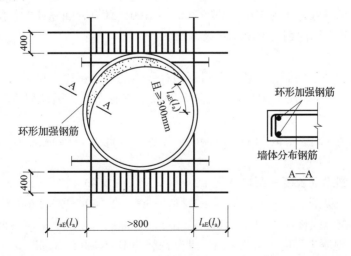

图3－11　剪力墙圆形洞口补强钢筋构造（圆形洞口直径大于800mm）

### 3. 连梁中部洞口

连梁中部有洞口时，洞口边缘距离连梁边缘不小于 max（$h/3$，200mm）。洞口每侧补强纵筋与补强箍筋按设计标注，补强钢筋的锚固长度不小于 $l_{aE}$（$l_a$），如图 3 – 12 所示。

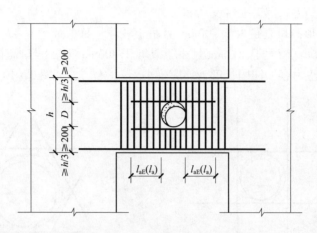

**图 3 – 12　剪力墙连梁洞口补强钢筋构造**

【例 3 – 2】洞口表标注为 JD2　$700 \times 700$　3.100，其中剪力墙厚 300mm，墙身水平分布筋和垂直分布筋均为 $\Phi 12@250$。混凝土强度等级为 C30，纵向钢筋 HRB400 级钢筋。计算补强纵筋的长度。

【解】

由于缺省标注补强钢筋，默认的洞口每边补强钢筋为 2$\Phi$12，但是补强钢筋不应小于洞口每边截断钢筋（6$\Phi$12）的 50%，即洞口每边补强钢筋应为 3$\Phi$12。

补强纵筋的总数量应为 12$\Phi$12。

水平方向补强纵筋长度 = 洞口宽度 + 2 × $l_{aE}$ = 700 + 2 × 40 × 12 = 1660（mm）

垂直方向补强纵筋长度 = 洞口宽度 + 2 × $l_{aE}$ = 700 + 2 × 40 × 12 = 1660（mm）

【例 3 – 3】洞口表标注为 JD1　$300 \times 300$　3.100，计算补强纵筋的长度。其中，混凝土强度等级为 C30，纵向钢筋 HRB400 级钢筋。

【解】

由于缺省标注补强钢筋，默认的洞口每边补强钢筋为 2$\Phi$12，对于洞宽、洞高均不大于 300mm 的洞口，不考虑截断墙身水平分布筋和垂直分布筋，因此以上补强钢筋无须进行调整。

补强纵筋 2$\Phi$12 是指洞口一侧的补强纵筋，因此，补强纵筋的总数应该是 8$\Phi$12。

水平方向补强纵筋长度 = 洞口宽度 + 2 × $l_{aE}$ = 300 + 2 × 40 × 12 = 1260（mm）

垂直方向补强纵筋长度 = 洞口宽度 + 2 × $l_{aE}$ = 300 + 2 × 40 × 12 = 1260（mm）

【例 3 – 4】洞口表标注为 JD5　$1800 \times 2100$　1.800　6$\Phi$20　$\Phi$8@150，其中，剪力墙厚为 300mm，混凝土强度等级为 C25，纵向钢筋为 HRB400 级钢筋，墙身水平分布筋和垂直分布筋均为 $\Phi 12@250$。计算补强纵筋的长度。

**【解】**

补强暗梁的纵筋长度 $= 1800 + 2 \times l_{aE} = 1800 + 2 \times 40 \times 20 = 3400$ （mm）

每个洞口上下的补强暗梁纵筋总数为 12 $\underline{\Phi}$ 20。

补强暗梁纵筋的每根长度为 3400mm。

但补强暗梁箍筋只在洞口内侧 50mm 处开始设置，所以：

一根补强暗梁的箍筋根数 $=$ （$1800 - 50 \times 2$）$/150 + 1 = 13$ （根）

一个洞口上下两根补强暗梁的箍筋总根数为 26 根。

箍筋宽度 $= 300 - 2 \times 15 - 2 \times 12 - 2 \times 8 = 230$ （mm）

箍筋高度为 400mm，则

箍筋的每根长度 $=$ （$230 + 400$）$\times 2 + 26 \times 8 = 1468$ （mm）

# 要点 8：剪力墙柱钢筋构造及算例

剪力墙插筋在基础中的锚固共有三种构造，如图 3 - 13 所示。

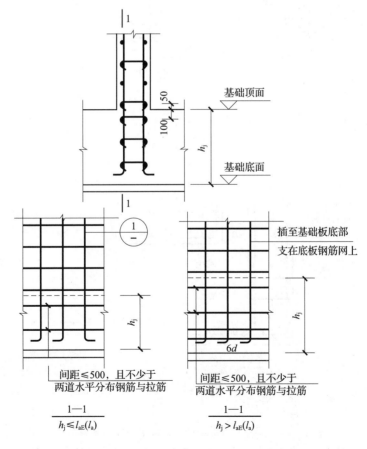

（a）

混凝土结构平法计算要点解析

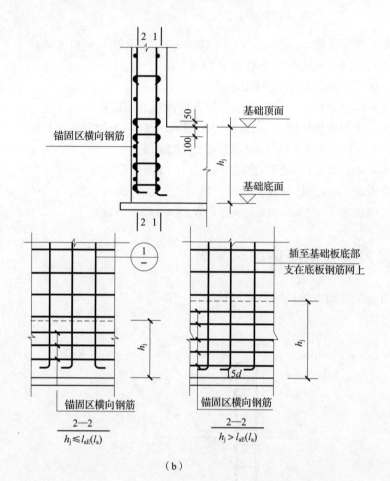

（b）

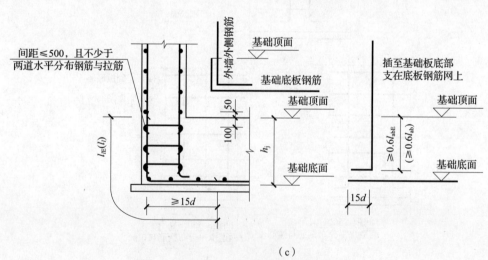

（c）

**图 3 – 13　剪力墙插筋在基础中的锚固构造**

（a）剪力墙插筋保护层厚度 > 5$d$；（b）剪力墙外侧插筋保护层厚度 ≤ 5$d$；

（c）剪力墙外侧纵筋与底板纵筋搭接

剪力墙边缘构件纵向钢筋连接构造如图 3 – 14 所示。

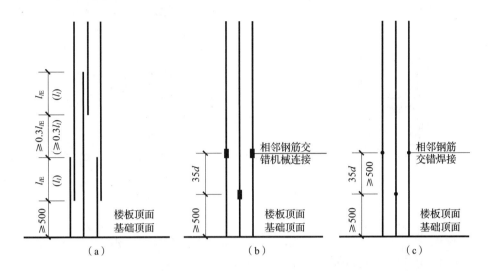

**图 3 – 14  剪力墙边缘构件纵向钢筋连接构造**

（a）绑扎搭接；（b）机械连接；（c）焊接连接

约束剪力墙边缘构件和构造边缘构件中，暗柱、端柱、翼墙、转角墙的纵筋和箍筋均应设置在剪力墙边缘构件的核心部位，即图 3 – 15 ~ 图 3 – 18 中所示的阴影部位。

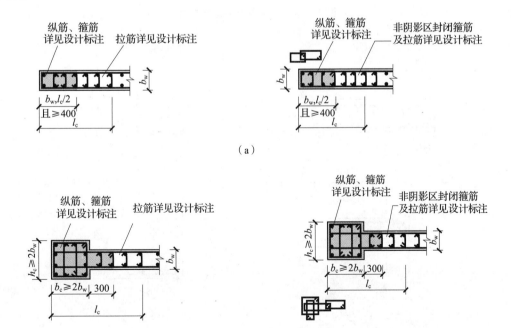

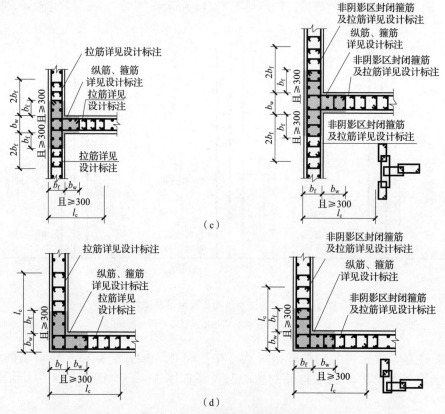

**图 3-15　约束剪力墙边缘构件**

（a）约束边缘暗柱；（b）约束边缘端柱；（c）约束边缘翼墙；（d）约束边缘转角墙

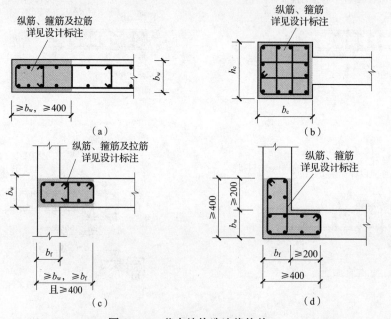

**图 3-16　剪力墙构造边缘构件**

（a）构造边缘暗柱；（b）构造边缘端柱；（c）构造边缘翼墙；（d）构造边缘转角墙

图 3 - 17　扶壁柱　　　　　　　　　　　图 3 - 18　非边缘暗柱

剪力墙水平钢筋计入约束边缘构件体积配箍率的构造做法如图 3 - 19 所示。

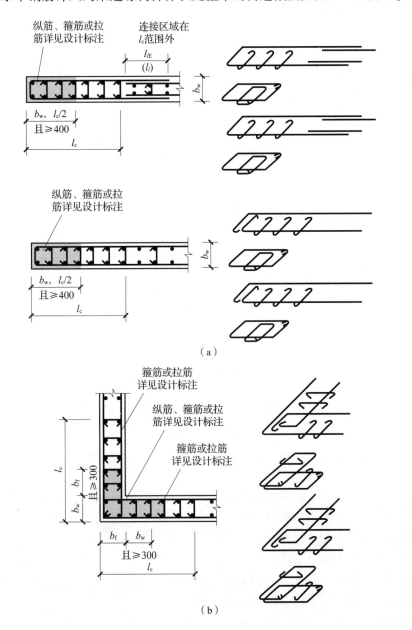

（a）

（b）

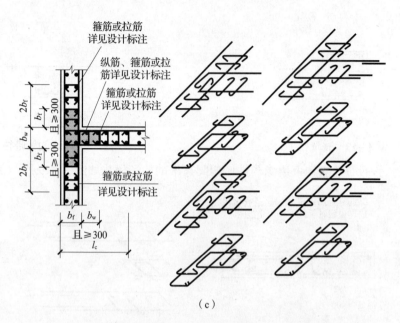

**图 3 – 19 剪力墙水平钢筋计入约束边缘构件体积配箍率的构造做法**

（a）约束边缘暗柱；（b）约束边缘转角墙；（c）约束边缘翼墙

【例 3 – 5】Q9 墙插筋计算图如图 3 – 20 所示。其中，混凝土强度等级为 C30，抗震等级为一级。试求①号筋、②号筋的长度。

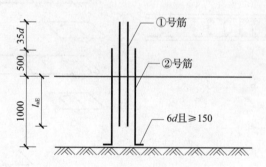

**图 3 – 20　Q9 墙插筋计算图**

【解】

由混凝土强度等级 C30 和一级抗震，查表 2 – 2 得：基础钢筋保护层厚度 $c_{基础}$ = 40mm。

基础内锚固方式判断：容许竖向直锚深度 = 1000 – 40 = 960（mm） > $l_{aE}$ = 34 × 14 = 476（mm），因此，部分钢筋可直锚。

阳角钢筋：插至基础底部并弯折。

除阳角外的其他钢筋：直锚。

①号筋（非阳角钢筋长度）= 基础内长度 + 伸出基础顶面非连接区高度 + 错开连接

基础内长度 = $l_{aE}$ = 34 × 14 = 476（mm）

伸出基础高度 = 500 + 35d = 500 + 35 × 14 = 990（mm）

总长度 = 476 + 990 = 1466（mm）

②号筋（阳角钢筋）长度 = 基础内长度 + 伸出基础顶面非连接区高度

基础内长度 = 1000 - 40 + max（6$d$，150） = 1000 - 40 + max（6×14，150） = 1110（mm）

伸出基础高度 = 500mm

总长度 = 1110 + 500 = 1610（mm）

**【例3-6】** Q10 墙插筋计算图如图 3-21 所示。其中，混凝土强度等级为 C30，抗震等级为一级。试求①号筋、②号筋的长度。

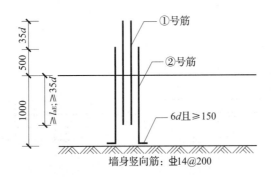

图 3-21　Q10 墙插筋计算图

**【解】**

由混凝土强度等级 C30 和一级抗震，查表 2-2 得：基础钢筋保护层厚度 $c_{\text{基础}}$ = 40mm。

基础内锚固方式判断：容许竖向直锚深度 - 1000 - 40 = 960（mm） > $l_{\text{aE}}$ = 34×14 = 476（mm），因此，部分钢筋可直锚。

阳角钢筋：插至基础底部并弯折。

除阳角外的其他钢筋：直锚。

①号筋（非阳角钢筋）长度 = 基础内长度 + 伸出基础顶面非连接区高度

基础内长度 = max（$l_{\text{aE}}$，35$d$） = 35×14 = 490（mm）

伸出基础高度 = 500 + 35$d$ = 500 + 35×14 = 990（mm）

总长度 = 490 + 990 = 1480（mm）

②号筋（阳角钢筋）长度 = 基础内长度 + 伸出基础顶面非连接区高度

基础内长度 = 1000 - 40 + max（6$d$，150） = 1000 - 40 + max（6×14，150） = 1110（mm）

伸出基础高度 = 500 mm

总长度 = 1110 + 500 = 1610（mm）

## 要点9：剪力墙梁钢筋构造及算例

剪力墙连梁配筋构造如图 3-22 所示。

顶层边框梁或暗梁与连梁重叠时配筋构造如图 3-23 所示。

楼层边框梁或暗梁与连梁重叠时配筋构造如图 3-24 所示。

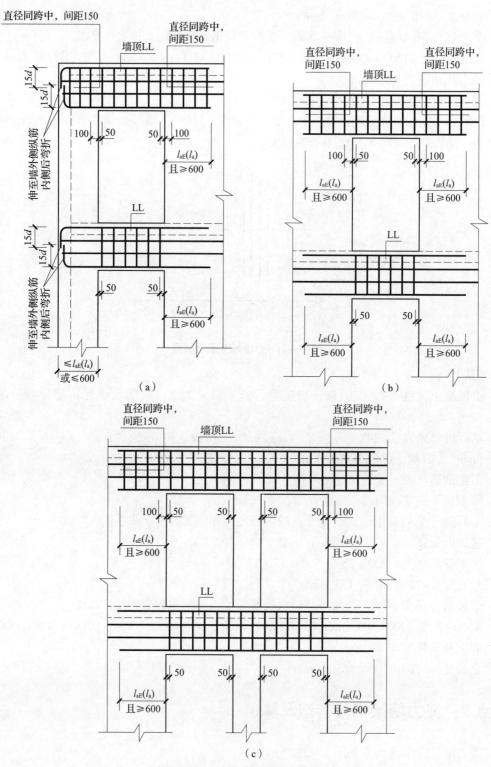

**图 3－22　剪力墙连梁配筋构造**

（a）洞口连梁（端部墙肢较短）；（b）单洞口连梁（单跨）；（c）双洞口连梁（双跨）

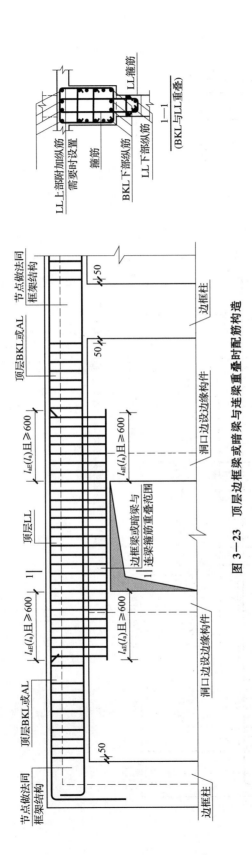

图 3—23 顶层边框梁或暗梁与连梁重叠时配筋构造

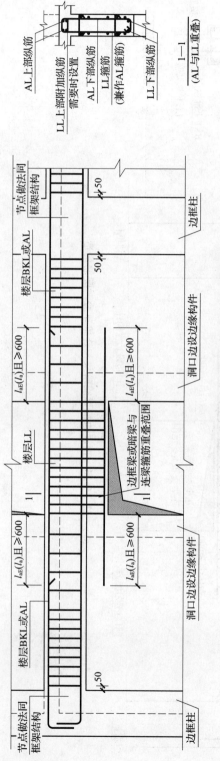

图3—24 顶层边框梁或暗梁与连梁重叠时配筋构造

当连梁截面宽度≥400mm时，连梁中应根据具体条件设置集中对角斜筋配筋或对角暗撑配筋，如图 3-25 所示。

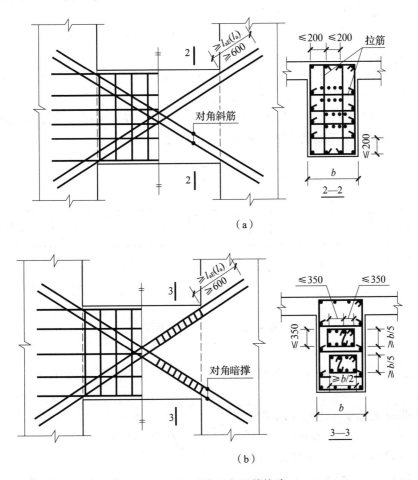

**图 3-25 连梁对角配筋构造**

（a）对角斜筋配筋；（b）对角暗撑配筋

【**例 3-7**】LL1 钢筋计算图如图 3-26 所示。其中，混凝土强度等级为 C30，抗震等级为一级。试求上、下部纵筋长度、箍筋长度及根数。

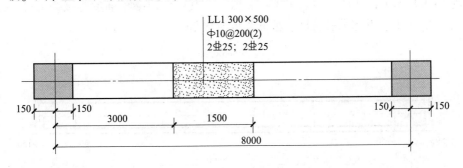

**图 3-26 LL1 钢筋计算图**

【解】

由混凝土强度等级 C30 和一级抗震，查表 2 - 2 得：墙钢筋混凝土保护层厚度 $c_梁$ = 15mm。

上、下部纵筋长度 = 净长 + 两端锚固

锚固长度 = max（$l_{aE}$，600）= max（34×25，600）= 850（mm）

总长度 = 1500 + 2×850 = 3200（mm）

箍筋长度 = 2×［（300 - 2×15 - 10）+（500 - 2×15 - 10）］+ 2×11.9×10 = 1678（mm）

箍筋根数 =（1500 - 2×50）/200 + 1 = 8（根）

【例 3 - 8】LL2 钢筋计算图如图 3 - 27 所示。其中，混凝土强度等级为 C30，抗震等级为一级。试求上、下部纵筋长度、箍筋长度及根数。

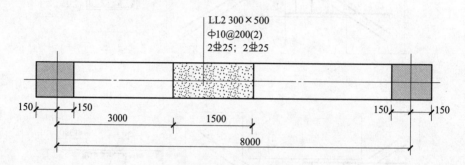

LL2 300×500
Φ10@200(2)
2⊕25；2⊕25

150  150  3000  1500  150  150
8000

图 3 - 27　LL2 钢筋计算图

【解】

由混凝土强度等级 C30 和一级抗震，查表 2 - 2 得：墙钢筋混凝土保护层厚度 $c_梁$ = 15mm。

上、下部纵筋长度 = 净长 + 两端锚固

锚固长度 = max（$l_{aE}$，600）= max（34×25，600）= 850（mm）

总长度 = 1500 + 2×850 = 3200（mm）

箍筋长度 = 2×［（300 - 2×15 - 10）+（500 - 2×15 - 10）］+ 2×11.9×10 = 1678（mm）

箍筋根数：

洞宽范围内根数 =（1500 - 2×50）/200 + 1 = 8（根）

纵筋锚固长度内根数 =（850 - 100）/200 + 1 = 5（根）

【例 3 - 9】AL1 钢筋计算图如图 3 - 28 所示。其中，混凝土强度等级为 C30，抗震等级为一级。试求上、下部纵筋长度、箍筋长度及根数。

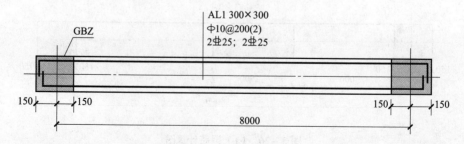

GBZ

AL1 300×300
Φ10@200(2)
2⊕25；2⊕25

150  150  150  150
8000

图 3 - 28　AL1 钢筋计算图

**【解】**

由混凝土强度等级 C30 和一级抗震，查表 2 − 2 得：墙钢筋混凝土保护层厚度 $c_{梁}$ = 15mm。

上、下部纵筋长度 = 梁长 + 两端暗柱锚固（同墙身水平筋）

$$= 8000 + 2 \times 150 - 2 \times 15 + 2 \times 15 \times 25$$
$$= 9020 \ （mm）$$

箍筋长度 = $2 \times \left[ （300 - 2 \times 15 - 10） + （300 - 2 \times 15 - 10） \right] + 2 \times 11.9 \times 10 = 1278 \ （mm）$

箍筋根数 = $（8000 - 2 \times 150 - 2 \times 100） / 200 + 1 = 39 \ （根）$

**【例 3 − 10】** BKL1 配筋图如图 3 − 29 所示。其中，混凝土强度等级为 C30，抗震等级为一级。BKL1 的钢筋计算简图如图 3 − 30 所示。试求①号筋、②号筋的长度。

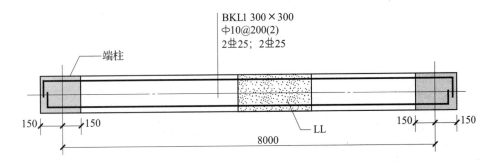

图 3 − 29　BKL1 配筋图

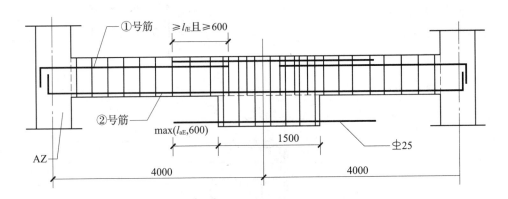

图 3 − 30　BKL1 钢筋计算简图

**【解】**

由混凝土强度等级 C30 和一级抗震，查表 2 − 2 得：墙钢筋混凝土保护层厚度 $c_{梁}$ = 15mm，柱钢筋混凝土保护层厚度 $c_{柱}$ = 30mm。

①号筋长度 = 左端暗柱锚固 + 右端与连梁钢筋搭接

$$= 4000 - 750 - \max \ （l_{aE}, \ 600） + \max \ （l_{lE}, \ 600） + （150 - 30 + 15 \times 25）$$
$$= 4000 - 750 - \max \ （34 \times 25, \ 600） + \max \ （47.6 \times 25, \ 600） +$$

$$(150-30+15\times25)$$

$$=4085 \text{（mm）}$$

②号筋长度 = 梁长 + 两端暗柱锚固（同墙身水平筋）

$$=8000+2\times150-2\times30+2\times15\times25$$

$$=8990 \text{（mm）}$$

箍筋长度 $=2\times\big[（300-2\times15+10）+（300-2\times15+10）\big]+$

$$2\times11.9\times10=1358 \text{（mm）}$$

箍筋根数 $=（8000-2\times150-2\times50）/200+1=39 \text{（根）}$

## 要点 10：剪力墙身水平钢筋构造及算例

剪力墙设有端柱时，水平分布筋在端柱锚固的构造要求如图 3－31 所示。

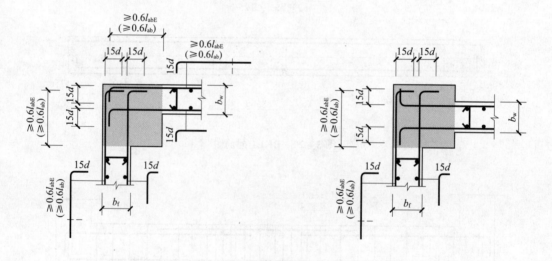

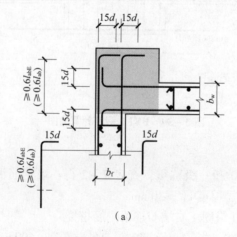

（a）

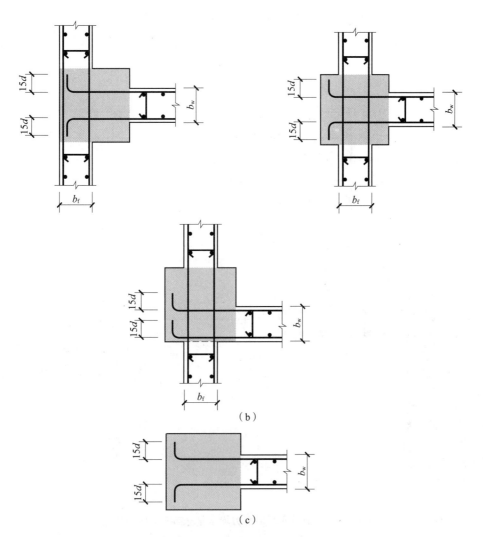

**图 3 − 31　设置端柱时剪力墙水平钢筋锚固构造**

（a）转角处；（b）丁字相连处；（c）端部

水平分布钢筋在翼墙的锚固构造要求如图 3 − 32 所示。

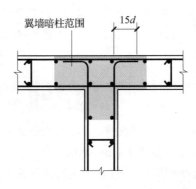

**图 3 − 32　设置翼墙时剪力墙水平钢筋锚固构造**

混凝土结构平法计算要点解析

剪力墙水平分布钢筋在转角墙锚固构造要求如图 3−33 所示。

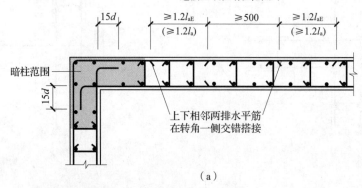

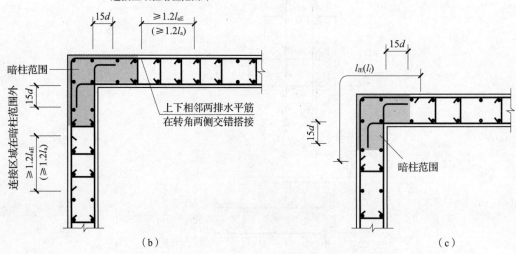

**图 3−33　设置转角墙时剪力墙水平分布钢筋锚固构造**

（a）构造一；（b）构造二；（c）构造三

剪力墙水平分布钢筋在端部无暗柱封边构造要求如图 3−34 所示。

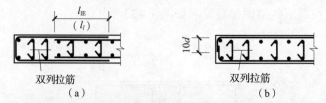

**图 3−34　无暗柱时剪力墙水平分布钢筋锚固构造**

（a）封边方式 1（墙厚度较小）；（b）封边方式 2

剪力墙水平分布钢筋在端部有暗柱封边构造要求如图 3−35 所示。

剪力墙斜交部位应设置暗柱，如图 3−36 所示。

剪力墙水平分布筋多排配筋构造共分为双排配筋、三排配筋、四排配筋三种情况，如图 3−37 所示。

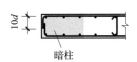

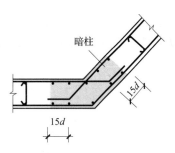

图 3 - 35　有暗柱时剪力墙水平钢筋锚固构造　　　　　图 3 - 36　剪力墙斜交部位暗柱

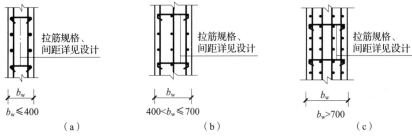

图 3 - 37　剪力墙多排配筋构造

（a）剪力墙双排配筋；（b）剪力墙三排配筋；（c）剪力墙四排配筋

地下室外墙水平钢筋构造如图 3 - 38 所示。

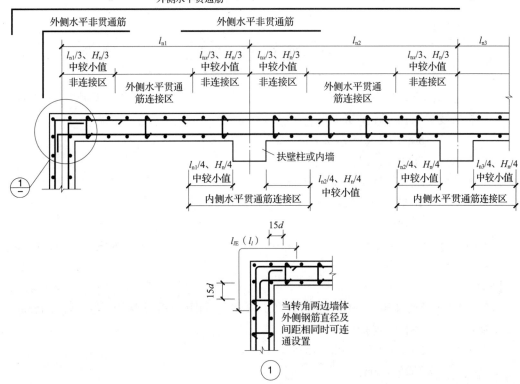

图 3 - 38　地下室外墙水平钢筋构造

【例 3 – 11】 Q1 平法配筋图如图 3 – 39 所示。其中，混凝土强度等级为 C30，抗震等级为一级。试求①号筋及②号筋长度。

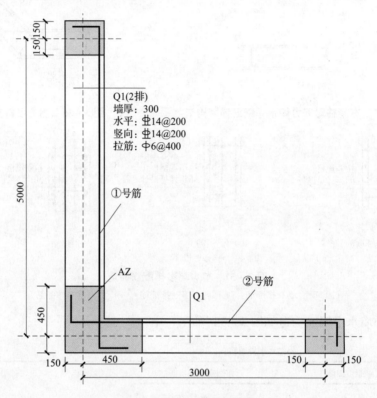

图 3 – 39  Q1 平法配筋图

【解】

由混凝土强度等级 C30 和一级抗震，查表 2 – 2 得：墙钢筋混凝土保护层厚度 $c_梁 = 15\text{mm}$。

①号筋长度 = 墙长 – 保护层 + 弯折 $15d$

$$= 5000 + 2 \times 150 - 2 \times 15 + 2 \times 15 \times 14$$

$$= 5690 \ (\text{mm})$$

②号筋长度 = 墙长 – 保护层 + 弯折 $15d$

$$= 3000 + 2 \times 150 - 2 \times 15 + 2 \times 15 \times 14$$

$$= 3690 \ (\text{mm})$$

【例 3 – 12】 Q2 平法配筋图如图 3 – 40 所示。其中，混凝土强度等级为 C30，抗震等级为一级。试求①号筋及②号筋长度。

【解】

由混凝土强度等级 C30 和一级抗震，查表 2 – 2 得：墙钢筋混凝土保护层厚度 $c_梁 = 15\text{mm}$。

①号筋长度 = 墙长 – 保护层 + 暗柱端弯锚 + 端柱直锚

$$= 5000 - 450 + 200 - 15 + 15 \times 14 + \ (600 - 20)$$

$$= 5525 \ (\text{mm})$$

（满足直锚条件时也要伸至支座对边）

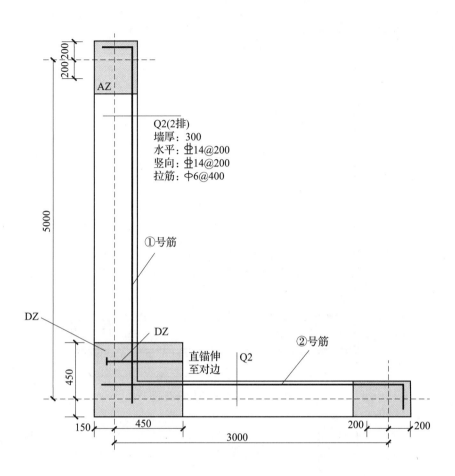

图 3 - 40　Q2 平法配筋图

②号筋长度 = 墙长 - 保护层 + 暗柱端弯锚 + 端柱直锚

$$= 3000 - 450 + 200 - 15 + 15 \times 14 + （600 - 20）$$

$$= 3525 （mm）$$

【例 3 - 13】Q3 平法配筋图如图 3 - 41 所示。其中，混凝土强度等级为 C30，抗震等级为一级。试求①号筋长度。

【解】

由混凝土强度等级 C30 和一级抗震，查表 2 - 2 得：墙钢筋混凝土保护层厚度 $c_{梁} = 15mm$。

①号筋长度 = 墙长 - 保护层 + 弯折 15$d$

$$= （5000 + 2 \times 150 - 2 \times 15）+ （3000 + 2 \times 150 - 2 \times 15）+$$

$$（2 \times 15 \times 14）$$

$$= 8960 （mm）$$

【例 3 - 14】Q4 平法配筋图如图 3 - 42 所示。其中，混凝土强度等级为 C30，抗震等级为一级。试求①号筋及②号筋长度。

混凝土结构平法计算要点解析

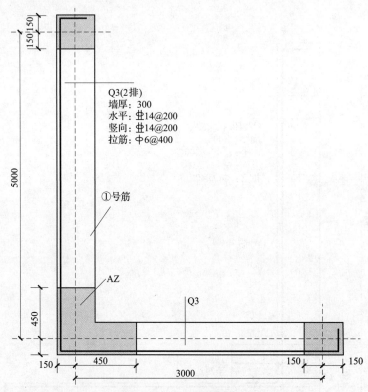

图 3 – 41　Q3 平法配筋图

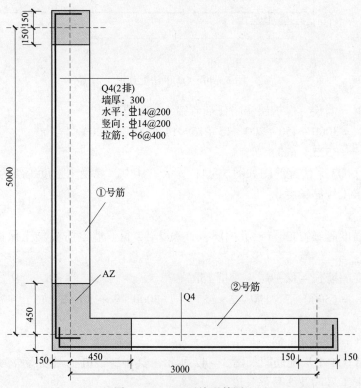

图 3 – 42　Q4 平法配筋图

**【解】**

由混凝土强度等级 C30 和一级抗震，查表 2 − 2 得：墙钢筋混凝土保护层厚度 $c_{梁} =$ 15mm。

①号筋长度 = 墙长 − 保护层 + 弯折 $15d$

$\qquad = （5000 + 2 \times 150 - 2 \times 15）+ 15 \times 14$

$\qquad = 5480（mm）$

②号筋长度 = 墙长 − 保护层 + 弯折 $15d$

$\qquad = （3000 + 2 \times 150 - 2 \times 15）+ 15 \times 14$

$\qquad = 3480（mm）$

# 要点 11：剪力墙身竖向钢筋构造及算例

剪力墙身竖向分布钢筋的连接方式如图 3 − 43 所示。

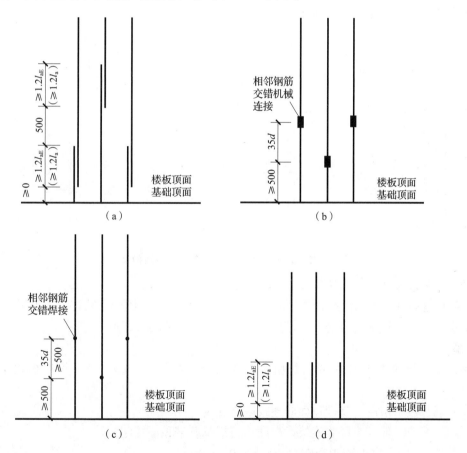

**图 3 − 43　剪力墙身竖向分布钢筋连接方式**

（a）错开搭接连接；（b）错开机械连接；（c）错开焊接连接；（d）同一部位搭接连接

当剪力墙在楼层上下截面变化时，变截面处的钢筋构造与框架柱相同。除端柱外，其他剪力墙柱变截面竖向钢筋构造要求如图 3 − 44 所示。

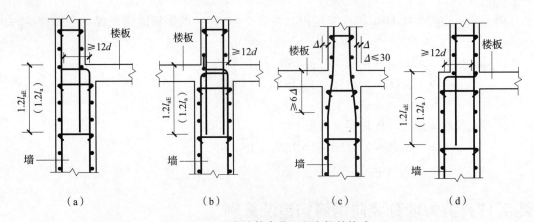

**图3-44　剪力墙柱变截面竖向钢筋构造**

(a) 边梁非贯通连接；(b) 中梁非贯通连接；(c) 中梁贯通连接；(d) 边梁非贯通连接

剪力墙墙身顶部竖向分布钢筋构造如图3-45所示。

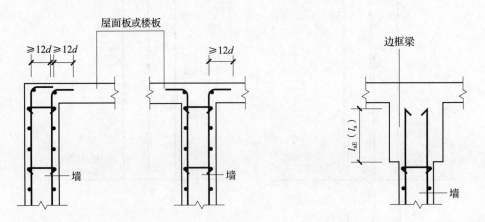

**图3-45　剪力墙墙身顶部竖向分布钢筋构造**

地下室外墙竖向钢筋构造如图3-46所示。

**【例3-15】** Q5竖向钢筋计算图示如图3-47所示。其中，混凝土强度等级为C30，抗震等级为一级。试求①号筋、②号筋、③号筋、④号筋的长度。

**【解】**

由混凝土强度等级C30和一级抗震，查表2-2得：基础钢筋保护层厚度$c_{基础}=40mm$。

①号筋长度=层高-基础顶面非连接区高度+

伸入上层非连接区高度（首层从基础顶面算起）

= （4500+1000）-500+500

=5500（mm）

②号筋长度=层高-基础顶面非连接区高度+伸入上层非连接区高度（首层从基础顶面算起）

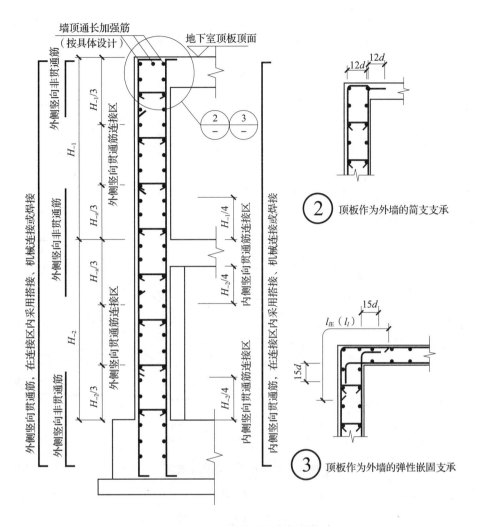

图 3-46　地下室外墙竖向钢筋构造

$$= (4500+1000) - (500+35d) + (500+35d)$$
$$= 5500 \text{ (mm)}$$

③号筋长度 = 层高 − 本层非连接区高度 + 伸入上层非连接区高度
$$= 4200 - 500 + 500$$
$$= 4200 \text{ (mm)}$$

④号筋长度 = 层高 − 本层非连接区高度 + 伸入上层非连接区高度
$$= 4200 - (500+35d) + (500+35d)$$
$$= 4200 \text{ (mm)}$$

【例 3-16】Q6 竖向钢筋计算图如图 3-48 所示。其中，混凝土强度等级为 C30，抗震等级为一级。试求①号筋、②号筋、③号筋、④号筋的长度。

【解】

由混凝土强度等级 C30 和一级抗震，查表 2-2 得：基础钢筋保护层厚度 $c_{基础}$ = 40mm。

混凝土结构平法计算要点解析

| 层号 | 顶标高 | 层高 | 顶梁高 |
|------|--------|------|--------|
| 4 | 15.87 | 3.6 | 700 |
| 3 | 12.27 | 3.6 | 700 |
| 2 | 8.67 | 4.2 | 700 |
| 1 | 4.47 | 4.5 | 700 |
| 基础 | −1.03 | 基础厚800 | — |

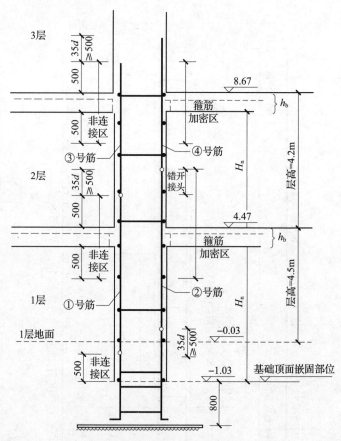

**图 3−47 Q5 竖向钢筋计算图**

①号筋（同无变截面）长度 = 层高 − 基础顶面非连接区高度 + 伸入上层非连接区高度

$$= （4500 + 1000） − 500 + 500$$

$$= 5500 （mm）$$

②号筋（下部与①号筋错开）长度 = 层高 − 基础顶面非连接区高度 − 错开连接 + 下层墙身钢筋伸至弯截面处向内弯折12$d$

基础顶面非连接区高度 = 500mm

错开接头 = max（35 × 16，500）= 560（mm）

总长度 = （4500 + 1000） − （500 + 560） + 12 × 16 = 4632（mm）

③号筋（同无变截面）长度 = 层高 − 本层非连接区高度 + 伸入上层非连接区高度

$$= 4200 − 500 + 500$$

$$= 4200 （mm）$$

④号筋（伸入3层与③号筋错开）长度 = 层高 − 插入下层高度 + 伸入上层非连接区高度 + 错开连接

插入下层的高度 = 1.2$l_{aE}$ = 1.2 × 34 × 16 = 653（mm）

伸入2层的非连接区高度 = 500mm

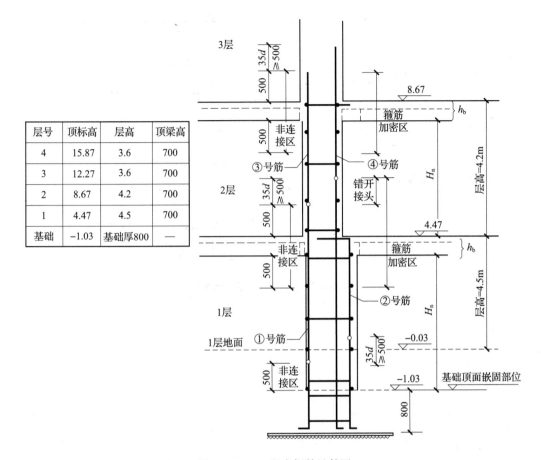

**图 3 – 48 Q6 竖向钢筋计算图**

错开接头 = max （35 × 16，500） = 560 （mm）

总长度 = 4200 + 653 + 500 + 560 = 5913 （mm）

**【例 3 – 17】** Q7 竖向钢筋计算图如图 3 – 49 所示。其中，混凝土强度等级为 C30，抗震等级为一级。试求①号筋、②号筋的长度。

**【解】**

由混凝土强度等级 C30 和一级抗震，查表 2 – 2 得：基础钢筋保护层厚度 $c_{基础}$ = 40mm。

①号筋低位长度 = 本层层高 – 本层非连接区高度 – 板厚 + 锚固

本层非连接区高度 = 500mm

总长 = 3600 – 500 – 150 + max （150 – 15 + 12$d$，$l_{aE}$） = 3494 （mm）

②号筋高位长度 = 本层层高 – 本层非连接区高度 – 错开连接 – 板厚 + 锚固

错开接头 = max （35 × 16，500） = 35 × 16 = 560 （mm）

总长度 = 3600 – 500 – 560 – 150 + max （150 – 15 + 12$d$，$l_{aE}$） = 2934 （mm）

| 层号 | 顶标高 | 层高 | 顶梁高 |
|------|--------|------|--------|
| 4 | 15.87 | 3.6 | 700 |
| 3 | 12.27 | 3.6 | 700 |
| 2 | 8.67 | 4.2 | 700 |
| 1 | 4.47 | 4.5 | 700 |
| 基础 | -0.97 | 基础厚800 | — |

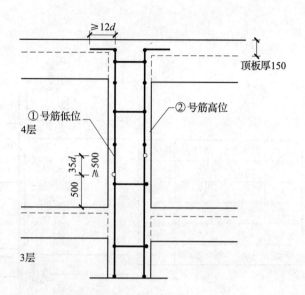

图 3 - 49   Q7 竖向钢筋计算图

# 第4章 梁

## 要点1：抗震楼层框架梁纵向钢筋构造及算例

抗震楼层框架梁纵向钢筋构造如图4-1所示。

**1. 框架梁上部纵筋**

框架梁上部纵筋包括：上部通长筋，支座上部纵向钢筋（即支座负筋）和架立筋。这里所介绍的内容同样适用于屋面框架梁。

（1）框架梁上部通长筋

根据《建筑抗震设计规范》GB 50011—2010 第6.3.4 条规定：梁端纵向钢筋的配筋率不宜大于 2.5%。沿梁全长顶面、底面的配筋，一、二级不应少于 $2\phi14$，且分别不应少于梁顶面、地面两端纵向配筋中较大截面面积的 1/4；三、四级不应少于 $2\phi12$。《11G101-1》图集第4.2.3 条指出：通长筋可为相同或不同直径采用搭接连接、机械连接或焊接的钢筋。由此可看出：

1）上部通长筋的直径可以小于支座负筋，这时，处于跨中上部通长筋就在支座负筋的分界处（$l_n/3$ 处）与支座负筋进行连接，根据这一点，可以计算出上部通长筋的长度。

2）上部通长筋与支座负筋的直径相等时，上部通长筋可以在 $l_n/3$ 的范围内进行连接，这时，上部通长筋的长度可以按贯通筋计算。

（2）支座负筋的延伸长度

"支座负筋的延伸长度"在不同部位是有差别的。

在端支座部位，框架梁端支座负筋的延伸长度为：第一排支座负筋从柱边开始延伸至 $l_{n1}/3$ 位置，第二排支座负筋从柱边开始延伸至 $l_{n1}/4$ 位置（$l_{n1}$ 是边跨的净跨长度）。

在中间支座部位，框架梁支座负筋的延伸长度为：第一排支座负筋从柱边开始延伸至 $l_{n1}/3$ 位置，第二排支座负筋从柱边开始延伸至 $l_{n1}/4$ 位置（$l_n$ 是支座两边的净跨长度 $l_{n1}$ 和 $l_{n2}$ 的最大值）。

（3）框架梁架立筋构造

架立筋是梁的一种纵向构造钢筋。当梁顶面箍筋转角处无纵向受力钢筋时，应设置架立筋。架立筋的作用是形成钢筋骨架和承受温度收缩应力。

由图4-1可以看出，当设有架立筋时，架立筋与非贯通钢筋的搭接长度为 150mm，因此可得出架立筋的长度是逐跨计算的，每跨梁的架立筋长度为：

架立筋的长度 = 梁的净跨长度 - 两端支座负筋的延伸长度 + 150×2

当梁为"等跨梁"时，架立筋的长度为：

$$架立筋的长度 = l_n/3 + 150 \times 2$$

**2. 框架梁下部纵筋构造**

1）框架梁下部纵筋的配筋方式：基本上是"按跨布置"，即在中间支座锚固。

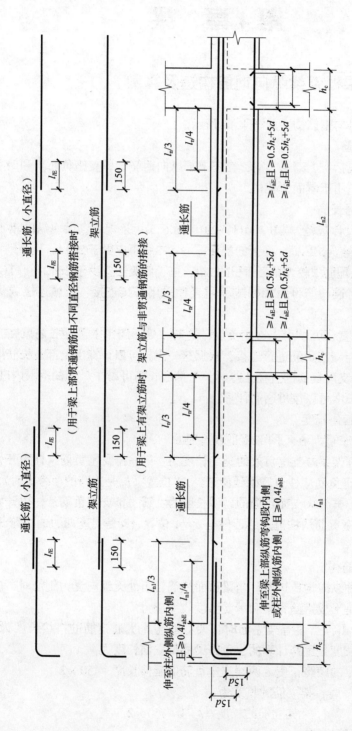

图 4－1　抗震楼层框架梁纵向钢筋构造

2）钢筋"能通则通"一般是对于梁的上部纵筋说的，梁的下部纵筋则不强调"能通则通"，主要原因在于框架梁下部纵筋如果作贯通筋处理的话，很难找到钢筋的连接点。

3）框架梁下部纵筋连接点分析：

①梁的下部钢筋不能在下部跨中进行连接，因为，下部跨是正弯矩最大的地方，钢筋不允许在此范围内连接。

②梁的下部钢筋在支座内连接也是不可行的，因为，在梁柱交叉的节点内，梁纵筋和柱纵筋都不允许连接。

③框架梁下部纵筋是否可以在靠近支座 $l_n/3$ 的范围内进行连接？

如果是非抗震框架梁，在竖向静荷载的作用下，每跨框架梁的最大正弯矩在跨中部位，而在靠近支座的地方只有负弯矩而不存在正弯矩。所以，此时框架梁的下部纵筋可以在靠近支座 $l_n/3$ 的范围内进行连接，如图 4-2 所示。

如果是抗震框架梁，情况比较复杂，在地震作用下，框架梁靠近支座处有可能会成为正弯矩最大的地方。这样看来，抗震框架梁的下部纵筋似乎找不到可供连接的区域（跨中不行、靠近支座处也不行，在支座内更不行）。

所以说，框架梁的下部纵筋一般都是按跨处理，在中间支座锚固。

**3. 框架梁中间支座纵向钢筋构造**

框架梁中间支座纵向钢筋构造共有三种情况，如图 4-3 所示。

简单介绍一下中间支座纵向钢筋构造的构造要点：

如图 4-3（a）所示，当 $\Delta_h/(h_c-50)>1/6$ 时，上部通长筋断开；如图 4-3（b）所示，当 $\Delta_h/(h_c-50)\leq1/6$ 时，上部通长筋斜弯通过；如图 4-3（c）所示，当支座两边梁宽不同或错开布置时，将无法直通的纵筋弯锚入柱内；或当支座两边纵筋根数不同时，可将多出的纵筋弯锚入柱内。

**4. 框架梁端支座节点构造**

框架梁端支座节点构造如图 4-4 所示。

如图 4-4（a）所示，当端支座弯锚时，上部纵筋伸至柱外侧纵筋内侧弯折 $15d$，下部纵筋伸至梁上部纵筋弯钩段内侧或柱外侧纵筋内侧弯折 $15d$，且直锚水平段均应 $\geq0.4l_{abE}$。

如图 4-4（b）所示，当端支座直锚时，上下部纵筋伸入柱内的直锚长度 $\geq l_{aE}$，且 $\geq0.5h_c+5d$。

如图 4-4（c）所示，当端支座加锚头（锚板）锚固时，上下部纵筋伸至柱外侧纵筋内侧，且直锚长度 $\geq0.4l_{abE}$。

**5. 框架梁侧面纵筋和拉筋的构造**

框架梁侧面纵向构造钢筋和拉筋构造如图 4-5 所示。

1）当 $h_w\geq450$mm 时，在梁的两个侧面应沿高度配置纵向构造钢筋；纵向构造钢筋间距 $a<200$mm。

2）当梁侧面配有直径不小于构造纵筋的受扭纵筋时，受扭钢筋可以代替构造钢筋。

3）梁侧面构造纵筋的搭接与锚固长度可取 $15d$。梁侧面受扭纵筋的搭接长度为 $l_{lE}$ 或 $l_l$，其锚固长度为 $l_{aE}$ 或 $l_a$，锚固方式同框架梁下部纵筋。

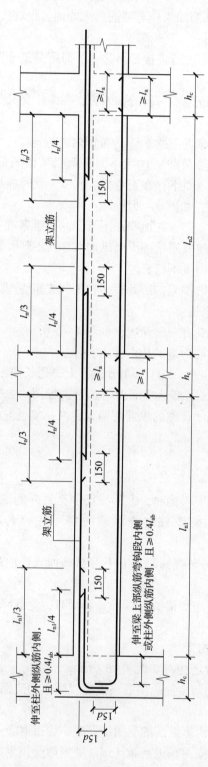

图 4－2　非抗震楼层框架梁纵向钢筋构造

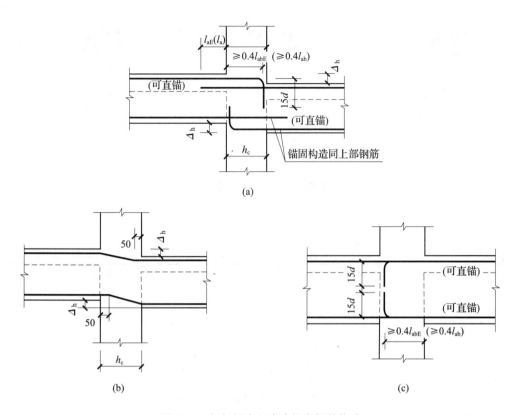

图 4 – 3　框架梁中间支座纵向钢筋构造

（a）$\Delta_{\mathrm{h}} / (h_{\mathrm{c}} - 50) > 1/6$；（b）$\Delta_{\mathrm{h}} / (h_{\mathrm{c}} - 50) \leqslant 1/6$；（c）支座两边梁不同

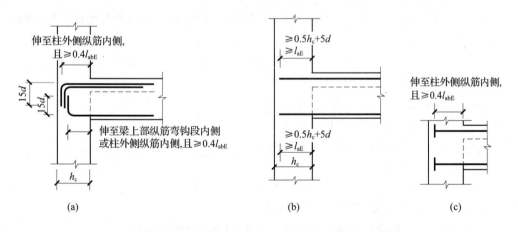

图 4 – 4　框架梁端支座节点构造

（a）端支座弯锚；（b）端支座直锚；（c）端支座加锚头（锚板）锚固

4）当梁宽≤350mm 时，拉筋直径为 6mm；梁宽 >350mm 时，拉筋直径为 8mm。拉筋间距为非加密区箍筋间距的 2 倍。当设有多排拉筋时，上下两排拉筋竖向错开设置。

【例 4 – 1】试计算框架梁 KL1 第一跨上部纵筋的长度。混凝土强度等级 C25，二级抗震等级，如图 4 – 6 所示。

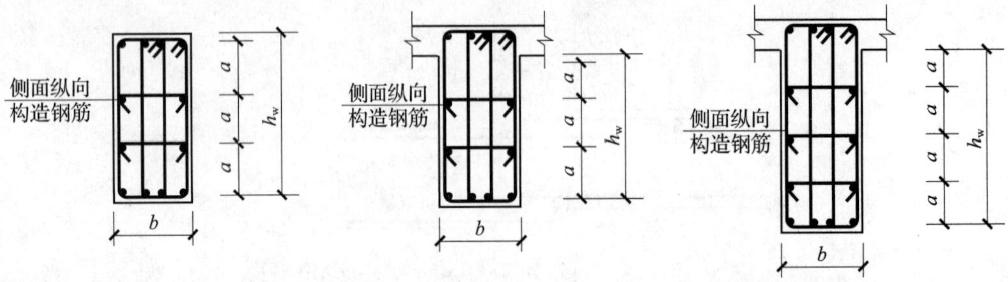


**图 4－5　框架梁侧面纵向构造钢筋和拉筋构造**

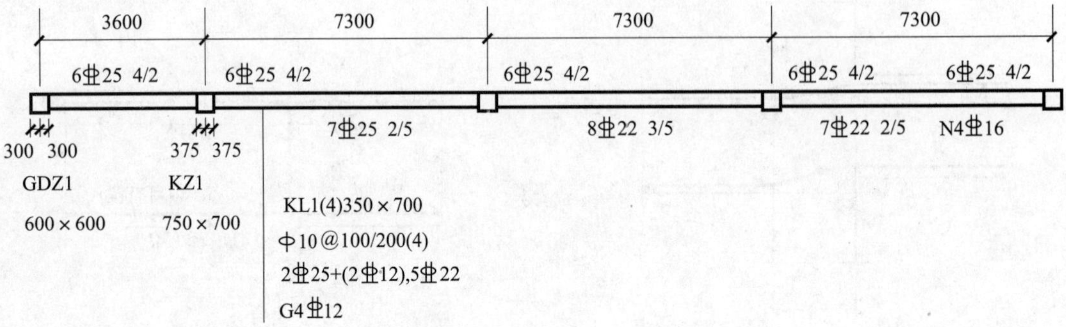


**图 4－6　框架梁 KL1**

**【解】**

（1）计算端支座第一排上部纵筋的直锚水平段长度

第一排上部纵筋为 4Φ25（包括上部通长筋和支座负筋），伸到柱外侧纵筋的内侧。

第一排上部纵筋直锚水平段长度 $L_d = 600 - 30 - 25 - 25 = 520$（mm）

由于 $L_d = 520\text{mm} > 0.4l_{abE} = 0.4 \times 1150 = 460$（mm），所以这个直锚水平段长度 $L_d$ 是合适的。此时，钢筋的左端部是带直钩的。

直钩长度 $= 15d = 15 \times 25 = 375$（mm）

（2）计算第一跨净跨长度和中间支座宽度

第一跨净跨长度 $= 3600 - 300 - 375 = 2925$（mm）

中间支座宽度 $= 750$（mm）

（3）计算第二跨左支座第一排支座负筋向跨内的延伸长度

框架梁 KL1 第一跨净跨长度 $l_{n1} = 2925\text{mm}$

框架梁 KL1 第二跨净跨长度 $l_{n2} = 7300 - 375 - 375 = 6550$（mm）

$l_n = \max$（2925，6550）$= 6550$（mm）

第一排支座负筋向跨内的延伸长度 $= l_n/3 = 6550/3 = 2183$（mm）

（4）框架梁 KL1 第一跨第一排上部纵筋的水平长度

框架梁 KL1 第一跨第一排上部纵筋的水平长度 $= 520 + 2925 + 750 + 2183 = 6378$（mm）

这根钢筋还有一个 $15d$ 的直钩，直钩长度 $= 15 \times 25 = 375$（mm）。所以，这排钢筋每根长度 $= 6378 + 375 = 6753$（mm）。

（5）计算端支座第二排上部纵筋的直锚水平段长度

第二排上部纵筋 $2\Phi25$ 的直钩段与第一排纵筋直钩段的净距为 25mm。

第二排上部纵筋直锚水平段长度 $L_d = 520 - 25 - 25 = 470$ （mm）

由于 $L_d = 470mm > 0.4l_{abE} = 0.4 \times 1150 = 460$ （mm），所以这个直锚水平段长度 $L_d$ 是合适的。此时，钢筋的左端部是带直钩的，直钩长度 $= 15d = 15 \times 25 = 375$ （mm）。

（6）计算第二跨左支座第二排支座负筋向跨内的延伸长度

第二排支座负筋向跨内的延伸长度 $= l_n/4 = 6550/4 = 1638$ （mm）

（7）框架梁 KL1 第一跨第二排上部纵筋的水平长度

框架梁 KL1 第一跨第二排上部纵筋的水平长度 $= 470 + 2925 + 750 + 1638 = 5783$ （mm）

这排钢筋还有一个 $15d$ 的直钩，直钩长度 $= 15 \times 25 = 375$ （mm）。

所以，这排钢筋每根长度 $= 5783 + 375 = 6158$ （mm）。

【例 4 – 2】框架梁 KL1（3）平法施工图如图 4 – 7 所示。试求框架梁 KL1（3）的上部通长筋。其中，混凝土强度等级为 C30，抗震等级为一级。

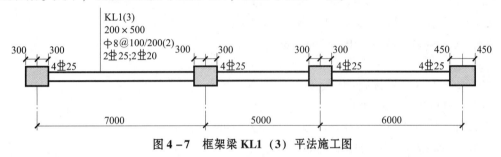

图 4 – 7　框架梁 KL1（3）平法施工图

【解】

由混凝土强度等级 C30 和一级抗震，查表 2 – 2 得：梁纵筋混凝土保护层厚度 $c_{梁} = 20mm$，支座纵筋钢筋混凝土保护层厚度 $c_{支座} = 30mm$。

$l_{aE} = 34d = 34 \times 25 = 850$ （mm）

判断锚固形式：

左支座 $600mm < l_{aE}$，故采用弯锚形式；右支座 $900mm > l_{aE}$，故采用直锚形式。

左支座锚固长度 $= h_c - c_{梁} + 15d = 600 - 20 + 15 \times 25 = 955$ （mm）

右支座锚固长度 $= \max (0.5h_c + 5d, l_{aE})$

$\qquad\qquad\quad = \max (0.5 \times 900 + 5 \times 25, 850)$

$\qquad\qquad\quad = 850$ （mm）

通长筋长度 $=$ 净长 $+$ 左支座锚固长度 $+$ 右支座锚固长度

$\qquad\qquad = (700 + 5000 + 6000 - 750) + 955 + 850$

$\qquad\qquad = 19055$ （mm）

【例 4 – 3】框架梁 KL2 平法施工图如图 4 – 8 所示。试求框架梁 KL2 的上部通长筋。其中，混凝土强度等级为 C30，抗震等级为一级。

【解】

由混凝土强度等级 C30 和一级抗震，查表 2 – 2 得：梁纵筋混凝土保护层厚度 $c_{梁} = 20mm$，支座纵筋钢筋混凝土保护层厚度 $c_{支座} = 30mm$。

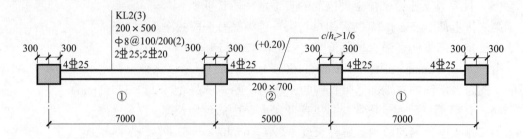

**图 4 - 8　框架梁 KL2 平法施工图**

由于 $\Delta/h_c > 1/6$，故上部通长筋按断开各自锚固计算。

（1）①号筋（低标高钢筋）

长度 = 净长 + 两端锚固

净长 = 7000 - 600 = 6400（mm）

端支座弯锚 = 600 - 20 + 15 × 25 = 955（mm）

中间支座直锚 = $l_{aE}$ = 34d = 34 × 25 = 850（mm）

总长度 = 6400 + 955 + 850 = 8205（mm）

（2）②号筋（高标高钢筋）

长度 = 净长 + 两端锚固

净长 = 5000 - 600 = 4400（mm）

两端伸入中间支座弯锚 = 600 - 20 + 15 × 25 = 955（mm）

总长度 = 4400 + 955 + 955 = 6310（mm）

**【例 4 - 4】** 试计算框架梁 KL1 端支座（600mm × 600mm 的端柱）的支座负筋的长度。混凝土强度等级 C25，二级抗震等级，如图 4 - 9 所示。

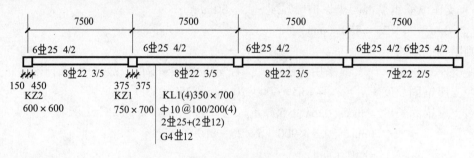

**图 4 - 9　框架梁 KL1 端支座的支座负筋**

**【解】**

（1）计算第一排上部纵筋的锚固长度

1）判断这个端支座是不是"宽支座"。

$l_{aE}$ = 46d = 46 × 25 = 1150（mm）

$0.5h_c + 5d$ = 0.5 × 600 + 5 × 25 = 425（mm）

所以，$L_d$ = max（$l_{aE}$, $0.5h_c + 5d$）= 1150（mm），再计算，$h_c - 30 - 25$ = 600 - 30 - 25 = 545（mm）。

由于 $L_d = 1150\text{mm} > 545\text{mm}$，所以，这个端支座不是"宽支座"。

2）计算上部纵筋在端支座的直锚水平段长度 $L_d$：

$$L_d = h_c - 30 - 25 - 25 = 600 - 30 - 25 - 25 = 520 \text{（mm）}$$

$$0.4l_{abE} = 0.4 \times 1150 = 460 \text{（mm）}$$

由于，$L_d = 520\text{mm} > 460\text{mm}$，所以这个直锚水平段长度 $L_d$ 是合适的。

此时，钢筋的左端部是带直钩的，直钩长度 $= 15d = 15 \times 25 = 375$（mm）。

（2）计算第一排支座负筋向跨内的延伸长度

框架梁 KL1 第一跨的净跨长度 $l_{n1} = 7500 - 450 - 375 = 6675$（mm）

所以，第一排支座负筋向跨内的延伸长度 $= l_{n1}/3 = 6675/3 = 2225$（mm）。

（3）框架梁 KL1 左端支座的第一排支座负筋的水平长度 $= 520 + 2225 = 2745$（mm），这排钢筋还有一个 $15d$ 的直钩，直钩长度 $= 15 \times 25 = 375$（mm），所以，这排钢筋每根长度 $= 2745 + 375 = 3120$（mm）。

（4）计算第二排上部纵筋的直锚水平段长度

第二排上部纵筋 2$\Phi$25 的直钩段与第一排纵筋直钩段的净距为 25mm，第二排上部纵筋直锚水平段长度 $= 520 - 25 - 25 = 470$（mm），由于 $L_d = 470\text{m} > 460\text{mm}$，所以这个直锚水平段长度 $L_d$ 是合适的。

此时，钢筋的左端部是带直钩的，直钩长度 $= 15d = 15 \times 25 = 375$（mm）。

（5）计算第二排支座负筋向跨内的延伸长度

第二排支座负筋向跨内的延伸长度 $= l_{n1}/4 = 6675/4 = 1669$（mm）

（6）框架梁 KL1 左端支座的第二排支座负筋的水平长度

框架梁 KL1 左端支座的第二排支座负筋的水平长度 $= 470 + 1669 = 2139$（mm）

这排钢筋还有一个 $15d$ 的直钩，直钩长度 $= 15 \times 25 = 375$（mm），所以，这排钢筋每根长度 $= 2139 + 375 = 2514$（mm）。

【例 4-5】框架梁 KL5 平法施工图如图 4-10 所示。试求框架梁 KL5 的支座负筋。其中，混凝土强度等级为 C30，抗震等级为一级。

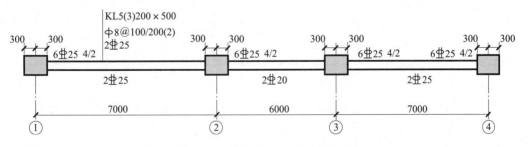

图 4-10 框架梁 KL5 平法施工图

【解】

由混凝土强度等级 C30 和一级抗震，查表 2-2 得：梁纵筋混凝土保护层厚度 $c_{梁} = 20\text{mm}$，支座纵筋钢筋混凝土保护层厚度 $c_{支座} = 30\text{mm}$。

（1）支座①（端支座）负筋长度 = 延伸长度 + 伸入支座锚固长度

第一排支座负筋（2根）：

锚固长度 $= h_c - c_梁 + 15d = 600 - 20 + 15 \times 25 = 955$ （mm）

延伸长度 $= l_n/3 = (7000 - 600)/3 = 2133$ （mm）

总长度 $= 2133 + 955 = 3088$ （mm）

第二排支座负筋（2根）：

锚固长度 $= h_c - c_梁 + 15d = 600 - 20 + 15 \times 25 = 955$ （mm）

延伸长度 $= l_n/4 = (7000 - 600)/4 = 1600$ （mm）

总长度 $= 1600 + 955 = 2555$ （mm）

（2）支座②（中间支座）负筋长度 = 支座宽度 + 两端延伸长度

第一排支座负筋（2根）：

延伸长度 $= \max (7000 - 600, 6000 - 600)/3 = 2133$ （mm）

总长度 $= 600 + 2 \times 2133 = 4866$ （mm）

第二排支座负筋（2根）：

延伸长度 $= \max (7000 - 600, 6000 - 600)/4 = 1600$ （mm）

总长度 $= 600 + 2 \times 1600 = 3800$ （mm）

（3）支座③负筋

同支座②。

（4）支座④负筋

同支座①。

【例4-6】框架梁 KL6 平法施工图如图4-11所示。试求框架梁 KL6 的支座负筋。其中，混凝土强度等级为 C30，抗震等级为一级。

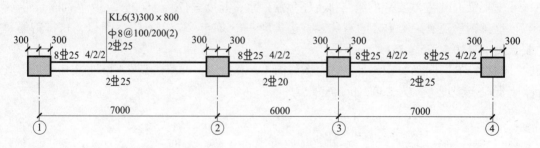

图4-11 框架梁 KL6 平法施工图

【解】

由混凝土强度等级 C30 和一级抗震，查表2-2得：梁纵筋混凝土保护层厚度 $c_梁 =$ 20mm，支座纵筋钢筋混凝土保护层厚度 $c_{支座} = 30mm$。

（1）支座①（端支座）负筋长度 = 延伸长度 + 伸入支座锚固长度

第一排支座负筋（2根）：

锚固长度 $= h_c - c_梁 + 15d = 600 - 20 + 15 \times 25 = 955$ （mm）

延伸长度 $= l_n/3 = (7000 - 600)/3 = 2133$ （mm）

总长度 $= 2133 + 955 = 3088$ （mm）

第二排支座负筋（2根）：

锚固长度 $= hc - c_{梁} + 15d = 60020 + 15 \times 25 = 955$ （mm）

延伸长度 $= l_n/4 = $ （$7000 - 600$）$/4 = 1600$ （mm）

总长度 $= 1600 + 955 = 2555$ （mm）

第三排支座负筋（2 根）：

锚固长度 $= h_c - c_{梁} + 15d = 600 - 20 + 15 \times 25 = 955$ （mm）

延伸长度 $= l_n/5 = $ （$7000 - 600$）$/5 = 1280$ （mm）

总长度 $= 1280 + 955 = 2235$ （mm）

（2）支座②（中间支座）负筋长度 = 支座宽度 + 两端延伸长度

第一排支座负筋（2 根）：

延伸长度 $= \max$ （$7000 - 600$，$6000 - 600$）$/3 = 2133$ （mm）

总长度 $= 600 + 2 \times 2133 = 4866$ （mm）

第二排支座负筋（2 根）：

延伸长度 $= \max$ （$7000 - 600$，$6000 - 600$）$/4 = 1600$ （mm）

总长度 $= 600 + 2 \times 1600 = 3800$ （mm）

第三排支座负筋（2 根）：

延伸长度 $= \max$ （$7000 - 600$，$6000 - 600$）$/5 = 1280$ （mm）

总长度 $= 600 + 2 \times 1280 = 3160$ （mm）

（3）支座③负筋

同支座②。

（4）支座④负筋

同支座①。

【例 4 – 7】框架梁 KL7 平法施工图如图 4 – 12 所示。试求框架梁 KL7 的支座负筋。其中，混凝土强度等级为 C30，抗震等级为一级。

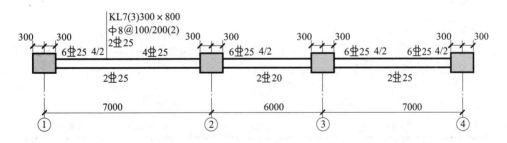

图 4 – 12　框架梁 KL7 平法施工图

【解】

由混凝土强度等级 C30 和一级抗震，查表 2 – 2 得：梁纵筋混凝土保护层厚度 $c_{梁} = 20$mm，支座纵筋钢筋混凝土保护层厚度 $c_{支座} = 30$mm。

（1）支座①负筋

端支座负筋长度 = 延伸长度 + 伸入支座锚固长度

第一排支座负筋（2 根）：

锚固长度 $= h_c - c_{梁} + 15d = 600 - 20 + 15 \times 25 = 955$ （mm）

延伸长度 $= l_n/3 =$ （7000 − 600）/3 = 2133（mm）

总长度 $= 2133 + 955 = 3088$（mm）

第二排支座负筋（2 根）：

锚固长度 $= h_c − c_梁 + 15d = 600 − 20 + 15 \times 25 = 955$（mm）

延伸长度 $= l_n/4 =$ （7000 − 600）/4 = 1600（mm）

总长度 $= 1600 + 955 = 2555$（mm）

（2）支座②（中间支座）负筋长度 = 支座宽度 + 两端延伸长度

第一排支座负筋（2 根）：

延伸长度 = max（7000 − 600，6000 − 600）/3 = 2133（mm）

总长度 $= 600 + 2 \times 2133 = 4866$（mm）

支座②右侧多出的负筋：

端支座负筋长度 = 延伸长度 + 伸入支座锚固长度

第二排支座负筋（2 根）：

锚固长度 $= h_c − c_梁 + 15d = 600 − 20 + 15 \times 25 = 955$（mm）

延伸长度 = max（7000 − 600，6000 − 600）/4 = 1600（mm）

总长度 $= 955 + 1600 = 2555$（mm）。

（3）支座③（中间支座）负筋长度 = 支座宽度 + 两端延伸长度

第一排支座负筋（2 根）：

延伸长度 = max（7000 − 600，6000 − 600）/3 = 2133（mm）

总长度 $= 600 + 2 \times 2133 = 4886$（mm）

第二排支座负筋（2 根）：

延伸长度 = max（7000 − 600，6000 − 600）/4 = 1600（mm）

总长度 $= 600 + 2 \times 1600 = 3800$（mm）

（4）支座④负筋

同支座①。

【例 4 − 8】框架梁 KL1 在第三个支座右边有原位标注 6$\pm$25 4/2，支座左边没有原位标注，如图 4 − 13 所示。计算支座负筋的长度。

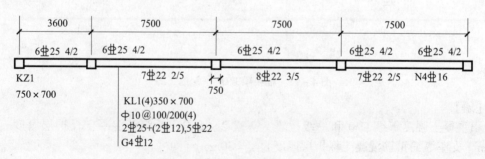

图 4 − 13　框架梁 KL1 支座负筋

【解】

由于框架梁 KL1 第三个支座的左右两跨梁的跨度（轴线—轴线）均为 7500mm，而且作为支座的框架柱都是框架柱 KZ1，并且都按"正中轴线"布置。

此时 KZ1 的截面尺寸为 750mm × 700mm，这表示：KZ1 在 $b$ 方向的尺寸为 750mm，在 $h$ 方向的尺寸为 700mm。

由于 KL1 的方向与 KZ1 的 $b$ 方向一致，所以，支座宽度为 750mm。

KL1 的这两跨梁的净跨长度 = 7500 − 750 = 6750（mm）

由于 $l_n$ 是中间支座左右两跨的净跨长度的最大值，所以，$l_n = 6750mm$。

根据原位标注，支座第一排纵筋为 4 ⊕ 25，这包括上部通长筋和支座负筋。KL1 集中标注的上部通长筋为 2 ⊕ 25。按贯通筋设置（在梁截面的角部）。所以，中间支座第一排（非贯通的）支座负筋为 2 ⊕ 25，第一排支座负筋向跨内的延伸长度：

$l_n/3 = 6750/3 = 2250$（mm）

第一排支座负筋的长度 = 2250 + 750 + 2250 = 5250（mm）

根据原位标注，支座第二排纵筋为 2 ⊕ 25，第二排支座负筋向跨内的延伸长度：

$l_n/4 = 6750/4 = 1687.5$（mm）

第二排支座负筋的长度 = 1687.5 + 750 + 1687.5 = 4125（mm）

【例 4 – 9】框架梁 KL1 在第二跨的上部跨中有原位标注 6 ⊕ 22 4/2，在第一跨的右支座有原位标注 6 ⊕ 22 4/2，在第三跨的左支座有原位标注 6 ⊕ 22 4/2，如图 4 – 14 所示。计算框架梁 KL1 在第二跨上的支座负筋长度。

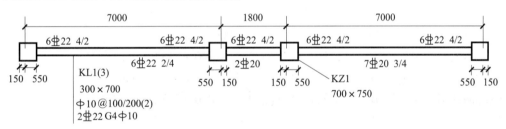

图 4 – 14　框架梁 KL1 支座负筋

【解】

（1）计算梁的净跨长度

$l_{n1} = l_{n3} = 7000 − 550 − 550 = 5900$（mm）

$l_{n2} = 1800 − 150 − 150 = 1500$（mm）

对于第二个支座来说，左跨跨度 $l_{n1} = 5900mm$，右跨跨度 $l_{n2} = 1500mm$；对于第三个支座来说，左跨跨度 $l_{n1} = 1500mm$，右跨跨度 $l_{n2} = 5900mm$。由于 $l_n$ 是中间支座左右两跨的净跨长度的最大值，即 $l_n = \max (l_{n1}, l_{n2})$，所以对于这两个支座，都是 $l_n = 5900mm$。

（2）明确支座负筋的形状和总根数

框架梁 KL1 第二跨上部纵筋 6 ⊕ 22 4/2 为全跨贯通，第一跨的右支座有原位标注 6 ⊕ 22 4/2，第三跨的左支座有原位标注 6 ⊕ 22 4/2。本着梁的上部纵筋"能通则通"的原则，6 ⊕ 22 4/2 的上部纵筋从第一跨右支座—第二跨全跨—第三跨左支座实行贯通；这组贯通纵筋的第一排钢筋为 4 ⊕ 22，第二排钢筋为 2 ⊕ 22；钢筋形状均为"直形钢筋"。

（3）计算第一排支座负筋的根数及长度

根据原位标注，支座第一排纵筋为 4 ⊕ 22，这包括上部通长筋和支座负筋；框架梁

KL1 集中标注的上部通长筋为 2 ⊉22，按贯通筋设置（在梁截面的角部）。所以，中间支座第一排（非贯通的）支座负筋为 2 ⊉22。

第一排支座负筋向跨内的延伸长度 $l_n/3 = 5900/3 = 1967$（mm）

第一排上部纵筋（支座负筋）的长度 $= 1967 + 700 + 1500 + 700 + 1967 = 6834$（mm）

（4）计算第二排支座负筋的长度

根据原位标注，支座第二排纵筋为 2 ⊉22。

第二排支座负筋向跨内的延伸长度 $l_n/4 = 5900/4 = 1475$（mm）

第二排支座负筋的长度 $= 1475 + 700 + 1500 + 700 + 1475 = 5850$（mm）

【例 4 – 10】某建筑框架梁 KL2 支座负筋如图 4 – 15 所示，混凝土强度等级 C30，二级抗震等级，框架梁保护层厚度为 25mm，柱的保护层厚度为 25mm。计算框架梁 KL2 支座负筋长度。

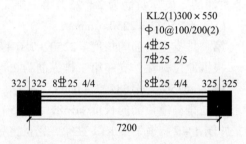

图 4 – 15　某建筑框架梁支座负筋

【解】

框架梁净跨长 $= 7200 - 325 - 325$

$= 6550$（mm）

锚固长度 $L_{aE} = 34 \times 25 = 850$（mm）$> h_c$ - 保护层厚度 $= 625$（mm），所以是弯锚构造。

$h_c$ - 保护层厚度 $+ 15d = 650 - 25 + 15 \times 25 = 1000$（mm）

框架梁 KL2 左支座第一排负筋长度 $= 6550/3 + 1000 = 3183$（mm）

框架梁 KL2 右支座第一排负筋长度 $= 6550/3 + 1000 = 3183$（mm）

框架梁 KL2 左支座第二排负筋长度 $= 6550/4 + 1000 = 2638$（mm）

框架梁 KL2 右支座第二排负筋长度 $= 6550/4 + 1000 = 2638$（mm）

【例 4 – 11】某建筑框架梁 KL1 中间支座负筋如图 4 – 16 所示，混凝土强度等级 C30，二级抗震等级，框架梁保护层厚度为 25mm，柱的保护层厚度为 25mm。计算该支座负筋长度。

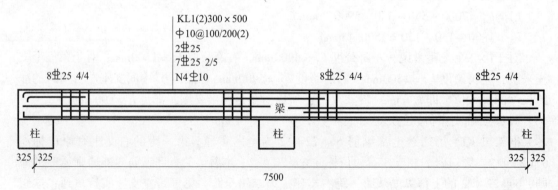

图 4 – 16　某建筑框架梁 KL1 中间支座负筋

【解】

中间支座第一排负筋长度 $= 2 \times (7500 - 650)/3 + 650 = 5217$（mm）

中间支座第二排负筋长度 $= 2 \times (7500 - 650) / 4 + 650 = 4075$（mm）

【例4-12】抗震框架梁 KL1 为三跨梁，轴线跨度 3500mm，支座 KZ1 为 500mm × 500mm，正中：

集中标注的箍筋为 Φ10@100/200（4）。

集中标注的上部钢筋为 2Φ25 + （2Φ14）。

每跨梁左右支座的原位标注都是 4Φ25。

混凝土强度等级 C25，二级抗震等级。

计算该抗震框架梁 KL1 的架立筋。

【解】

抗震框架梁 KL1 每跨的净跨长度 $l_n = 3500 - 500 = 3000$（mm）

每跨的架立筋长度 $= l_n / 3 + 150 \times 2 = 1300$（mm）

每跨的架立筋根数 = 箍筋根数 - 上部通长筋根数 = 4 - 2 = 2（根）

【例4-13】抗震框架梁 KL2 为两跨梁，如图 4-17 所示。试求 KL2 的架立筋。其中，混凝土强度等级 C25，二级抗震等级。

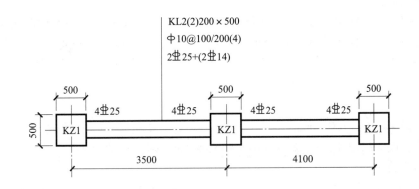

图4-17 抗震框架梁 KL2 的结构图

【解】

KL2 为不等跨的多跨框架梁。

第一跨净跨长度 $= l_{n1} = 3500 - 500 = 3000$（mm）

第二跨净跨长度 $= l_{n2} = 4100 - 500 = 3600$（mm）

$l_n = \max (l_{n1}, l_{n2}) = \max (3000, 3600) = 3600$mm

第一跨左支座负筋伸出长度为 $l_{n1} / 3$，右支座负筋伸出长度为 $l_n / 3$。

所以，第一跨架立筋长度为：

架立筋长度 $= l_{n1} - l_{n1} / 3 - l_n / 3 + 150 \times 2$

$= 3000 - 3000 / 3 - 3600 / 3 + 150 \times 2$

$= 830$（mm）

第二跨左支座负筋伸出长度为 $l_n / 3$，右支座负筋伸出长度为 $l_{n2} / 3$。

所以，第二跨架立筋长度为：

架立筋长度 $= l_{n2} - l_n / 3 - l_{n2} / 3 + 150 \times 2$

$$= 3600 - 3600/3 - 3600/3 + 150 \times 2$$

$$= 1500 \text{ (mm)}$$

从钢筋的集中标注可以看出抗震框架梁 KL2 为四肢箍，由于设置了上部通长筋位于梁箍筋的角部，所以在箍筋的中间要设置两根架立筋，故：

每跨的架立筋根数 = 箍筋的肢数 − 上部通长筋根数 = 4 − 2 = 2（根）。

**【例 4 – 14】** 抗震框架梁 KL3 为单跨梁，轴线跨度为 3800mm，支座 KZ1 为 500mm ×500mm，正中：集中标注的箍筋为Φ10@ 100/200（2），集中标注的上部钢筋为（2 ⊈14），左右支座的原位标注都是 4 ⊈25，混凝土强度等级 C25，二级抗震等级。计算抗震框架梁 KL3 的架立筋。

**【解】**

$l_{n1} = 3800 - 500 = 3300$（mm）

当混凝土强度等级 C25，二级抗震等级时：

$l_{lE} = 1.4 l_{aE} = 1.4 \times 46d = 1.4 \times 46 \times 14 = 902$（mm）

上部通长筋长度 $= l_{n1}/3 + 2 l_{lE} = 3300/3 + 2 \times 902 = 2904$（mm）

上部通长筋根数 = 2 根

**【例 4 – 15】** 非框架梁 L4 为单跨梁，轴线跨度为 4500mm，支座 KL1 为 400mm ×700mm，正中：集中标注的箍筋为Φ8@ 200（2），集中标注的上部钢筋为 2 ⊈14，左右支座的原位标注为 3 ⊈20。混凝土强度等级 C25，二级抗震等级。计算非框架梁 L4 的架立筋。

**【解】**

$l_{n1} = 4500 - 400 = 4100$（mm）

架立筋长度 $= l_{n1}/3 + 150 \times 2 = 4100/3 + 150 \times 2 = 1667$（mm）

架立筋根数 = 2（根）

**【例 4 – 16】** 试计算框架梁 KL1 第一跨下部纵筋的长度。混凝土强度等级 C25，二级抗震等级，如图 4 – 18 所示。

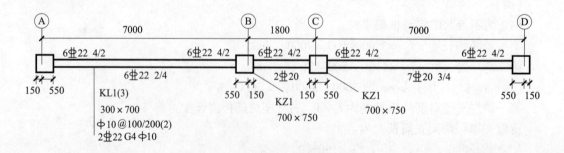

图 4 – 18　框架梁 KL1 结构图

**【解】**

（1）计算框架梁 KL1 第一排下部纵筋在（A 轴线）端支座的锚固长度

1）判断这个端支座是不是"宽支座"。

$l_{aE} = 46d = 46 \times 22 = 1012$ （mm）

$0.5h_c + 5d = 0.5 \times 700 + 5 \times 22 = 460$ （mm）

$L_d = \max\ (l_{aE},\ 0.5h_c + 5d)\ = 1012\text{mm}$

$h_c - 30 - 25 = 700 - 30 - 25 = 645$ （mm）

由于 $L_d = 1012\text{mm} > 645\text{mm}$，所以这个端支座不是"宽支座"。

2）计算框架梁 KL1 下部纵筋在端支座的直锚水平段长度 $L_d$：

$L_d = h_c - 30 - 25 - 25 = 700 - 30 - 25 - 25 = 620$ （mm）

$0.4l_{abE} = 0.4 \times 1012 = 405$ （mm）

由于 $L_d = 620\text{mm} > 405\text{mm}$，所以这个直锚水平段长度 $L_d$ 是合适的。

此时，钢筋的左端部是带直钩的，直钩长度 $= 15d = 15 \times 22 = 330$ （mm）。

（2）计算框架梁 KL1 第一跨净跨长度

第一跨净跨长度 $= 7000 - 550 - 550 = 5900$ （mm）

（3）计算框架梁 KL1 第一跨第一排下部纵筋在（B 轴线）中间支座的锚固长度

中间支座（即 KZ1）的宽度 $h_c = 700\text{mm}$

$0.5h_c + 5d = 0.5 \times 700 + 5 \times 22 = 460$ （mm）

$l_{aE} = 46d = 46 \times 22 = 1012\text{mm} > 460\text{mm}$

所以，第一排下部纵筋在（B 轴线）中间支座的锚固长度为 1012mm。

（4）框架梁 KL1 第一跨第一排下部纵筋

框架梁 KL1 第一跨第一排下部纵筋水平长度 $= 620 + 5900 + 1012 = 7532$ （mm），

这排钢筋还有一个 $15d$ 的直钩，直钩长度为 330mm。

因此，框架梁 KL1 第一跨第一排下部纵筋每根长度 $= 7532 + 330 = 7862$ （mm）。

（5）计算框架梁 KL1 第二排下部纵筋在端支座的水锚段平直长度

第二排下部纵筋 2 $\Phi$ 22 的直钩段与第一排纵筋直钩段的净距为 25mm，第二排下部纵筋直锚水平段长度 $= 620 - 25 - 25 = 570$ （mm），此钢筋的左端部是带直钩的，直钩长度 $= 15d = 15 \times 22 = 330$ （mm）。

（6）第二排下部纵筋在中间支座的锚固长度与第一排下部纵筋相同，第二排下部纵筋在中间支座的锚固长度为 1012mm。

（7）框架梁 KL1 第一跨第二排下部纵筋

框架梁 KL1 第一跨第二排下部纵筋水平长度 $= 570 + 5900 + 1012 = 7482$ （mm）

这排钢筋还有一个 $15d$ 的直钩，直钩长度为 330mm，因此：

框架梁 KL1 第一跨第二排下部纵筋每根长度 $= 7482 + 330 = 7812$ （mm）

【例 4 - 17】框架梁 KL3 平法施工图如图 4 - 19 所示，试求框架梁 KL3 的下部通长筋。其中，混凝土强度等级为 C30，抗震等级为一级。

【解】

由混凝土强度等级 C30 和一级抗震，查表 2 - 2 得：梁纵筋混凝土保护层厚度 $c_{梁} = 20\text{mm}$，支座纵筋钢筋混凝土保护层厚度 $c_{支座} = 30\text{mm}$。

$l_{aE} = 34d = 34 \times 25 = 850$ （mm）。

判断锚固形式：

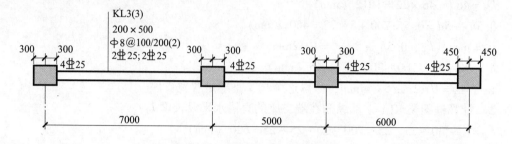

**图 4 – 19 框架梁 KL3 平法施工图**

左支座 $l_{aE} > 600mm$，故需要弯锚形式；右支座 $l_{aE} < 900mm$，故采用直锚形式。

左支座弯锚长度 $= h_c - c_{梁} + 15d = 600 - 200 + 15 \times 25 = 955$（mm）

右支座弯锚长度 $= \max\ (0.5h_c + 5d,\ l_{aE})$

$$= \max\ (0.5 \times 900 + 5 \times 25,\ 850)$$

$$= 850\ （mm）$$

下部通长筋总长度 = 净长 + 左支座锚固 + 右支座锚固

$$= （7000 + 5000 + 6000 - 750）+ 955 + 850$$

$$= 19055\ （mm）$$

**【例 4 – 18】** 框架梁 KL4 平法施工图如图 4 – 20 所示，试求框架梁 KL4 的下部通常纵筋。其中，混凝土强度等级为 C30，抗震等级为一级。

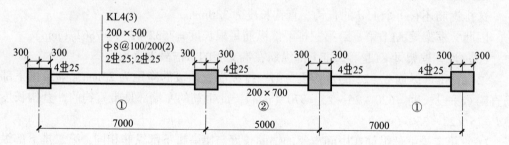

**图 4 – 20 框架梁 KL4 平法施工图**

**【解】**

由混凝土强度等级 C30 和一级抗震，查表 2 – 2 得：该框架梁纵筋混凝土保护层厚度 $c_{梁} = 20mm$，支座纵筋钢筋混凝土保护层厚度 $c_{支座} = 30mm$。

（1）①号筋（高标高钢筋）长度 = 净长 + 一端直锚 + 一端弯锚

净长 $= 7000 - 600 = 6400$（mm）

端支座弯锚 $= 600 - 20 + 15 \times 25 = 955$（mm）

中间支座直锚 $= l_{aE} = 34d = 34 \times 25 = 850$（mm）

总长度 $= 6400 + 955 + 850 = 8205$（mm）

（2）②号筋（低标高钢筋）长度 = 净长 + 两端锚固

净长 $= 5000 - 600 = 4400$（mm）

两端伸入中间支座弯锚 $= 600 - 20 + 15 \times 25 = 955$（mm）

总长度 = 4400 + 955 + 955 = 6310（mm）

【例 4 - 19】框架梁 KL1 在第二跨的下部有原位标注 7 ⊕22 2/5，混凝土强度等级 C25，如图 4 - 21 所示。计算第二跨的下部纵筋长度。

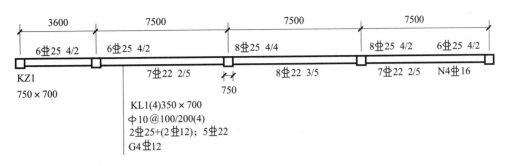

**图 4 - 21　框架梁 KL1 下部纵筋**

【解】

（1）计算梁的净跨长度

由于框架梁 KL1 第二跨的跨度（轴线—轴线）为 7500mm，而且作为支座的框架柱都是 KZ1，并且在 KL1 方向都按"正中轴线"布置，所以：

KL1 第二跨的净跨长度 = 7500 - 750 = 6750（mm）

（2）明确下部纵筋的位置、形状和总根数

KL1 第二跨下部纵筋的原位标注 7 ⊕22 2/5，这种钢筋标注表明第一排下部纵筋为 5 ⊕22，第二排钢筋为 2 ⊕22。钢筋形状均为"直形钢筋"，并且伸入左右两端支座同样的锚固长度。

（3）计算第一排下部纵筋长度

梁下部纵筋在中间支座的锚固长度要同时满足下列两个条件：

1）锚固长度 $\geqslant l_{\mathrm{aE}}$。

2）锚固长度 $\geqslant 0.5 h_{\mathrm{c}} + 5d$。

现在，$h_{\mathrm{c}} = 750$mm，$d = 22$mm，因此 $0.5 h_{\mathrm{c}} + 5d = 0.5 \times 750 + 5 \times 22 = 485$（mm）。

当混凝土强度等级为 C25、HRB400 级钢筋直径不大于 25mm 时，$l_{\mathrm{aE}} = 46d = 1012$（mm），所以，$l_{\mathrm{aE}} \geqslant 0.5 h_{\mathrm{c}} + 5d$。

取定梁下部纵筋在中间支座的锚固长度为 1012mm，所以：

第一排下部纵筋长度 = 1012 + 6750 + 1012 = 8774（mm）

（4）计算第二排下部纵筋的长度

作为"中间跨"的下部纵筋，由于其左右两端的支座都是"中间支座"，因此，第二排下部纵筋的长度与第一排下部纵筋的长度相同，所以：

第二排下部纵筋长度 = 8774mm

【例 4 - 20】框架梁 KL1 下部纵筋如图 4 - 22 所示，混凝土强度等级 C30，二级抗震等级，框架梁保护层厚度为 25mm，柱的保护层厚度为 25mm。计算 KL1 第二跨下部纵筋长度。

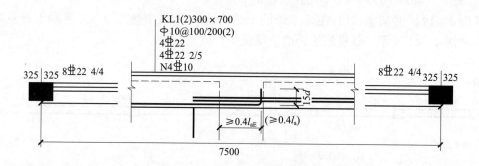

图 4 – 22 框架梁 KL1 下部纵筋

【解】

框架梁 KL1 第二跨下部纵筋长度 = 7500 – 325 – 325 + 34 × 22 + 650 – 25 + 15 × 22 = 8553（mm）

【例 4 – 21】 在图 4 – 23 中，可看到框架梁 KL1 集中标注的侧面纵向构造钢筋为 G4φ10，求：第一跨和第二跨侧面纵向构造钢筋的尺寸（混凝土强度等级 C25，二级抗震等级）。

第一跨的跨度（轴线—轴线）为 3600mm；左端支座是剪力墙端柱 GDZ1，截面尺寸为 600mm × 600mm，支座宽度为 600mm，为正中轴线；第一跨的右支座（中间支座）是 KZ1，截面尺寸为 750mm × 700mm，支座宽度为 750mm，为正中轴线。

第二跨的跨度（轴线—轴线）为 7200mm，第二跨的右支座（中间支座）是 KZ1，截面尺寸为 750mm × 700mm，为正中轴线。

【解】

（1）计算第一跨的侧面纵向构造钢筋

框架梁 KL1 第一跨净跨长度 = 3600 – 300 – 375 = 2925（mm）

第一跨侧面纵向构造钢筋的长度 = 2925 + 2 × 15 × 10 = 3225（mm）。

由于该钢筋为 HPB300 钢筋，所以在钢筋的两端设置 180°的小弯钩（这两个小弯钩的展开长度为 12.5d）。

钢筋每根长度 = 3225 + 12.5 × 10 = 3350（mm）

（2）计算第二跨的侧面纵向构造钢筋

框架梁 KL1 第二跨的净跨长度 = 7200 – 375 – 375 = 6450（mm）

第二跨侧面纵向构造钢筋的长度 = 6450 + 2 × 15 × 10 = 6750（mm）

由于该钢筋为 HPB300 级钢筋，所以在钢筋的两端设置 180°的小弯钩。

钢筋每根长度 = 6750 + 12.5 × 10 = 6875（mm）。

【例 4 – 22】 框架梁 KL1 集中标注的侧面纵向构造钢筋为 G4φ10，框架梁 KL1 第四跨原位标注的侧面抗扭钢筋为 N4⏀16，混凝土强度等级 C25，二级抗震等级，如图 4 – 24 所示。计算框架梁第四跨侧面抗扭钢筋的形状和尺寸。

【解】

（1）计算框架梁 KL1 第四跨抗扭纵筋在左支座（中间支座）的锚固长度

$0.5h_c + 5d = 0.5 × 750 + 5 × 16 = 455$（mm）

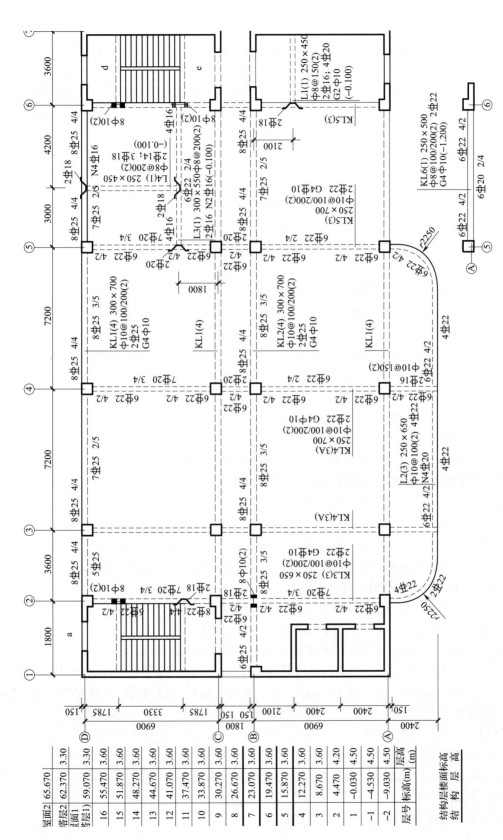

图4-23　15.870~26.670 梁平法施工图

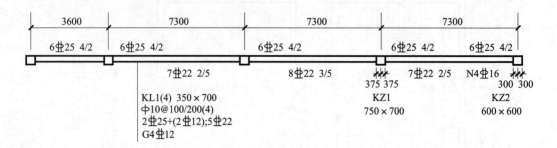

屋面2	65.670	
塔层2	62.370	3.30
屋面1(塔层1)	59.070	3.30
16	55.470	3.60
15	51.870	3.60
14	48.270	3.60
13	44.670	3.60
12	41.070	3.60
11	37.470	3.60
10	33.870	3.60
9	30.270	3.60
8	26.670	3.60
7	23.070	3.60
6	19.470	3.60
5	15.870	3.60
4	12.270	3.60
3	8.670	3.60
2	4.470	4.20
1	−0.030	4.50
−1	−4.530	4.50
−2	−9.030	4.50
层号	标高(m)	层高(m)

结构层楼面标高
结构层高

图4-23 15.870~26.670 梁平法施工图

**图 4 –24 框架梁 KL1 侧面抗扭钢筋**

$l_{aE} = 46d = 46 \times 16 = 736$ （mm） $>455$mm

于是，框架梁 KL1 第四跨抗扭纵筋在左支座的锚固长度为 736mm（端部的钢筋形状为直筋）。

（2）计算框架梁 KL1 第四跨的净跨长度

净跨长度 $= 7300 - 375 - 300 = 6625$ （mm）

（3）计算框架梁 KL1 第网跨抗扭纵筋在右支座（端支座）的锚固长度

1）判断这个端支座是不是"宽支座"：

$l_{aE} = 736$mm

$0.5h_c + 5d = 0.5 \times 600 + 5 \times 16 = 380$ （mm）

$L_d = \max$ （$l_{aE}$, $0.5h_c + 5d$）$= 736$ （mm）

$h_c - 30 - 25 = 600 - 30 - 25 = 545$ （mm）

由于 $L_d = 736$mm $>545$mm，所以，这个端支座不是"宽支座"。

2）计算抗扭纵筋在端支座的直锚水平段长度 $L_d$：

$L_d = h_c - 30 - 25 - 25 = 600 - 30 - 25 - 25 = 520$mm

$0.4l_{abE} = 0.4 \times 736 = 294$ （mm）

由于 $L_d = 520$mm $>294$mm，所以这个直锚水平段长度 $L_d$ 是合适的。

此时，钢筋的右端部是带直钩的，直钩长度 $= 15d = 15 \times 16 = 240$ （mm）。

（4）框架梁 KL1 第四跨抗扭纵筋

框架梁 KL1 第四跨抗扭纵筋水平长度 $= 736 + 6625 + 520 = 7881$ （mm）

钢筋的右端部是带直钩的，直钩长度为 240mm，所以：

框架梁 KL1 第四跨抗扭纵筋每根长度 $= 7881 + 240 = 8121$ （mm）。

【例 4 –23】框架梁 KL1 的截面尺寸是 300mm × 700mm，箍筋为 $\Phi 10@100/200$ （2），集中标注的侧面纵向构造钢筋为 G4 $\Phi$ 10，求：侧面纵向构造钢筋的拉筋规格和尺寸（混凝土强度等级为 C25）。

【解】

（1）拉筋的规格

因为框架梁 KL1 的截面宽度为 300mm $<350$mm，所以拉筋直径为 6mm。

（2）拉筋的尺寸

拉筋水平长度 = 梁箍筋宽度 + 2 × 拉筋直径

而

梁箍筋宽度 = 梁截面宽度 $- 2 \times$ 保护层厚度 $= 300 - 2 \times 20 = 250$（mm）

所以

拉筋水平长度 $= 250 + 2 \times 6 = 262$（mm）

（3）拉筋的两端各有一个 $135°$ 的弯钩，弯钩平直段为 $10d$

$$拉筋的每根长度 = 拉筋水平长度 + 26d$$
$$= 262 + 26 \times 6 = 418（mm）$$

## 要点2：抗震屋面框架梁钢筋构造及算例

1）抗震屋面框架梁纵向钢筋构造如图 4 - 25 所示。

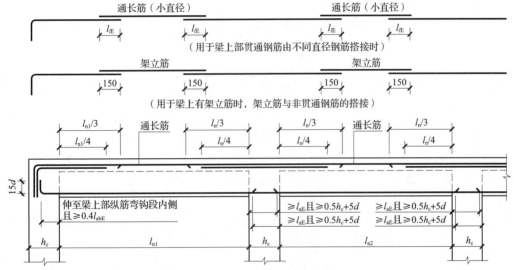

图 4 - 25　抗震屋面框架梁纵向钢筋构造

$h_c$—柱截面沿框架方向的高度；$d$—钢筋直径

2）抗震屋面框架梁上部与下部纵筋在端支座锚固构造如图 4 - 26 所示。

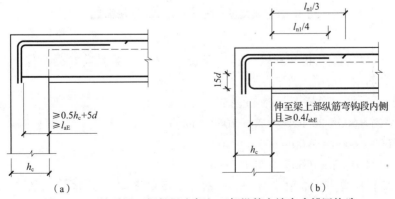

（a）　　　　　　　　　　　　　　　　（b）

图 4 - 26　抗震屋面框架梁上部与下部纵筋在端支座锚固构造

（a）端支座直锚；（b）端支座加锚头/锚板

3）抗震屋面框架梁中间支座纵向钢筋构造如图 4 – 27 所示。

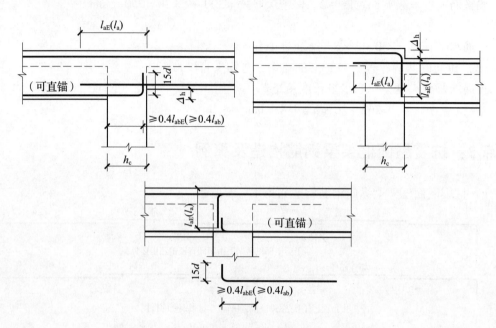

**图 4 – 27　抗震屋面框架梁中间支座纵向钢筋构造**

【例 4 – 24】抗震屋面框架梁 WKL1 平法施工图如图 4 – 28 所示，试求 WKL1 的上部通长筋。其中，混凝土强度等级为 C30，抗震等级为一级。

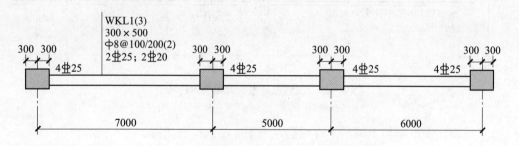

**图 4 – 28　抗震屋面框架梁 WKL1 平法施工图**

【解】

由混凝土强度等级 C30 和一级抗震，查表 2 – 2 得：梁纵筋混凝土保护层厚度 $c_{梁}$ = 20mm，支座纵筋钢筋混凝土保护层厚度 $c_{支座}$ = 20mm。

上部通长筋长度 = 净长 + 两端支座锚固

端支座锚固 = 600 – 20 + 500 – 20 = 1060（mm）

净长 = 7000 + 6000 + 5000 – 600 = 17400（mm）

总长度 = 17400 + 2 × 1060 = 19520（mm）

【例 4 – 25】抗震屋面框架梁 WKL2 平法施工图如图 4 – 29 所示，试求 WKL2 的上部通长筋。其中，混凝土强度等级为 C30，抗震等级为一级。

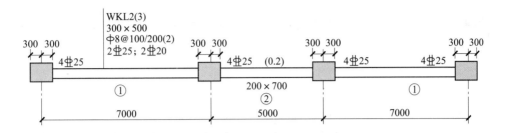

图 4 – 29 抗震屋面框架梁 WKL2 平法施工图

**【解】**

由混凝土强度等级 C30 和一级抗震，查表 2 – 2 得：梁纵筋混凝土保护层厚度 $c_{梁}$ = 20mm，支座纵筋钢筋混凝土保护层厚度 $c_{支座}$ = 20mm。

①号低标高钢筋长度 = 净长 + 两端支座锚固（查表 4 – 1 得 $l_{abE}$ = 33d）

**表 4 – 1 受拉钢筋基本锚固长度 $l_{ab}$、$l_{abE}$**

| 钢筋种类 | 抗震等级 | 混凝土强度等级 | | | | | | | | |
|---|---|---|---|---|---|---|---|---|---|---|
| | | C20 | C25 | C30 | C35 | C40 | C45 | C50 | C55 | ≥C60 |
| HPB300 | 一、二级（$l_{abE}$） | 45d | 39d | 35d | 32d | 29d | 28d | 26d | 25d | 24d |
| | 三级（$l_{abE}$） | 41d | 36d | 32d | 29d | 26d | 25d | 24d | 23d | 22d |
| | 四级（$l_{abE}$）<br>非抗震（$l_{ab}$） | 39d | 34d | 30d | 28d | 25d | 24d | 23d | 22d | 21d |
| HRB335<br>HRBF335 | 一、二级（$l_{abE}$） | *44d | 38d | 33d | 31d | 29d | 26d | 25d | 24d | 24d |
| | 三级（$l_{abE}$） | 40d | 35d | 31d | 28d | 26d | 24d | 23d | 22d | 22d |
| | 四级（$l_{abE}$）<br>非抗震（$l_{ab}$） | 38d | 33d | 29d | 27d | 25d | 23d | 22d | 21d | 21d |
| HRB400<br>HRBF400<br>RRB400 | 一、二级（$l_{abE}$） | — | 46d | 40d | 37d | 33d | 32d | 31d | 30d | 29d |
| | 三级（$l_{abE}$） | — | 42d | 37d | 34d | 30d | 29d | 28d | 27d | 26d |
| | 四级（$l_{abE}$）<br>非抗震（$l_{ab}$） | — | 40d | 35d | 32d | 29d | 28d | 27d | 26d | 25d |
| HRB500<br>HRBF500 | 一、二级（$l_{abE}$） | — | 55d | 49d | 45d | 41d | 39d | 37d | 36d | 35d |
| | 三级（$l_{abE}$） | — | 50d | 45d | 41d | 38d | 36d | 34d | 33d | 32d |
| | 四级（$l_{abE}$）<br>非抗震（$l_{ab}$） | — | 48d | 43d | 39d | 36d | 34d | 32d | 31d | 30d |

端支座弯固 = 支座宽 - 保护层 + 1.7$l_{abE}$ = 600 - 20 + 1.7 × 33 × 25 = 1983（mm）

中间支座直锚 = $l_{aE}$ = 34 × 25 = 850（mm）

总长度 = 7000 - 600 + 1983 + 850 = 9233（mm）

②号高标高钢筋长度 = 净长 + 两端支座锚固

中间支座弯锚 = $h_c$ - $c_{支座}$ + （$l_{aE}$ + $\Delta_h$）= 600 - 30 + 34 × 25 + 200 = 1280（mm）

总长度 $= 5000 - 600 + 2 \times 1280 = 6960$ （mm）

【例 4 - 26】抗震屋面框架梁 WKL3 平法施工图如图 4 - 30 所示，试求 WKL3 的下部通长筋。其中，混凝土强度等级为 C30，抗震等级为一级。

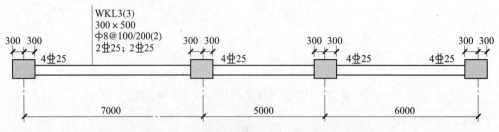

图 4 - 30　抗震屋面框架梁 WKL3 平法施工图

【解】

由混凝土强度等级 C30 和一级抗震，查表 2 - 2 得：梁纵筋混凝土保护层厚度 $c_{梁} = 20\text{mm}$，支座纵筋钢筋混凝土保护层厚度 $c_{支座} = 20\text{mm}$。

下部通长筋长度 = 净长 + 两端支座弯锚锚固

端支座锚固 $= h_c - c_{支座} + 15d = 600 - 20 + 15 \times 25 = 955$ （mm）

净长 $= 7000 + 6000 + 5000 - 600 = 17400$ （mm）

总长度 $= 17400 + 2 \times 955 = 19310$ （mm）

# 要点 3：框架梁箍筋翻样及实例

框架梁箍筋构造如图 4 - 31 所示。

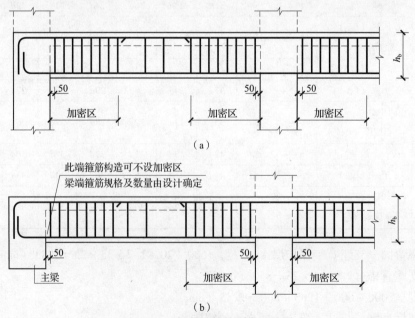

图 4 - 31　框架梁箍筋加密区范围

（a）尽端为柱；（b）尽端为梁

一级抗震：

$$箍筋加密区长度 \ l_1 = \max \ (2.0h_b, \ 500) \qquad (4-1)$$

$$箍筋根数 = 2 \times \ [ \ (l_1 - 50) \ /加密区间距 + 1] \ + \ (l_n - l_1) \ /非加密区间距 - 1$$

$$(4-2)$$

二～四级抗震：

$$箍筋加密区长度 \ l_2 = \max \ (1.5h_b, \ 500) \qquad (4-3)$$

$$箍筋根数 = 2 \times \ [ \ (l_2 - 50) \ /加密区间距 + 1] \ + \ (l_n - l_2) \ /非加密区间距 - 1$$

$$(4-4)$$

$$箍筋预算长度 = \ (b+h) \ \times 2 - 8 \times c + 2 \times 1.9d + \max \ (10d, \ 75) \ \times 2 + 8d \quad (4-5)$$

$$箍筋下料长度 = \ (b+h) \ \times 2 - 8 \times c + 2 \times 1.9d + \max \ (10d, \ 75) \ \times 2 + 8d - 3 \times 1.75d$$

$$(4-6)$$

$$内箍预算长度 = \{ \ [ \ (b - 2 \times - D) \ /n - 1] \ \times j + D\} \ \times 2 + 2 \times \ (h - c) \ + 2 \times 1.9d$$
$$+ \max \ (10d, \ 75) \ \times 2 + 8d \qquad (4-7)$$

$$内箍下料长度 = \{ \ [ \ (b - 2 \times - D) \ /n - 1] \ \times j + D\} \ \times 2 + 2 \times \ (h - c) \ + 2 \times 1.9d$$
$$+ \max \ (10d, \ 75) \ \times 2 + 8d - 3 \times 1.75d \qquad (4-8)$$

式中　$b$——梁宽度；

　　　$h$——梁高度；

　　　$c$——混凝土保护层厚度；

　　　$d$——箍筋直径；

　　　$n$——纵筋根数；

　　　$D$——纵筋直径；

　　　$j$——内箍挡数，$j$ = 内箍内梁纵筋数量 − 1。

【例4-27】计算图4-23所示的抗震框架梁 KL2 第一跨的箍筋根数。KL2 的截面尺寸为 300mm×700mm，箍筋集中标注为 Φ10@100/200（2），一级抗震等级，如图4-32所示。

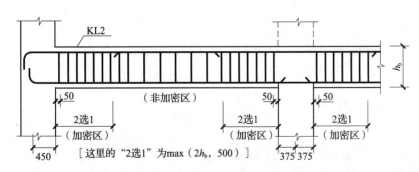

图4-32　抗震框架梁 KL2

【解】

（1）抗震框架梁

KL2 第一跨净跨长度 = 7200 − 450 − 375 = 6375（mm）

（2）计算加密区和非加密区的长度

在一跨梁中，加密区有左右两个，先计算一个加密区的长度。由于是一级抗震等级，所以：

加密区的长度 = max（$2h_b$，500） = max（$2 \times 700$，500） = 1400（mm）

非加密区的长度 = 6375 – 1400 × 2 = 3575（mm）

（3）计算加密区箍筋根数

布筋范围 = 加密区长度 – 50 = 1400 – 50 = 1350（mm）

计算"布筋范围除以间距"：1350/100 = 13.5，取整为14，所以：

一个加密区的箍筋根数 = "布筋范围除以间距" + 1 = 14 + 1 = 15（根）

KL2 第一跨有两个加密区，其箍筋根数 = 2 × 15 = 30（根）

（4）重新调整非加密区长度

现在不能以 3575mm 作为非加密区长度来计算箍筋根数，而要根据上述在加密区箍筋根数计算中做出的范围调整，来修正非加密区长度。

实际的一个加密区长度 = 50 + 14 × 100 = 1450（mm）

实际的非加密区长度 = 6375 – 1450 × 2 = 3475（mm）

（5）计算非加密区箍筋根数

布筋范围 = 3475mm，计算"布筋范围除以间距"：3475/200 = 17.375，取整数为18。

因为，在这个"非加密区"两端的"加密区"计算箍筋时已经执行过"根数加1"，所以，在计算"非加密区"箍筋根数的过程中，不应该执行"根数加1"，而应该执行"根数减1"。故：

非加密区箍筋根数 = "布筋范围除以间距" – 1 = 18 – 1 = 17（根）

（6）计算抗震框架梁 KL2 第一跨的箍筋总根数

KL2 第一跨的箍筋总根数 = 加密区箍筋根数 + 非加密区箍筋根数 = 30 + 17 = 47（根）

## 要点4：框架梁附加箍筋、吊筋翻样计算

### 1．附加箍筋

框架梁附加箍筋构造如图 4 – 33 所示。

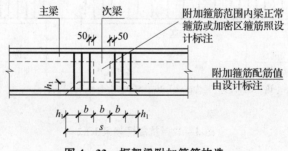

图 4 – 33　框架梁附加箍筋构造

附加箍筋间距 8d（为箍筋直径）且不大于梁正常箍筋间距。

附加箍筋根数，如果设计注明，则按设计；设计只注明间距而未注写具体数量，按平

法构造。

$$附加箍筋根数 = 2 \times \left[ \left( 主梁高 - 次梁高 + 次梁宽 - 50 \right) / 附加箍筋间距 + 1 \right]$$
$$(4 - 9)$$

**2. 附加吊筋**

框架梁附加吊筋构造如图 4 - 34 所示。

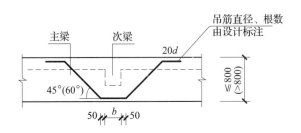

**图 4 - 34　框架梁附加吊筋构造**

$$附加吊筋长度 = 次梁宽 + 2 \times 50 + 2 \times \left( 主梁高 - 保护层厚度 \right) / \sin 45° \left( 60° \right)$$
$$+ 2 \times 20d$$
$$(4 - 10)$$

# 要点 5：非框架梁钢筋翻样计算及实例

非框架梁钢筋构造如图 4 - 35 所示。

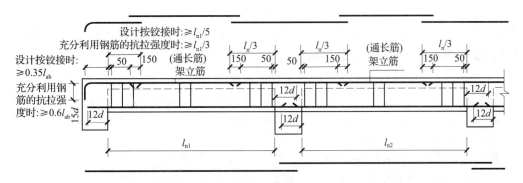

**图 4 - 35　非框架梁钢筋构造**

$$非框架梁上部纵筋长度 = 通跨净长 l_n + 左支座宽 + 右支座宽$$
$$- 2 \times 保护层厚度 + 2 \times 15d$$
$$(4 - 11)$$

**1. 非框架梁为弧形梁时**

当非框架梁直锚时：

$$下部通长筋长度 = 通跨净长 l_n + 2 \times l_a$$
$$(4 - 12)$$

当非框架梁不为直锚时：

$$下部通长筋长度 = 通跨净长 l_n + 左支座宽 + 右支座宽 - 2$$
$$\times 保护层厚度 + 2 \times 15d$$
$$(4 - 13)$$

$$非框架梁端支座负筋长度 = l_n / 3 + 支座宽 - 保护层厚度 + 15d \quad (4 - 14)$$

$$\text{非框架梁中间支座负筋长度} = \max\ (l_n/3,\ 2l_n/3)\ +\text{支座宽} \tag{4-15}$$

**2. 非框架梁为直梁时**

$$\text{下部通长筋长度} = \text{通跨净长}\ l_n + 2 \times 12d \tag{4-16}$$

当梁下部纵筋为光面钢筋时：

$$\text{下部通长筋长度} = \text{通跨净长}\ l_n + 2 \times 15d \tag{4-17}$$

$$\text{非框架梁端支座负筋长度} = l_n/5 + \text{支座宽} - \text{保护层厚度} + 15d \tag{4-18}$$

当端支座为柱、剪力墙、框支梁或深梁时：

$$\text{非框架梁端支座负筋长度} = l_n/3 + \text{支座宽} - \text{保护层厚度} + 15d \tag{4-19}$$

$$\text{非框架梁中间支座负筋长度} = \max\ (l_n/3,\ 2l_n/3)\ +\text{支座宽} \tag{4-20}$$

**【例 4-28】** 梁 L1（2）平法施工图如图 4-36 所示，试求 L1（2）的上部钢筋。其中，混凝土强度等级为 C30，抗震等级为一级。

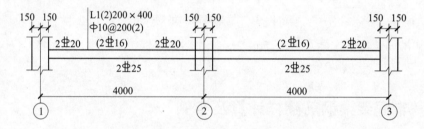

**图 4-36　梁 L1（2）平法施工图**

**【解】**

由混凝土强度等级 C30 和一级抗震，查表 2-2 得：梁纵筋混凝土保护层厚度 $c_{梁} = 20\text{mm}$，支座纵筋钢筋混凝土保护层厚度 $c_{支座} = 20\text{mm}$。

（1）支座①负筋长度 = 端支座锚固 + 延伸长度

端支座锚固 = 支座宽度 $- c_{支座} + 15d = 300 - 20 + 15 \times 20 = 580$（mm）

延伸长度 $= l_{n1}/5 = $（$4000 - 300$）$/5 = 740$（mm）

（注：端支座负筋延伸长度为 $l_{n1}/5$）

总长度 $= 580 + 740 = 1320$（mm）

（2）第 1 跨架立筋长度 = 净长 – 两端支座负筋延伸长度 $+ 2 \times 150$

$$= 3700 - 740 - （4000 - 300）/3 + 2 \times 150$$
$$= 2027（\text{mm}）$$

（3）支座②负筋长度 = 支座宽度 + 两端延伸长度 $= 300 + 2 \times$（$4000 - 300$）$/3 = 2767$（mm）

（注：中间支座负筋延伸长度为 $l_n/3$）

（4）第 2 跨架立筋长度 = 净长 – 两端支座负筋延伸长度 $+ 2 \times 150$

$$= 3700 - 740 - （4000 - 300）/3 + 2 \times 150$$
$$= 2027（\text{mm}）$$

（5）支座③负筋长度 = 端支座锚固 + 延伸长度

端支座锚固 = 支座宽度 $- c_{支座} + 15d = 300 - 20 + 15 \times 20 = 580$（mm）

延伸长度 $= l_n/5 =$ （4000 – 300）/5 = 740 （mm）

（注：端支座负筋延伸长度为 $l_n/5$）

总长度 = 580 + 740 = 1320 （mm）

**【例 4 – 29】** 梁 L2（2）平法施工图如图 4 – 37 所示，试求 L2（2）的上部钢筋。其中，混凝土强度等级为 C30，抗震等级为一级。

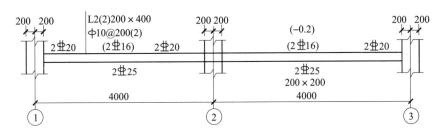

图 4 – 37 梁 L2（2）平法施工图

**【解】**

由混凝土强度等级 C30 和一级抗震，查表 2 – 2 得：梁纵筋混凝土保护层厚度 $c_{梁} = 20mm$，支座纵筋钢筋混凝土保护层厚度 $c_{支座} = 20mm$。

（1）支座①负筋长度 = 端支座锚固 + 延伸长度

端支座锚固 = 支座宽度 – $c_{支座}$ + 15d = 400 – 20 + 15 × 20 = 680 （mm）

延伸长度 $= l_n/5 =$ （4000 – 400）/5 = 720 （mm）

（注：端支座负筋延伸长度为 $l_n/5$）

（2）第 1 跨架立筋长度 = 净长 – 两端支座负筋延伸长度 + 2 × 150

$$= 3600 – 720 – 1200 + 2 × 150$$

$$= 1980 （mm）$$

（3）第 1 跨右端负筋长度 = 端支座锚固 + 延伸长度

延伸长度 $= l_n/3 =$ （4000 – 400）/3 = 1200 （mm）

（注：中间支座负筋延伸长度为 $l_n/3$）

端支座锚固 = 支座宽度 – 保护层 $c_{支座}$ + 29d + 高差 $\Delta_h$ = 400 – 20 + 29 × 20 + 200

$$= 1160 （mm）$$

总长度 = 1200 + 1160 = 2400 （mm）

（4）第 2 跨左端负筋长度 = 端支座锚固 + 延伸长度

延伸长度 $= l_n/3 =$ （4000 – 400）/3 = 1200 （mm）

端支座锚固 $= l_a = 29 × 20 = 580$ （mm）

总长度 = 1200 + 580 = 1780 （mm）

（5）第 2 跨架立筋长度 = 净长 – 两端支座负筋延伸长度 + 2 × 150

$$= 3600 – 720 – 1200 + 2 × 150$$

$$= 1980 （mm）$$

（6）支座③负筋长度 = 端支座锚固 + 延伸长度

端支座锚固 = 支座宽度 $- c_{支座} + 15d = 40020 + 15 \times 20 = 680$（mm）

延伸长度 $= l_n / 5 = (4000 - 400) / 5 = 720$（mm）

（注：端支座负筋延伸长度为 $l_n / 5$）

总长度 $= 680 + 720 = 1400$（mm）

【例 4 – 30】梁 L3（2）平法施工图如图 4 – 38 所示，试求 L3（2）的下部钢筋。其中，混凝土强度等级为 C30，抗震等级为一级。

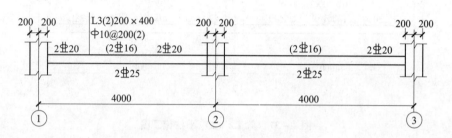

图 4 – 38　梁 L3（2）平法施工图

【解】

由混凝土强度等级 C30 和一级抗震，查表 2 – 2 得：梁纵筋混凝土保护层厚度 $c_{梁} = 20\text{mm}$，支座纵筋钢筋混凝土保护层厚度 $c_{支座} = 20\text{mm}$。

第 1 跨下部筋长度 = 净长 + 两端锚固（12$d$）

$$= 4000 - 400 + 2 \times 12d$$
$$= 4000 - 400 + 12 \times 25 \times 2$$
$$= 4200 （\text{mm}）$$

第 2 跨下部筋长度 = 净长 + 两端锚固（12$d$）

$$= 4000 - 400 + 2 \times 12d$$
$$= 4000 - 400 + 12 \times 25 \times 2$$
$$= 4200 （\text{mm}）$$

# 要点 6：非抗震框架梁和屋面框架梁箍筋构造及算例

非抗震框架梁和屋面框架梁箍筋构造如图 4 – 39 和图 4 – 40 所示。

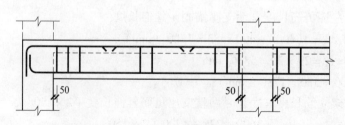

图 4 – 39　非抗震框架梁 KL、非抗震屋面梁 WKL（一种箍筋间距）

（弧形梁沿梁中心线展开，箍筋间距沿凸面线量度）

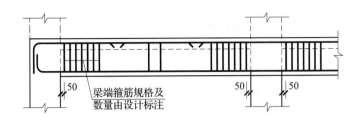

**图 4 – 40　非抗震框架梁 KL、非抗震屋面梁 WKL（两种箍筋间距）**
（弧形梁沿梁中心线展开，箍筋间距沿凸面线量度）

当梁纵筋（不包括侧面 G 打头的构造筋及架立筋）采用绑扎搭接接长时，搭接区内箍筋直径不小于 $d/4$（$d$ 为搭接钢筋最大直径），间距不应大于 100mm 及 $5d$（$d$ 为搭接钢筋最小直径）。

**【例 4 – 31】** 非框架梁 L3 的箍筋集中标注为 Φ8@200（2），框架梁 KL5 截面宽度为 250mm（正中），如图 4 – 41 所示。计算非框架梁 L3 的箍筋根数。

**【解】**

L3 净跨长度 = 7500 – 250 = 7250（mm）

布筋范围 = 净跨长度 – 50×2 = 7250 – 50×2 = 7150（mm）

计算"布筋范围除以间距"：7150/200 = 35.75，取整数为 36。

箍筋根数 = "布筋范围除以间距" + 1 = 36 + 1 = 37（根）

**【例 4 – 32】** 非框架梁 L2 第一跨（弧形梁）的箍筋集中标注为 Φ10@100（2），如图 4 – 42 所示。计算非框架梁 L2 第一跨（弧形梁）的箍筋根数。

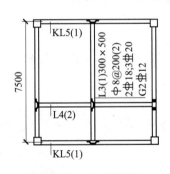

**图 4 – 41　非框架梁 L3 与框架梁 KL5 布置图**

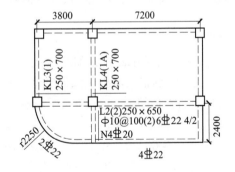

**图 4 – 42　非框架梁 L2 布置图**

**【解】**

（1）L2 第一跨净跨长度 = 3800 – 250 = 3550（mm），所以，直段长度 = 3550 – （2250 – 250）= 1550（mm）。

（2）"直段长度"的"布筋范围除以间距" = （1550 – 50×2）/100 = 15（mm）

（3）"直段长度"的箍筋根数 = 15 + 1 = 16（根）

（4）"弧形段"的外边线长度 = 3.14×2250/2 = 3533（mm）

（5）由于"弧形段"与"直段长度"相连，而"直段长度"已经两端减去 50mm，而且进行了"加1"计算,所以,"弧形段"不要减去50mm,也不执行"加1"计算(但是,当"布筋范围除以间距"商数取整时,当小数点后第一位数字非零的时候,也要把商数加1)。

"布筋范围除以间距" = 3533/100 = 35.33,取整为36,因此,"弧形段"的箍筋根数为36根。

(6)非框架梁L2第一跨的箍筋根数 = 16 + 36 = 52(根)

## 要点7: 框支梁钢筋翻样计算及实例

框支梁钢筋构造如图4-43所示。

$$框支梁上部纵筋长度 = 梁总长 - 2 \times 保护层厚度 + 2 \times 梁高 h + 2 \times l_{aE} \quad (4-21)$$

当框支梁下部纵筋为直锚时:

$$框支梁下部纵筋长度 = 梁跨净长 l_n + 左 \max (l_{aE}, 0.5h_c + 5d)$$
$$+ 右 \max (l_{aE}, 0.5h_c + 5d) \quad (4-22)$$

当框支梁下部纵筋不为直锚时:

$$框支梁下部纵筋长度 = 梁总长 - 2 \times 保护层厚度 + 2 \times 15d \quad (4-23)$$

$$框支梁箍筋数量 = 2 \times [\max (0.2l_{n1}, 1.5h_b) / 加密区间距 + 1]$$
$$+ (l_n - 加密区长度) / 非加密区间距 - 1 \quad (4-24)$$

框支梁侧面纵筋同框支梁下部纵筋。

$$框支梁支座负筋 = \max (l_{n1}/3, l_{n2}/3) + 支座宽(第二排同第一排) \quad (4-25)$$

【例4-33】框支梁KZL1(2)平法施工图如图4-44所示,试求KZL1(2)的上、下部通长筋,支座负筋,箍筋长度及根数。其中,混凝土强度等级为C30,抗震等级为一级。

【解】

由混凝土强度等级C30和一级抗震,查表2-2得:梁纵筋混凝土保护层厚度 $c_{梁}$ = 20mm,支座纵筋钢筋混凝土保护层厚度 $c_{支座}$ = 20mm。

(1)上部通长筋长度 = 净长 + 两端支座锚固

端支座锚固 = $h_c - c_{梁} + h_b - c_{支座} + l_{aE}$ = 800 - 20 + 800 - 20 + 34 × 25 = 2410(mm)

总长度 = 6000 × 2 - 800 + 2 × 2410 = 16020(mm)

(2)支座①负筋长度 = 端支座锚固 + 延伸长度

端支座锚固 = $h_c - c_{支座} + 15d$ = 800 - 20 + 15 × 25 = 1155(mm)

延伸长度 = $l_n/3$ = (6000 - 800) /3 = 1733(mm)

总长度 = 1155 + 1733 = 2888(mm)

(3)支座②负筋长度 = 支座宽度 + 两端延伸长度

延伸长度 = $l_n/3$ = (6000 - 800) /3 = 1733(mm)

总长度 = 800 + 1733 × 2 = 4266(mm)

(4)支座3负筋

同支座①负筋。

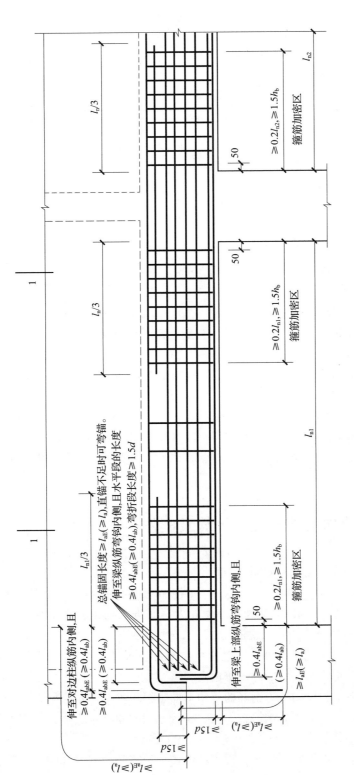

图 4－43　框支梁钢筋构造

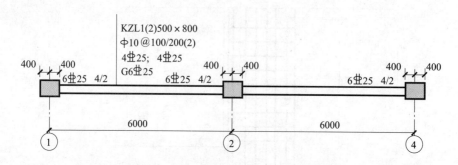

KZL1(2)500×800
Φ10@100/200(2)
4Φ25; 4Φ25
G6Φ25

**图4-44 框支梁 KZL1 (2) 平法施工图**

（5）下部通长筋长度 = 净长 + 两端支座锚固

端支座锚固 $= h_c - c_{支座} + 15d = 800 - 20 + 15 \times 25 = 1155$（mm）

总长度 $= 6000 \times 2 - 800 + 2 \times 1155 = 13510$（mm）

（6）箍筋长度 = 周长 $+ 2 \times 11.9d$

$$= （500 - 40 - 10 + 800 - 40 - 10）\times 2 + 2 \times 11.9 \times 10$$

$$= 2638（mm）（"-10"是指计算至箍筋中心线）$$

（7）第1跨箍筋根数

加密区长度 $= \max（0.2l_n, 1.5h_b）= \max（0.2 \times 5200, 1.5 \times 800）= 1200$（mm）

加密区根数 $=（1200）/100 + 1 = 13$（根）

非加密区根数 $=（5200 - 2400）/200 - 1 = 13$（根）

总根数 $= 13 \times 2 + 13 = 39$（根）

（8）第2跨箍筋根数

同第一跨。

## 要点8：贯通筋的加工下料尺寸计算及实例

贯通筋的加工尺寸分为三段，如图4-45所示。

图4-45中，"$\geqslant 0.4l_{aE}$"表示一、二、三、四级抗震等级钢筋进入柱中，在水平方向的锚固长度值。括弧中的"$0.4l_a$"表示非抗震等级钢筋进入柱中，在水平方向锚固长度值。"$15d$"表示在柱中竖向的锚固长度值。

在标注贯通筋加工尺寸时，不要忘记它是标注的外皮尺寸。这时，在求下料长度时，需要减去由于有两个直角钩而发生的外皮差值。

在框架结构的构件中，纵向受力钢筋的直角弯曲半径单独有规定，见表2-3。

在框架结构的构件中，常用的钢筋有 HRB335 级和 HRB400 级钢筋；常用的混凝土有 C30、C35 和 $\geqslant$C40 的几种。另外，还要考虑结构的抗震等级等因素。

综合上述各种因素，为了计算方便，用表的形式把计算公式列入其中，详见表4-2 ~ 表4-7。

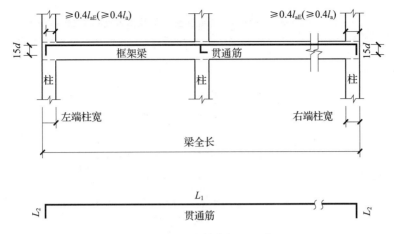

图 4 – 45　贯通筋的加工尺寸

**表 4 – 2　HRB335 级钢筋 C30 混凝土框架梁贯通筋计算表（mm）**

| 抗震等级 | $l_{aE}$ ($l_a$) | 直径 | $L_1$ | $L_2$ | 下料长度 |
|---|---|---|---|---|---|
| 一级抗震 | $34d$ | $d \leqslant 25$ | 梁全长 – 左端柱宽 – 右端柱宽 + $2 \times 13.6d$ | $15d$ | $L_1 + 2 \times L_2 - 2 \times$ 外皮差值 |
| | $38d$ | $d > 25$ | 梁全长 – 左端柱宽 – 右端柱宽 + $2 \times 15.2d$ | | |
| 二级抗震 | $34d$ | $d \leqslant 25$ | 梁全长 – 左端柱宽 – 右端柱宽 + $2 \times 13.6d$ | | |
| | $38d$ | $d > 25$ | 梁全长 – 左端柱宽 – 右端柱宽 + $2 \times 15.2d$ | | |
| 三级抗震 | $31d$ | $d \leqslant 25$ | 梁全长 – 左端柱宽 – 右端柱宽 + $2 \times 12.4d$ | | |
| | $34d$ | $d > 25$ | 梁全长 – 左端柱宽 – 右端柱宽 + $2 \times 13.6d$ | | |
| 四级抗震 | ($30d$) | $d \leqslant 25$ | 梁全长 – 左端柱宽 – 右端柱宽 + $2 \times 12d$ | | |
| | ($33d$) | $d > 25$ | 梁全长 – 左端柱宽 – 右端柱宽 + $2 \times 13.2d$ | | |
| 非抗震级 | ($30d$) | $d \leqslant 25$ | 梁全长 – 左端柱宽 – 右端柱宽 + $2 \times 12d$ | | |
| | ($33d$) | $d > 25$ | 梁全长 – 左端柱宽 – 右端柱宽 + $2 \times 13.2d$ | | |

**表 4 – 3　HRB335 级钢筋 C35 混凝土框架梁贯通筋计算表（mm）**

| 抗震等级 | $l_{aE}$ ($l_a$) | 直径 | $L_1$ | $L_2$ | 下料长度 |
|---|---|---|---|---|---|
| 一级抗震 | $31d$ | $d \leqslant 25$ | 梁全长 – 左端柱宽 – 右端柱宽 + $2 \times 12.4d$ | $15d$ | $L_1 + 2 \times L_2 - 2 \times$ 外皮差值 |
| | $34d$ | $d > 25$ | 梁全长 – 左端柱宽 – 右端柱宽 + $2 \times 13.6d$ | | |
| 二级抗震 | $31d$ | $d \leqslant 25$ | 梁全长 – 左端柱宽 – 右端柱宽 + $2 \times 12.4d$ | | |
| | $34d$ | $d > 25$ | 梁全长 – 左端柱宽 – 右端柱宽 + $2 \times 13.6d$ | | |
| 三级抗震 | $29d$ | $d \leqslant 25$ | 梁全长 – 左端柱宽 – 右端柱宽 + $2 \times 11.6d$ | | |
| | $31d$ | $d > 25$ | 梁全长 – 左端柱宽 – 右端柱宽 + $2 \times 12.4d$ | | |
| 四级抗震 | ($27d$) | $d \leqslant 25$ | 梁全长 – 左端柱宽 – 右端柱宽 + $2 \times 10.8d$ | | |
| | ($30d$) | $d > 25$ | 梁全长 – 左端柱宽 – 右端柱宽 + $2 \times 12d$ | | |
| 非抗震级 | ($27d$) | $d \leqslant 25$ | 梁全长 – 左端柱宽 – 右端柱宽 + $2 \times 10.8d$ | | |
| | ($30d$) | $d > 25$ | 梁全长 – 左端柱宽 – 右端柱宽 + $2 \times 12d$ | | |

表 4 – 4　**HRB335 级钢筋 ≥C40 混凝土框架梁贯通筋计算表（mm）**

| 抗震等级 | $l_{aE}$（$l_a$） | 直径 | $L_1$ | $L_2$ | 下料长度 |
|---|---|---|---|---|---|
| 一级抗震 | 29$d$ | $d \leqslant 25$ | 梁全长 – 左端柱宽 – 右端柱宽 +2 ×11. 6$d$ | | |
| | 32$d$ | $d > 25$ | 梁全长 – 左端柱宽 – 右端柱宽 +2 ×12. 8$d$ | | |
| 二级抗震 | 29$d$ | $d \leqslant 25$ | 梁全长 – 左端柱宽 – 右端柱宽 +2 ×11. 6$d$ | | |
| | 32$d$ | $d > 25$ | 梁全长 – 左端柱宽 – 右端柱宽 +2 ×12. 8$d$ | | |
| 三级抗震 | 26$d$ | $d \leqslant 25$ | 梁全长 – 左端柱宽 – 右端柱宽 +2 ×10. 4$d$ | 15$d$ | $L_1$ +2 ×$L_2$ –2 × 外皮差值 |
| | 29$d$ | $d > 25$ | 梁全长 – 左端柱宽 – 右端柱宽 +2 ×11. 6$d$ | | |
| 四级抗震 | (25$d$) | $d \leqslant 25$ | 梁全长 – 左端柱宽 – 右端柱宽 +2 ×10$d$ | | |
| | (27$d$) | $d > 25$ | 梁全长 – 左端柱宽 – 右端柱宽 +2 ×10. 8$d$ | | |
| 非抗震级 | (25$d$) | $d \leqslant 25$ | 梁全长 – 左端柱宽 – 右端柱宽 +2 ×10$d$ | | |
| | (27$d$) | $d > 25$ | 梁全长 – 左端柱宽 – 右端柱宽 +2 ×10. 8$d$ | | |

表 4 – 5　**HRB400 级钢筋 C30 混凝土框架梁贯通筋计算表（mm）**

| 抗震等级 | $l_{aE}$（$l_a$） | 直径 | $L_1$ | $L_2$ | 下料长度 |
|---|---|---|---|---|---|
| 一级抗震 | 41$d$ | $d \leqslant 25$ | 梁全长 – 左端柱宽 – 右端柱宽 +2 ×16. 4$d$ | | |
| | 45$d$ | $d > 25$ | 梁全长 – 左端柱宽 – 右端柱宽 +2 ×18$d$ | | |
| 二级抗震 | 41$d$ | $d \leqslant 25$ | 梁全长 – 左端柱宽 – 右端柱宽 +2 ×16. 4$d$ | | |
| | 45$d$ | $d > 25$ | 梁全长 – 左端柱宽 – 右端柱宽 +2 ×18$d$ | | |
| 三级抗震 | 37$d$ | $d \leqslant 25$ | 梁全长 – 左端柱宽 – 右端柱宽 +2 ×14. 8$d$ | 15$d$ | $L_1$ +2 ×$L_2$ –2 × 外皮差值 |
| | 41$d$ | $d > 25$ | 梁全长 – 左端柱宽 – 右端柱宽 +2 ×16. 4$d$ | | |
| 四级抗震 | (36$d$) | $d \leqslant 25$ | 梁全长 – 左端柱宽 – 右端柱宽 +2 ×14. 4$d$ | | |
| | (39$d$) | $d > 25$ | 梁全长 – 左端柱宽 – 右端柱宽 +2 ×15. 6$d$ | | |
| 非抗震级 | (36$d$) | $d \leqslant 25$ | 梁全长 – 左端柱宽 – 右端柱宽 +2 ×14. 4$d$ | | |
| | (39$d$) | $d > 25$ | 梁全长 – 左端柱宽 – 右端柱宽 +2 ×15. 6$d$ | | |

表 4 – 6　**HRB400 级钢筋 C35 混凝土框架梁贯通筋计算表（mm）**

| 抗震等级 | $l_{aE}$（$l_a$） | 直径 | $L_1$ | $L_2$ | 下料长度 |
|---|---|---|---|---|---|
| 一级抗震 | 37$d$ | $d \leqslant 25$ | 梁全长 – 左端柱宽 – 右端柱宽 +2 ×14. 8$d$ | | |
| | 41$d$ | $d > 25$ | 梁全长 – 左端柱宽 – 右端柱宽 +2 ×16. 4$d$ | | |
| 二级抗震 | 37$d$ | $d \leqslant 25$ | 梁全长 – 左端柱宽 – 右端柱宽 +2 ×14. 8$d$ | | |
| | 41$d$ | $d > 25$ | 梁全长 – 左端柱宽 – 右端柱宽 +2 ×16. 4$d$ | | |
| 三级抗震 | 34$d$ | $d \leqslant 25$ | 梁全长 – 左端柱宽 – 右端柱宽 +2 ×13. 6$d$ | 15$d$ | $L_1$ +2 ×$L_2$ –2 × 外皮差值 |
| | 38$d$ | $d > 25$ | 梁全长 – 左端柱宽 – 右端柱宽 +2 ×15. 2$d$ | | |
| 四级抗震 | (33$d$) | $d \leqslant 25$ | 梁全长 – 左端柱宽 – 右端柱宽 +2 ×13. 2$d$ | | |
| | (36$d$) | $d > 25$ | 梁全长 – 左端柱宽 – 右端柱宽 +2 ×14. 4$d$ | | |
| 非抗震级 | (33$d$) | $d \leqslant 25$ | 梁全长 – 左端柱宽 – 右端柱宽 +2 ×13. 2$d$ | | |
| | (36$d$) | $d > 25$ | 梁全长 – 左端柱宽 – 右端柱宽 +2 ×14. 4$d$ | | |

表 4 – 7　HRB400 级钢筋 ≥C40 混凝土框架梁贯通筋计算表（mm）

| 抗震等级 | $l_{aE}$ $(l_a)$ | 直径 | $L_1$ | $L_2$ | 下料长度 |
|---|---|---|---|---|---|
| 一级抗震 | 34d | d≤25 | 梁全长 – 左端柱宽 – 右端柱宽 + 2×13.6d | 15d | $L_1 + 2 \times L_2 - 2 \times$ 外皮差值 |
|  | 38d | d>25 | 梁全长 – 左端柱宽 – 右端柱宽 + 2×15.2d | | |
| 二级抗震 | 34d | d≤25 | 梁全长 – 左端柱宽 – 右端柱宽 + 2×13.6d | | |
|  | 38d | d>25 | 梁全长 – 左端柱宽 – 右端柱宽 + 2×15.2d | | |
| 三级抗震 | 31d | d≤25 | 梁全长 – 左端柱宽 – 右端柱宽 + 2×12.4d | | |
|  | 34d | d>25 | 梁全长 – 左端柱宽 – 右端柱宽 + 2×13.6d | | |
| 四级抗震 | (30d) | d≤25 | 梁全长 – 左端柱宽 – 右端柱宽 + 2×12d | | |
|  | (33d) | d>25 | 梁全长 – 左端柱宽 – 右端柱宽 + 2×13.2d | | |
| 非抗震级 | (30d) | d≤25 | 梁全长 – 左端柱宽 – 右端柱宽 + 2×12d | | |
|  | (33d) | d>25 | 梁全长 – 左端柱宽 – 右端柱宽 + 2×13.2d | | |

【例 4 – 34】已知抗震等级为一级的框架楼层连续梁，选用 HRB400 级钢筋，直径 $d =$ 22mm，C35 混凝土，梁全长 30m，两端柱宽度均为 500mm，求加工尺寸（即简图及其外皮尺寸）和下料长度尺寸。

【解】

$L_1 =$ 梁全长 – 左端柱宽度 – 右端柱宽度 + 14.8d

　　 $= 30000 - 500 - 500 + 2 \times 14.8 \times 22$

　　 $= 29651.2$ （mm）

$L_2 = 15d = 15 \times 22 = 330$ （mm）

下料长度 $= L_1 + 2 \times L_2 - 2 \times$ 外皮差值（外皮差值查表 2 – 3 得）

　　　　 $= 29651.2 + 2 \times 330 - 2 \times 2.931d$

　　　　 $\approx 30182$ （mm）

# 要点 9：边跨上部直角筋的加工下料尺寸计算及实例

## 1. 边跨上部一排直角筋的加工、下料尺寸计算原理

结合图 4 – 46 及图 4 – 47 可知，这是梁与边柱接交处，放置在梁的上部，承受负弯矩

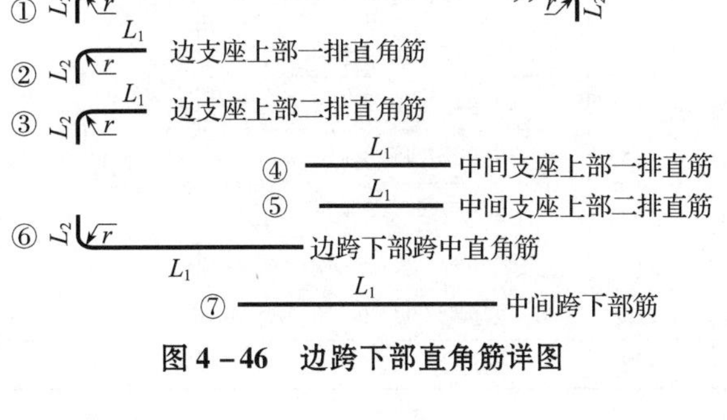

图 4 – 46　边跨下部直角筋详图

混凝土结构平法计算要点解析

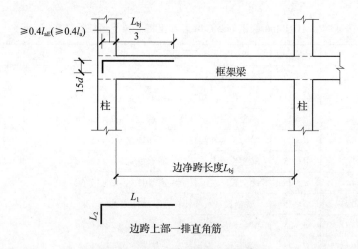

**图 4 – 47 边跨上部直角筋详图**

的直角形钢筋。筋的 $L_1$ 部分是由两部分组成，即由三分之一边净跨长度，加上 $0.4l_{aE}$。计算时参看表 4 – 8 ~ 表 4 – 13 进行。

**表 4 – 8 HRB335 级钢筋 C30 混凝土框架梁边跨上部一排直角筋计算表（mm）**

| 抗震等级 | $l_{aE}$（$l_a$） | 直径 | $L_1$ | $L_2$ | 下料长度 |
|---|---|---|---|---|---|
| 一级抗震 | $34d$ | $d \leqslant 25$ | 边净跨长度/3 + 13.6$d$ | | |
| | $38d$ | $d > 25$ | 边净跨长度/3 + 15.2$d$ | | |
| 二级抗震 | $34d$ | $d \leqslant 25$ | 边净跨长度/3 + 13.6$d$ | | |
| | $38d$ | $d > 25$ | 边净跨长度/3 + 15.2$d$ | | |
| 三级抗震 | $31d$ | $d \leqslant 25$ | 边净跨长度/3 + 12.4$d$ | $15d$ | $L_1 + L_2 -$ 外皮差值 |
| | $34d$ | $d > 25$ | 边净跨长度/3 + 13.6$d$ | | |
| 四级抗震 | （$30d$） | $d \leqslant 25$ | 边净跨长度/3 + 12$d$ | | |
| | （$33d$） | $d > 25$ | 边净跨长度/3 + 13.2$d$ | | |
| 非抗震级 | （$30d$） | $d \leqslant 25$ | 边净跨长度/3 + 12$d$ | | |
| | （$33d$） | $d > 25$ | 边净跨长度/3 + 13.2$d$ | | |

**表 4 – 9 HRB335 级钢筋 C35 混凝土框架梁边跨上部一排直角筋计算表（mm）**

| 抗震等级 | $l_{aE}$（$l_a$） | 直径 | $L_1$ | $L_2$ | 下料长度 |
|---|---|---|---|---|---|
| 一级抗震 | $31d$ | $d \leqslant 25$ | 边净跨长度/3 + 12.4$d$ | | |
| | $34d$ | $d > 25$ | 边净跨长度/3 + 13.6$d$ | | |
| 二级抗震 | $31d$ | $d \leqslant 25$ | 边净跨长度/3 + 12.4$d$ | | |
| | $34d$ | $d > 25$ | 边净跨长度/3 + 13.6$d$ | $15d$ | $L_1 + L_2 -$ 外皮差值 |
| 三级抗震 | $29d$ | $d \leqslant 25$ | 边净跨长度/3 + 11.6$d$ | | |
| | $31d$ | $d > 25$ | 边净跨长度/3 + 12.4$d$ | | |
| 四级抗震 | （$27d$） | $d \leqslant 25$ | 边净跨长度/3 + 10.8$d$ | | |
| | （$30d$） | $d > 25$ | 边净跨长度/3 + 12$d$ | | |

续表 4 – 9

| 抗震等级 | $l_{aE}$ ($l_a$) | 直径 | $L_1$ | $L_2$ | 下料长度 |
|---|---|---|---|---|---|
| 非抗震级 | (27$d$) | $d \leqslant 25$ | 边净跨长度/3 + 10.8$d$ | 15$d$ | $L_1 + L_2 -$ 外皮差值 |
| | (30$d$) | $d > 25$ | 边净跨长度/3 + 12$d$ | | |

表 4 – 10 HRB335 级钢筋 ≥C40 混凝土框架梁边跨上部一排直角筋计算表（mm）

| 抗震等级 | $l_{aE}$ ($l_a$) | 直径 | $L_1$ | $L_2$ | 下料长度 |
|---|---|---|---|---|---|
| 一级抗震 | 29$d$ | $d \leqslant 25$ | 边净跨长度/3 + 11.6$d$ | 15$d$ | $L_1 + L_2 -$ 外皮差值 |
| | 32$d$ | $d > 25$ | 边净跨长度/3 + 12.8$d$ | | |
| 二级抗震 | 29$d$ | $d \leqslant 25$ | 边净跨长度/3 + 11.6$d$ | | |
| | 32$d$ | $d > 25$ | 边净跨长度/3 + 12.8$d$ | | |
| 三级抗震 | 26$d$ | $d \leqslant 25$ | 边净跨长度/3 + 10.4$d$ | | |
| | 29$d$ | $d > 25$ | 边净跨长度/3 + 11.6$d$ | | |
| 四级抗震 | (25$d$) | $d \leqslant 25$ | 边净跨长度/3 + 10$d$ | | |
| | (27$d$) | $d > 25$ | 边净跨长度/3 + 10.8$d$ | | |
| 非抗震级 | (25$d$) | $d \leqslant 25$ | 边净跨长度/3 + 10$d$ | | |
| | (27$d$) | $d > 25$ | 边净跨长度/3 + 10.8$d$ | | |

表 4 – 11 HRB400 级钢筋 C30 混凝土框架梁边跨上部一排直角筋计算表（mm）

| 抗震等级 | $l_{aE}$ ($l_a$) | 直径 | $L_1$ | $L_2$ | 下料长度 |
|---|---|---|---|---|---|
| 一级抗震 | 41$d$ | $d \leqslant 25$ | 边净跨长度/3 + 16.4$d$ | 15$d$ | $L_1 + L_2 -$ 外皮差值 |
| | 45$d$ | $d > 25$ | 边净跨长度/3 + 18$d$ | | |
| 二级抗震 | 41$d$ | $d \leqslant 25$ | 边净跨长度/3 + 16.4$d$ | | |
| | 45$d$ | $d > 25$ | 边净跨长度/3 + 18$d$ | | |
| 三级抗震 | 37$d$ | $d \leqslant 25$ | 边净跨长度/3 + 14.8$d$ | | |
| | 41$d$ | $d > 25$ | 边净跨长度/3 + 16.4$d$ | | |
| 四级抗震 | (36$d$) | $d \leqslant 25$ | 边净跨长度/3 + 14.4$d$ | | |
| | (39$d$) | $d > 25$ | 边净跨长度/3 + 15.6$d$ | | |
| 非抗震级 | (36$d$) | $d \leqslant 25$ | 边净跨长度/3 + 14.4$d$ | | |
| | (39$d$) | $d > 25$ | 边净跨长度/3 + 15.6$d$ | | |

表 4 – 12 HRB400 级钢筋 C35 混凝土框架梁边跨上部一排直角筋计算表（mm）

| 抗震等级 | $l_{aE}$ ($l_a$) | 直径 | $L_1$ | $L_2$ | 下料长度 |
|---|---|---|---|---|---|
| 一级抗震 | 37$d$ | $d \leqslant 25$ | 边净跨长度/3 + 14.8$d$ | 15$d$ | $L_1 + L_2 -$ 外皮差值 |
| | 41$d$ | $d > 25$ | 边净跨长度/3 + 16.4$d$ | | |
| 二级抗震 | 37$d$ | $d \leqslant 25$ | 边净跨长度/3 + 14.8$d$ | | |
| | 41$d$ | $d > 25$ | 边净跨长度/3 + 16.4$d$ | | |

续表 4－12

| 抗震等级 | $l_{aE}$ ($l_a$) | 直径 | $L_1$ | $L_2$ | 下料长度 |
|---|---|---|---|---|---|
| 三级抗震 | 34$d$ | $d \leqslant 25$ | 边净跨长度/3 + 13.6$d$ | 15$d$ | $L_1 + L_2$ － 外皮差值 |
| | 38$d$ | $d > 25$ | 边净跨长度/3 + 15.2$d$ | | |
| 四级抗震 | (33$d$) | $d \leqslant 25$ | 边净跨长度/3 + 13.2$d$ | | |
| | (36$d$) | $d > 25$ | 边净跨长度/3 + 14.4$d$ | | |
| 非抗震级 | (33$d$) | $d \leqslant 25$ | 边净跨长度/3 + 13.2$d$ | | |
| | (36$d$) | $d > 25$ | 边净跨长度/3 + 14.4$d$ | | |

表 4－13　HRB400 级钢筋 ≥ C40 混凝土框架梁边跨上部一排直角筋计算表（mm）

| 抗震等级 | $l_{aE}$ ($l_a$) | 直径 | $L_1$ | $L_2$ | 下料长度 |
|---|---|---|---|---|---|
| 一级抗震 | 34$d$ | $d \leqslant 25$ | 边净跨长度/3 + 13.6$d$ | 15$d$ | $L_1 + L_2$ － 外皮差值 |
| | 38$d$ | $d > 25$ | 边净跨长度/3 + 15.2$d$ | | |
| 二级抗震 | 34$d$ | $d \leqslant 25$ | 边净跨长度/3 + 13.6$d$ | | |
| | 38$d$ | $d > 25$ | 边净跨长度/3 + 15.2$d$ | | |
| 三级抗震 | 31$d$ | $d \leqslant 25$ | 边净跨长度/3 + 12.4$d$ | | |
| | 34$d$ | $d > 25$ | 边净跨长度/3 + 13.6$d$ | | |
| 四级抗震 | (30$d$) | $d \leqslant 25$ | 边净跨长度/3 + 12$d$ | | |
| | (33$d$) | $d > 25$ | 边净跨长度/3 + 13.2$d$ | | |
| 非抗震级 | (30$d$) | $d \leqslant 25$ | 边净跨长度/3 + 12$d$ | | |
| | (33$d$) | $d > 25$ | 边净跨长度/3 + 13.2$d$ | | |

## 2. 边跨上部二排直角筋的加工、下料尺寸计算

边跨上部二排直角筋的加工、下料尺寸和边跨上部一排直角筋的加工、下料尺寸的计算方法基本相同，仅差在 $L_1$ 中前者是四分之一边净跨度，而后者是三分之一边净跨度，如图 4－48 所示。

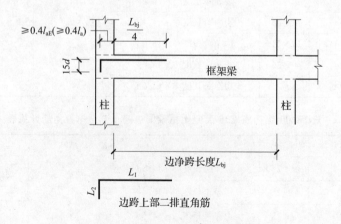

图 4－48　边跨上部二排直角筋详图

计算方法与前节类似，计算步骤此处就省略了。

【例 4 – 35】已知抗震等级为三级的框架楼层连续梁，选用 HRB335 级钢筋，直径 $d =$ 24mm，C30 混凝土，边净跨长度为 5m，求加工尺寸（即简图及其外皮尺寸）和下料长度尺寸。

【解】

$L_1 =$ 三分之一边净跨长度 $+ 0.4l_{aE}$（查表 4 – 8 可得）

$\quad = 5000/3 + 12.4d$

$\quad \approx 1667 + 12.4 \times 24$

$\quad \approx 1965$（mm）

$L_2 = 15d$

$\quad = 15 \times 24$

$\quad = 360$（mm）

下料长度 $= L_1 + L_2 -$ 外皮差值（外皮差值查表 2 – 3 可得）

$\quad\quad\quad = 1965 + 360 - 2.931d$

$\quad\quad\quad = 1965 + 360 - 2.931 \times 24$

$\quad\quad\quad \approx 2255$（mm）

## 要点 10：中间支座上部直筋的加工下料尺寸计算及实例

**1. 中间支座上部一排直筋的加工、下料尺寸计算原理**

图 4 – 49 所示为中间支座上部一排直筋的示意图，此类直筋的加工、下料尺寸只需取其左、右两净跨长度大者的三分之一再乘以 2，而后加入中间柱宽即可。

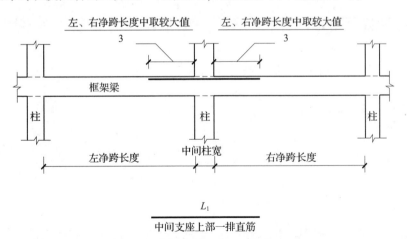

图 4 – 49  中间支座上部一排直筋详图

设：左净跨长度 $= L_{左}$；右净跨长度 $= L_{右}$；左、右净跨长度中取较大值 $= L_{大}$。则有：

$$L_1 = 2 \times L_{大}/3 + 中间柱宽 \quad\quad (4 - 26)$$

**2. 中间支座上部二排直筋的加工、下料尺寸**

如图 4 – 50 所示，中间支座上部二排直筋的加工、下料尺寸计算与一排直筋基本相同，只是取左、右两跨长度大的四分之一进行计算。

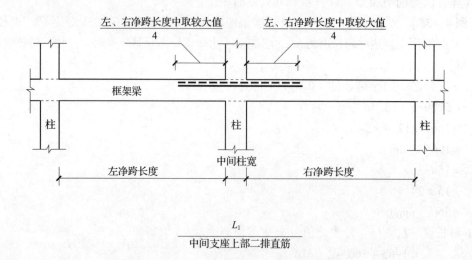

$L_1$
中间支座上部二排直筋

**图 4-50 中间支座上部二排直筋详图**

设：左净跨长度 $=L_左$；右净跨长度 $=L_右$；左、右净跨长度中取较大值 $=L_大$。则有：

$$L_1 = 2 \times L_大/4 + 中间柱宽 \tag{4-27}$$

**【例 4-36】** 已知框架楼层连续梁，直径 $d = 24\text{mm}$，左净跨长度为 5.5m，右净跨长度为 5.4m，柱宽为 450mm，求钢筋下料长度尺寸。

**【解】**

$$L_1 = 2 \times 5500/3 + 450 \approx 4117 \ （\text{mm}）$$

## 要点 11：边跨下部跨中直角筋的加工下料尺寸计算及实例

如图 4-51 所示，$L_1$ 是由三部分组成，即锚入边柱部分、锚入中柱部分、边净跨度部分。

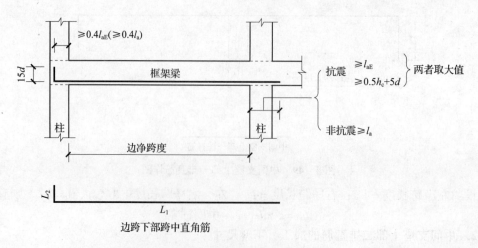

**图 4-51 边跨下部跨中直角筋详图**

$$下料长度 = L_1 + L_2 - 外皮差值 \qquad (4-28)$$

具体计算见表4-14~表4-19。在表4-14~表4-19的注中，提及的 $h_c$ 系指框架方向柱宽。

**表4-14　HRB335级钢筋C30混凝土框架梁边跨下部跨中直角筋计算表（mm）**

| 抗震等级 | $l_{aE}$（$l_a$） | 直径 | $L_1$ | $L_2$ | 下料长度 |
|---|---|---|---|---|---|
| 一级抗震 | $34d$ | $d \leqslant 25$ | $13.6d + 边净跨度 + 锚固值$ | | |
| | $38d$ | $d > 25$ | $15.2d + 边净跨度 + 锚固值$ | | |
| 二级抗震 | $34d$ | $d \leqslant 25$ | $13.6d + 边净跨度 + 锚固值$ | | |
| | $38d$ | $d > 25$ | $15.2d + 边净跨度 + 锚固值$ | | |
| 三级抗震 | $31d$ | $d \leqslant 25$ | $12.4d + 边净跨度 + 锚固值$ | $15d$ | $L_1 + L_2 - 外皮差值$ |
| | $34d$ | $d > 25$ | $13.6d + 边净跨度 + 锚固值$ | | |
| 四级抗震 | （$30d$） | $d \leqslant 25$ | $12d + 边净跨度 + 锚固值$ | | |
| | （$33d$） | $d > 25$ | $13.2d + 边净跨度 + 锚固值$ | | |
| 非抗震级 | （$30d$） | $d \leqslant 25$ | $12d + 边净跨度 + 30d$ | | |
| | （$33d$） | $d > 25$ | $13.2d + 边净跨度 + 33d$ | | |

注：$l_{aE}$ 与 $0.5h_c + 5d$，两者取大值，令其等于"锚固值"；外皮差值查表2-3。

**表4-15　HRB335级钢筋C35混凝土框架梁边跨下部跨中直角筋计算表（mm）**

| 抗震等级 | $l_{aE}$（$l_a$） | 直径 | $L_1$ | $L_2$ | 下料长度 |
|---|---|---|---|---|---|
| 一级抗震 | $31d$ | $d \leqslant 25$ | $12.4d + 边净跨度 + 锚固值$ | | |
| | $34d$ | $d > 25$ | $13.6d + 边净跨度 + 锚固值$ | | |
| 二级抗震 | $31d$ | $d \leqslant 25$ | $12.4d + 边净跨度 + 锚固值$ | | |
| | $34d$ | $d > 25$ | $13.6d + 边净跨度 + 锚固值$ | | |
| 三级抗震 | $29d$ | $d \leqslant 25$ | $11.6d + 边净跨度 + 锚固值$ | $15d$ | $L_1 + L_2 - 外皮差值$ |
| | $31d$ | $d > 25$ | $12.4d + 边净跨度 + 锚固值$ | | |
| 四级抗震 | （$27d$） | $d \leqslant 25$ | $10.8d + 边净跨度 + 锚固值$ | | |
| | （$30d$） | $d > 25$ | $12d + 边净跨度 + 锚固值$ | | |
| 非抗震级 | （$27d$） | $d \leqslant 25$ | $10.8d + 边净跨度 + 27d$ | | |
| | （$30d$） | $d > 25$ | $12d + 边净跨度 + 30d$ | | |

注：$l_{aE}$ 与 $0.5h_c + 5d$，两者取大值，令其等于"锚固值"；外皮差值查表2-3。

**表4-16　HRB335级钢筋≥C40混凝土框架梁边跨下部跨中直角筋计算表（mm）**

| 抗震等级 | $l_{aE}$（$l_a$） | 直径 | $L_1$ | $L_2$ | 下料长度 |
|---|---|---|---|---|---|
| 一级抗震 | $29d$ | $d \leqslant 25$ | $11.6d + 边净跨度 + 锚固值$ | | |
| | $32d$ | $d > 25$ | $12.8d + 边净跨度 + 锚固值$ | $15d$ | $L_1 + L_2 - 外皮差值$ |
| 二级抗震 | $29d$ | $d \leqslant 25$ | $11.6d + 边净跨度 + 锚固值$ | | |
| | $32d$ | $d > 25$ | $12.8d + 边净跨度 + 锚固值$ | | |

续表 4 – 16

| 抗震等级 | $l_{aE}$ ($l_a$) | 直径 | $L_1$ | $L_2$ | 下料长度 |
|---|---|---|---|---|---|
| 三级抗震 | 26d | d≤25 | 10.4d + 边净跨度 + 锚固值 | 15d | $L_1 + L_2$ – 外皮差值 |
| | 29d | d>25 | 11.6d + 边净跨度 + 锚固值 | | |
| 四级抗震 | (25d) | d≤25 | 10d + 边净跨度 + 锚固值 | | |
| | (27d) | d>25 | 10.8d + 边净跨度 + 锚固值 | | |
| 非抗震级 | (25d) | d≤25 | 10d + 边净跨度 + 25d | | |
| | (27d) | d>25 | 10.8d + 边净跨度 + 27d | | |

注：$l_{aE}$ 与 $0.5h_c + 5d$，两者取大值，令其等于"锚固值"；外皮差值查表 2 – 3。

**表 4 – 17　HRB400 级钢筋 C30 混凝土框架梁边跨下部跨中直角筋计算表（mm）**

| 抗震等级 | $l_{aE}$ ($l_a$) | 直径 | $L_1$ | $L_2$ | 下料长度 |
|---|---|---|---|---|---|
| 一级抗震 | 41d | d≤25 | 16.4d + 边净跨度 + 锚固值 | 15d | $L_1 + L_2$ – 外皮差值 |
| | 45d | d>25 | 18d + 边净跨度 + 锚固值 | | |
| 二级抗震 | 41d | d≤25 | 16.4d + 边净跨度 + 锚固值 | | |
| | 45d | d>25 | 18d + 边净跨度 + 锚固值 | | |
| 三级抗震 | 37d | d≤25 | 14.8d + 边净跨度 + 锚固值 | | |
| | 41d | d>25 | 16.4d + 边净跨度 + 锚固值 | | |
| 四级抗震 | (36d) | d≤25 | 14.4d + 边净跨度 + 锚固值 | | |
| | (39d) | d>25 | 15.6d + 边净跨度 + 锚固值 | | |
| 非抗震级 | (36d) | d≤25 | 14.4d + 边净跨度 + 36d | | |
| | (39d) | d>25 | 15.6d + 边净跨度 + 39d | | |

注：$l_{aE}$ 与 $0.5h_c + 5d$，两者取大值，令其等于"锚固值"；外皮差值查表 2 – 3。

**表 4 – 18　HRB400 级钢筋 C35 混凝土框架梁边跨下部跨中直角筋计算表（mm）**

| 抗震等级 | $l_{aE}$ ($l_a$) | 直径 | $L_1$ | $L_2$ | 下料长度 |
|---|---|---|---|---|---|
| 一级抗震 | 37d | d≤25 | 14.8d + 边净跨度 + 锚固值 | 15d | $L_1 + L_2$ – 外皮差值 |
| | 41d | d>25 | 16.4d + 边净跨度 + 锚固值 | | |
| 二级抗震 | 37d | d≤25 | 14.8d + 边净跨度 + 锚固值 | | |
| | 41d | d>25 | 16.4d + 边净跨度 + 锚固值 | | |
| 三级抗震 | 34d | d≤25 | 13.6d + 边净跨度 + 锚固值 | | |
| | 38d | d>25 | 15.2d + 边净跨度 + 锚固值 | | |
| 四级抗震 | (33d) | d≤25 | 13.2d + 边净跨度 + 锚固值 | | |
| | (36d) | d>25 | 14.4d + 边净跨度 + 锚固值 | | |
| 非抗震级 | (33d) | d≤25 | 13.2d + 边净跨度 + 33d | | |
| | (36d) | d>25 | 14.4d + 边净跨度 + 36d | | |

注：$l_{aE}$ 与 $0.5h_c + 5d$，两者取大值，令其等于"锚固值"；外皮差值查表 2 – 3。

表 4 – 19 　HRB400 级钢筋 ≥ C40 混凝土框架梁边跨下部跨中直角筋计算表 （mm）

| 抗震等级 | $l_{aE}$ （$l_a$） | 直径 | $L_1$ | $L_2$ | 下料长度 |
|---|---|---|---|---|---|
| 一级抗震 | $34d$ | $d \leq 25$ | $13.6d$ + 边净跨度 + 锚固值 | | |
| | $38d$ | $d > 25$ | $15.2d$ + 边净跨度 + 锚固值 | | |
| 二级抗震 | $34d$ | $d \leq 25$ | $13.6d$ + 边净跨度 + 锚固值 | | |
| | $38d$ | $d > 25$ | $15.2d$ + 边净跨度 + 锚固值 | | |
| 三级抗震 | $31d$ | $d \leq 25$ | $12.4d$ + 边净跨度 + 锚固值 | $15d$ | $L_1 + L_2$ − 外皮差值 |
| | $34d$ | $d > 25$ | $13.6d$ + 边净跨度 + 锚固值 | | |
| 四级抗震 | （$30d$） | $d \leq 25$ | $12d$ + 边净跨度 + 锚固值 | | |
| | （$33d$） | $d > 25$ | $13.2d$ + 边净跨度 + 锚固值 | | |
| 非抗震级 | （$30d$） | $d \leq 25$ | $12d$ + 边净跨度 + $30d$ | | |
| | （$33d$） | $d > 25$ | $13.2d$ + 边净跨度 + $33d$ | | |

注：$l_{aE}$ 与 $0.5h_c + 5d$，两者取大值，令其等于"锚固值"；外皮差值查表 2 – 3。

【例 4 – 37】已知抗震等级为四级的框架楼层连续梁，选用 HRB335 级钢筋，直径 $d =$ 24mm，C30 混凝土，边净跨长度为 5.5m，柱宽 450mm，求加工尺寸（即简图及其外皮尺寸）和下料长度尺寸。

【解】

$l_{aE} = 30d = 720$mm

$0.5h_c + 5d = 225 + 120 = 345$ （mm）

取 720mm。

$L_1 = 12d + 5500 + 720 = 6508$ （mm）

$L_2 = 15d = 360$ （mm）

下料长度 $= L_1 + L_2 -$ 外皮差值 $= 6508 + 360 - 2.931d \approx 6798$ （mm）

## 要点 12：中间跨下部筋的加工下料尺寸计算及实例

由图 4 – 52 可知，$L_1$ 是由三部分组成的，即锚入左柱部分、锚入右柱部分、中间净跨长度。

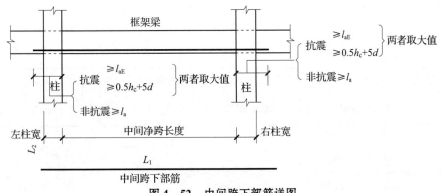

图 4 –52 　中间跨下部筋详图

下料长度 $L_1$ = 中间净跨长度 + 锚入左柱部分 + 锚入右柱部分    (4 - 29)

锚入左柱部分、锚入右柱部分经取较大值后，各称为"左锚固值"、"右锚固值"。请注意，当左、右两柱的宽度不一样时，两个"锚固值"是不相等的。

具体计算见表4 - 20 ~ 表4 - 25。在表4 - 20 ~ 表4 - 25 的注中，提及的 $h_c$ 系指沿框架方向柱宽。

**表4 - 20    HRB335 级钢筋 C30 混凝土框架梁中间跨下部筋计算表 （mm）**

| 抗震等级 | $l_{aE}$（$l_a$） | 直径 | $L_1$ | $L_2$ | 下料长度 |
|---|---|---|---|---|---|
| 一级抗震 | 34d | $d \leqslant 25$ | 左锚固值 + 中间净跨长度 + 右锚固值 | 15d | $L_1$ |
| | 38d | $d > 25$ | | | |
| 二级抗震 | 34d | $d \leqslant 25$ | | | |
| | 38d | $d > 25$ | | | |
| 三级抗震 | 31d | $d \leqslant 25$ | | | |
| | 34d | $d > 25$ | | | |
| 四级抗震 | (30d) | $d \leqslant 25$ | | | |
| | (33d) | $d > 25$ | | | |
| 非抗震级 | (30d) | $d \leqslant 25$ | | | |
| | (33d) | $d > 25$ | | | |

注：$l_{aE}$ 与 $0.5h_c + 5d$，两者取大值，令其等于"锚固值"；外皮差值查表2 - 3。

**表4 - 21    HRB335 级钢筋 C35 混凝土框架梁中间跨下部筋计算表 （mm）**

| 抗震等级 | $l_{aE}$（$l_a$） | 直径 | $L_1$ | $L_2$ | 下料长度 |
|---|---|---|---|---|---|
| 一级抗震 | 31d | $d \leqslant 25$ | 左锚固值 + 中间净跨长度 + 右锚固值 | 15d | $L_1$ |
| | 34d | $d > 25$ | | | |
| 二级抗震 | 31d | $d \leqslant 25$ | | | |
| | 34d | $d > 25$ | | | |
| 三级抗震 | 29d | $d \leqslant 25$ | | | |
| | 31d | $d > 25$ | | | |
| 四级抗震 | (27d) | $d \leqslant 25$ | | | |
| | (30d) | $d > 25$ | | | |
| 非抗震级 | (27d) | $d \leqslant 25$ | | | |
| | (30d) | $d > 25$ | | | |

注：$l_{aE}$ 与 $0.5h_c + 5d$，两者取大值，令其等于"锚固值"；外皮差值查表2 - 3。

**表4 - 22    HRB335 级钢筋 ≥C40 混凝土框架梁中间跨下部筋计算表 （mm）**

| 抗震等级 | $l_{aE}$（$l_a$） | 直径 | $L_1$ | $L_2$ | 下料长度 |
|---|---|---|---|---|---|
| 一级抗震 | 29d | $d \leqslant 25$ | 左锚固值 + 中间净跨长度 + 右锚固值 | 15d | $L_1$ |
| | 32d | $d > 25$ | | | |

续表 4-22

| 抗震等级 | $l_{aE}$ ($l_a$) | 直径 | $L_1$ | $L_2$ | 下料长度 |
|---|---|---|---|---|---|
| 二级抗震 | 29$d$ | $d \leqslant 25$ | 左锚固值 + 中间净跨长度 + 右锚固值 | 15$d$ | $L_1$ |
| | 32$d$ | $d > 25$ | | | |
| 三级抗震 | 26$d$ | $d \leqslant 25$ | | | |
| | 29$d$ | $d > 25$ | | | |
| 四级抗震 | (25$d$) | $d \leqslant 25$ | | | |
| | (27$d$) | $d > 25$ | | | |
| 非抗震级 | (25$d$) | $d \leqslant 25$ | | | |
| | (27$d$) | $d > 25$ | | | |

注：$l_{aE}$ 与 $0.5h_c + 5d$，两者取大值，令其等于"锚固值"；外皮差值查表 2-3。

**表 4-23　HRB400 级钢筋 C30 混凝土框架梁中间跨下部筋计算表（mm）**

| 抗震等级 | $l_{aE}$ ($l_a$) | 直径 | $L_1$ | $L_2$ | 下料长度 |
|---|---|---|---|---|---|
| 一级抗震 | 41$d$ | $d \leqslant 25$ | 左锚固值 + 中间净跨长度 + 右锚固值 | 15$d$ | $L_1$ |
| | 45$d$ | $d > 25$ | | | |
| 二级抗震 | 41$d$ | $d \leqslant 25$ | | | |
| | 45$d$ | $d > 25$ | | | |
| 三级抗震 | 37$d$ | $d \leqslant 25$ | | | |
| | 41$d$ | $d > 25$ | | | |
| 四级抗震 | (36$d$) | $d \leqslant 25$ | | | |
| | (39$d$) | $d > 25$ | | | |
| 非抗震级 | (36$d$) | $d \leqslant 25$ | | | |
| | (39$d$) | $d > 25$ | | | |

注：$l_{aE}$ 与 $0.5h_c + 5d$，两者取大值，令其等于"锚固值"；外皮差值查表 2-3。

**表 4-24　HRB400 级钢筋 C35 混凝土框架梁中间跨下部筋计算表（mm）**

| 抗震等级 | $l_{aE}$ ($l_a$) | 直径 | $L_1$ | $L_2$ | 下料长度 |
|---|---|---|---|---|---|
| 一级抗震 | 37$d$ | $d \leqslant 25$ | 左锚固值 + 中间净跨长度 + 右锚固值 | 15$d$ | $L_1$ |
| | 41$d$ | $d > 25$ | | | |
| 二级抗震 | 37$d$ | $d \leqslant 25$ | | | |
| | 41$d$ | $d > 25$ | | | |
| 三级抗震 | 34$d$ | $d \leqslant 25$ | | | |
| | 38$d$ | $d > 25$ | | | |
| 四级抗震 | (33$d$) | $d \leqslant 25$ | | | |
| | (36$d$) | $d > 25$ | | | |
| 非抗震级 | (33$d$) | $d \leqslant 25$ | | | |
| | (36$d$) | $d > 25$ | | | |

注：$l_{aE}$ 与 $0.5h_c + 5d$，两者取大值，令其等于"锚固值"；外皮差值查表 2-3。

表 4 - 25　HRB400 级钢筋 ≥C40 混凝土框架梁中间跨下部筋计算表　（mm）

| 抗震等级 | $l_{aE}$（$l_a$） | 直径 | $L_1$ | $L_2$ | 下料长度 |
|---|---|---|---|---|---|
| 一级抗震 | $34d$ | $d \leqslant 25$ | | | |
| | $38d$ | $d > 25$ | | | |
| 二级抗震 | $34d$ | $d \leqslant 25$ | | | |
| | $38d$ | $d > 25$ | | | |
| 三级抗震 | $31d$ | $d \leqslant 25$ | 左锚固值 + 中间净跨长度 + 右锚固值 | $15d$ | $L_1$ |
| | $34d$ | $d > 25$ | | | |
| 四级抗震 | $(30d)$ | $d \leqslant 25$ | | | |
| | $(33d)$ | $d > 25$ | | | |
| 非抗震级 | $(30d)$ | $d \leqslant 25$ | | | |
| | $(33d)$ | $d > 25$ | | | |

注：$l_{aE}$ 与 $0.5h_c + 5d$，两者取大值，令其等于"锚固值"；外皮差值查表 2 - 3。

【例 4 - 38】已知抗震等级为三级的框架楼层连续梁，选用 HRB335 级钢筋，直径 $d = 24mm$，C30 混凝土，中间净跨长度为 5m，左柱宽 450mm，右柱宽 550mm，求加工尺寸（即简图及其外皮尺寸）和下料长度尺寸。

【解】

参见表 4 - 20，求 $l_{aE}$：

$l_{aE} = 31d = 31 \times 24 = 744$（mm）

求左锚固值：

$0.5h_c + 5d = 0.5 \times 450 + 5 \times 24 = 225 + 120$
$= 345$（mm）

345mm 与 744mm 比较，左锚固值取 744mm。

求右锚固值：

$0.5h_c + 5d = 0.5 \times 550 + 5 \times 24 = 275 + 120$
$= 395$（mm）

395mm 与 744mm 比较，右锚固值取 744mm。

求 $L_1$（这里 $L_1 =$ 下料长度）：

$L_1 = 744 + 5000 + 744 = 6488$（mm）

## 要点 13：边跨和中跨搭接架立筋的下料尺寸计算及实例

### 1. 边跨搭接架立筋的下料尺寸计算原理

图 4 - 53 所示为架立筋与左右净跨长度、边净跨长度以及搭接长度的关系。

计算时，首先需要知道和哪个筋搭接。边跨搭接架立筋是要和两根筋搭接：一端是和边跨上部一排直角筋的水平端搭接；另一端是和中间支座上部一排直筋搭接。搭接长度有规定，结构为抗震时：有贯通筋时为 150mm，无贯通筋时为 $l_{lE}$。考虑此架立筋是构造需要，建议 $l_{lE}$ 按 $1.2l_{aE}$ 取值。结构为非抗震时，搭接长度为 150mm。

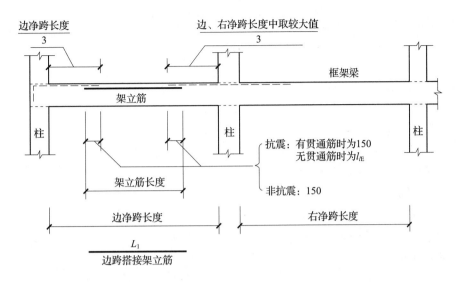

**图 4 – 53 架立筋与左右净跨长度、边跨长度及搭接长度的关系**

计算方法如下：

边净跨长度 –（边净跨长度/3）–（左、右净跨长度中取较大值/3）

$$+2（搭接长度） \qquad (4-30)$$

**2. 中跨搭接架立筋的下料尺寸计算**

图 4 – 54 所示为中跨搭接架立筋与左、右净跨长度及中间跨净跨长度的关系。

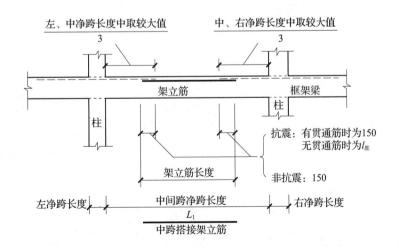

**图 4 – 54 中跨搭接架立筋与左、右净跨长度及中间跨净跨长度的关系**

中跨搭接架立筋的下料尺寸计算，与边跨搭接架立筋的下料尺寸计算基本相同。只是把边跨改成了中间跨而已。

【例 4 – 39】已知梁已有贯通筋，边净跨长度为 6.5m，右净跨长度为 6m，求架立筋的长度。

**【解】**

因为边净跨长度比左净跨长度大，所以：

6500 − 6500/3 − 6500/3 + 2 × 150 ≈ 2467（mm）

# 要点 14：角部附加筋的加工下料尺寸计算及实例

**1. 角部附加筋的计算**

角部附加筋是用在顶层屋面梁与边角柱的节点处，因此，它的加工弯曲半径 $R = 6d$，如图 4 – 55 所示。

**2. 其余钢筋的计算**

下部贯通筋和侧面纵向抗扭钢筋的加工、下料尺寸，计算方法同上部贯通筋。梁侧面纵向构造钢筋属于不需计算的，伸至梁端（前 30mm）即可。

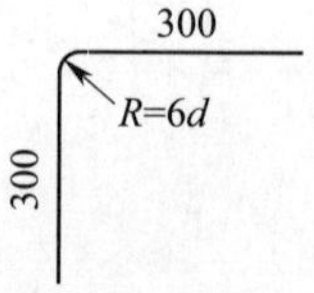

图 4 – 55　角部附加筋
弯曲半径详图

**【例 4 – 40】** 如图 4 – 55 所示，设 $d = 20$mm，求其下料长度。

**【解】**

下料长度 = 300 + 300 − 外皮差值。外皮差值查表 2 – 3，为 3.79d。

下料长度 = 300 + 300 − 3.79 × 20

$\qquad = 600 − 3.79 × 20$

$\qquad ≈ 524$（mm）

# 要点 15：附加吊筋下料计算

1）附加吊筋的计算尺寸如图 4 – 56 所示。

$$L_1 = 20d \qquad (4 – 31)$$
$$L_2 = （梁高 h − 2 × 梁筋保护层厚）/\sin\alpha \qquad (4 – 32)$$
$$L_3 = 100 + b \qquad (4 – 33)$$

2）附加吊筋下料长度：

$$L = L_1 + L_2 + L_3 − 4 × 45°（60°）差值 \qquad (4 – 34)$$

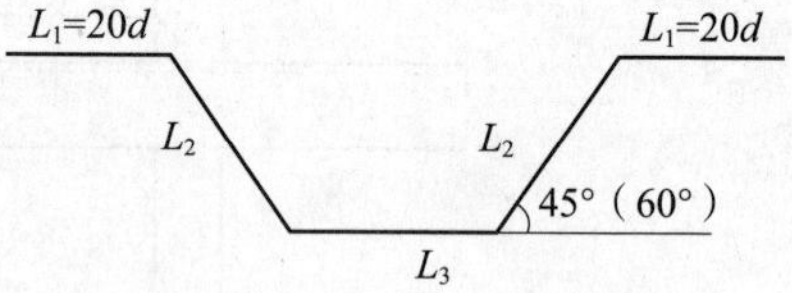

图 4 – 56　附加吊筋计算尺寸

# 要点 16：悬挑梁钢筋计算及实例

悬挑梁（XL）的钢筋构造如图 4 – 57 所示。

**【例 4 – 41】** 框架梁 KL8（2A）平法施工图如图 4 – 58 所示，试求 KL8（2A）悬挑端的上部第一排纵筋。其中，混凝土强度等级为 C30，抗震等级为一级。

**【解】**

由混凝土强度等级 C30 和一级抗震，查表 2 – 2 得：梁纵筋混凝土保护层厚度 $c_{梁} = 20$mm，支座纵筋钢筋混凝土保护层厚度 $c_{支座} = 20$mm。

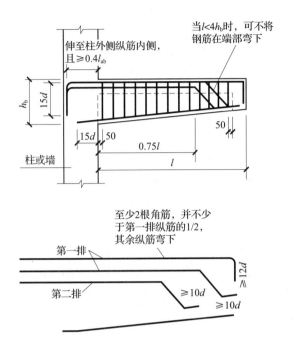

图 4-57 悬挑梁（XL）的钢筋构造

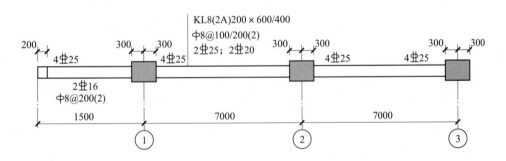

图 4-58 框架梁 KL8（2A）平法施工图

上部第一排纵筋长度 = 悬挑端长度 + 悬挑远端下弯 + 支座①宽度 + 第 1 跨内延伸长度：

悬挑端长度 = 1500 - 30020 = 1180 （mm）

第 1 跨内延伸长度 = （7000600）/3 = 2133 （mm）

支座①宽度 = 600mm

悬挑远端下弯 = 12 × 25 = 300 （mm）

总长度 = 1180 + 300 + 600 + 2133 = 4213 （mm）

【例 4-42】 框架梁 KL9（2A）平法施工图如图 4-59 所示，试求 KL9（2A）悬挑端的上部第一排纵筋。其中，混凝土强度等级为 C30，抗震等级为一级。

【解】

由混凝土强度等级 C30 和一级抗震，查表 2-2 得：梁纵筋混凝土保护层厚度 $c_{梁}$ = 20mm，支座纵筋钢筋混凝土保护层厚度 $c_{支座}$ = 20mm。

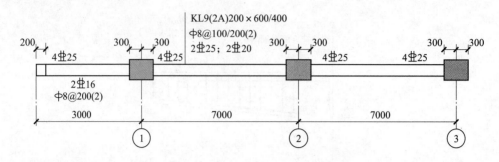

图 4-59　框架梁 KL9（2A）平法施工图

上部第一排纵筋长度 = 悬挑端下平直段长度 + 悬挑端下弯斜长 + 悬挑端上平直段 + 支座①宽度 + 第 1 跨内延伸长度：

悬挑端下平直段长度 $= 10d - 10 \times 25 = 250$（mm）

悬挑端下弯斜长 $= \sqrt{(400-40)^2 + (400-40)^2} \approx 510$（mm）

悬挑端上平直段长度 $= 3000 - 300 - 20 - 250350 = 2080$（mm）

支座①宽度 $= 600$mm

第 1 跨内延伸长度 $= (7000 - 600)/3 = 2133$（mm）

总长度 $= 250 + 510 + 2080 + 600 + 2133 = 5573$（mm）

【例 4-43】框架梁 KL10（2A）平法施工图如图 4-60 所示，试求 KL10（2A）悬挑端的上部第二排纵筋。其中，混凝土强度等级为 C30，抗震等级为一级。

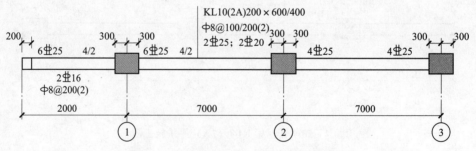

图 4-60　框架梁 KL10（2A）平法施工图

【解】

由混凝土强度等级 C30 和一级抗震，查表 2-2 得：梁纵筋混凝土保护层厚度 $c_{梁} = 20$mm，支座纵筋钢筋混凝土保护层厚度 $c_{支座} = 20$mm。

上部第二排纵筋长度 = 悬挑端下平直段长度 + 支座①宽度 + 第 1 跨内延伸长度：

悬挑端下平直段长度 $= (2000 - 300) \times 0.75 = 1275$（mm）

支座①宽度 $= 600$mm

第 1 跨内延伸长度 $= 7000 - 600)/4 = 1600$（mm）

总长度 $= 1275 + 600 + 1600 = 3475$（mm）

【例 4-44】框架梁 KL11（2A）平法施工图如图 4-61 所示，试求 KL11（2A）悬挑端的下部钢筋。其中，混凝土强度等级为 C30，抗震等级为一级。

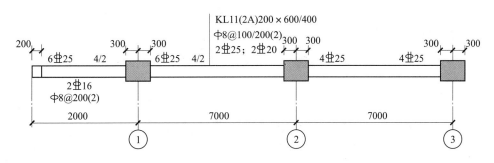

**图 4 - 61  框架梁 KL11（2A）平法施工图**

【解】

由混凝土强度等级 C30 和一级抗震，查表 2 - 2 得：梁纵筋混凝土保护层厚度 $c_{梁}$ = 20mm，支座纵筋钢筋混凝土保护层厚度 $c_{支座}$ = 20mm。

悬挑端下部钢筋长度 = 净长 + 锚固

$$= 2000 - 300 - 20 + 15d$$
$$= 2000 - 300 - 20 + 15 \times 16$$
$$= 1920 \ （mm）$$

# 第5章 板

## 要点1：有梁楼盖楼面板和屋面板配筋计算及实例

1）有梁楼盖楼面板和屋面板配筋构造如图 5-1 所示。

2）板在端部支座的锚固构造如图 5-2 所示。

【例 5-1】有梁楼盖屋面板 LB1 平法施工图如图 5-3 所示，试求 LB1 的板底筋。其中，混凝土强度等级为 C30，抗震等级为一级。

【解】

由混凝土强度等级 C30 和一级抗震，查表 2-2 得：

梁钢筋混凝土保护层厚度 $c_梁 = 20mm$，板钢筋混凝土保护层厚度 $c_板 = 15mm$。

本节计算中，板底筋的起步距离为 1/2 板底筋间距。

（1）X Φ10@100

长度 = 净长 + 端支座锚固 + 弯钩长度

$\quad = (3600 - 300) + 2 \times max(h_b/2, 5d) + 2 \times 180°弯钩长度（6.25d）$

$\quad = 3300 + 2 \times 150 + 2 \times 6.25 \times 10$

$\quad = 3725（mm）$

根数 = （钢筋布置范围长度 - 起步距离）/间距 + 1

$\quad = (6000 - 300 - 100)/100 + 1$

$\quad = 57（根）$

（2）Y Φ10@150

长度 = 净长 + 端支座锚固 + 弯钩长度

$\quad = (6000 - 300) + 2 \times max(h_b/2, 5d) + 2 \times 180°弯钩长度（6.25d）$

$\quad = (6000 - 300) + 2 \times 150 + 2 \times 6.25 \times 10$

$\quad = 6125（mm）$

根数 = （钢筋布置范围长度 - 起步距离）/间距 + 1

$\quad = (3600 - 300 - 2 \times 75)/150 + 1$

$\quad = 22（根）$

【例 5-2】有梁楼盖屋面板 LB2 平法施工图如图 5-4 所示，试求 LB2 的板顶筋。其中，混凝土强度等级为 C30，抗震等级为一级。

【解】由混凝土强度等级 C30 和一级抗震，查表 2-2 得：梁钢筋混凝土保护层厚度 $c_梁 = 20mm$，板钢筋混凝土保护层厚度 $c_板 = 15mm$。

（1）X Φ10@150

长度 = 净长 + 端支座锚固

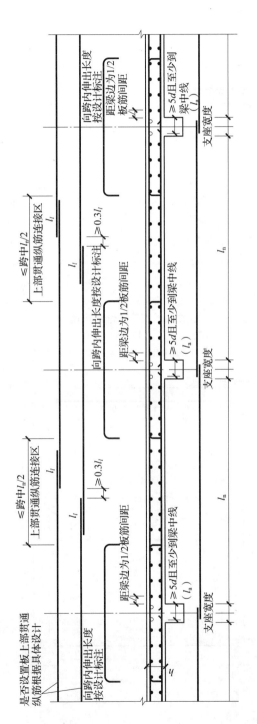

图 5—1  有梁楼盖楼（屋）面板配筋构造

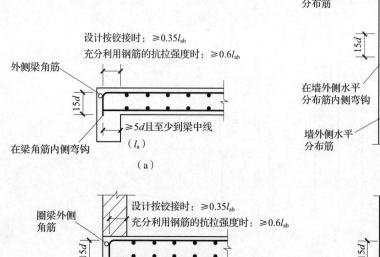

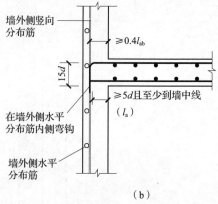

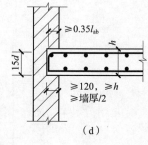

**图 5 - 2　板在端部支座的锚固构造**

（a）端部支座为梁；（b）端部支座为剪力墙；
（c）端部支座为砌体墙的圈梁；（d）端部支座为砌体墙

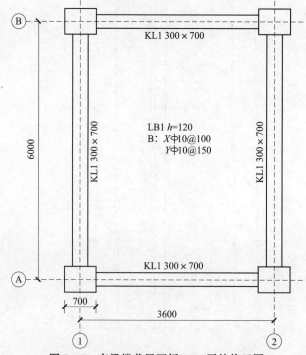

**图 5 - 3　有梁楼盖屋面板 LB1 平法施工图**

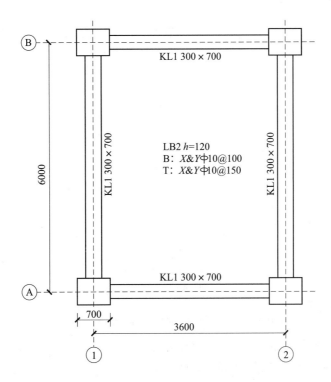

**图 5 – 4　有梁楼盖屋面板 LB2 平法施工图**

由于支座宽 $- c = 300 - 20 = 280\text{mm} < l_a = 29 \times 10 = 290\text{mm}$，故 LB2 的 X 向板顶筋采用弯锚形式。

总长度 $= 3600 - 300 + 2 \times (300 - 20 + 15 \times 10) = 4160$（mm）

根数 $=$（钢筋布置范围长度 – 起步距离）/间距 $+1$

$= (6000 - 300 - 2 \times 75)/150 + 1$

$= 38$（根）

（2）Y $\Phi$ 10@ 150

长度 $=$ 净长 + 端支座锚固

由于支座宽 $- c = 300 - 20 = 280\text{mm} < l_a = 29 \times 10 = 290\text{mm}$，故 LB2 的 Y 向板顶筋采用弯锚形式。

总长度 $= 6000 - 300 + 2 \times (300 - 20 + 15 \times 10) = 6560$（mm）

根数 $=$（钢筋布置范围长度 – 起步距离）/间距 $+1$

$= (3600 - 300 - 2 \times 75)/150 + 1$

$= 22$（根）

【例 5 – 3】有梁楼盖屋面板 LB3 平法施工图如图 5 – 5 所示，试求 LB3 的中间支座负筋。其中，混凝土强度等级为 C30，抗震等级为一级。

【解】

由混凝土强度等级 C30 和一级抗震，查表 2 – 2 得：梁钢筋混凝土保护层厚度 $c_{梁} = 20\text{mm}$，板钢筋混凝土保护层厚度 $c_{板} = 15\text{mm}$。

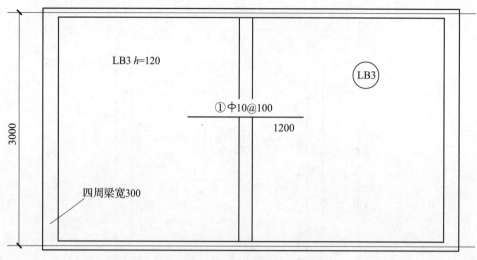

图中未注明分布筋为Φ6@200

**图 5－5　有梁楼盖屋面板 LB3 平法施工图**

（1）①号支座负筋长度 = 平直段长度 + 两端弯折

弯折长度 = $h - 15 \times 2 = 120 - 15 \times 2 = 90$（mm）

总长度 = $2 \times 1200 + 2 \times 90 = 2580$（mm）

（2）①号支座负筋根数 = （布置范围净长 – 两端起步距离）/间距 + 1

起步距离 = 1/2 钢筋间距

根数 = （3000 – 300 – 2 × 50）/100 + 1 = 27（根）

（3）①号支座负筋的分布筋长度 = 负筋布置范围长 = 3000 – 300 = 2700（mm）

（4）①号支座负筋的分布筋根数 = 2 × 单侧根数

单侧根数 = （1200 – 150）/200 + 1 = 6（根）

总根数 = 12 根

## 要点 2：斜向板中的钢筋间距计算

1）楼梯的踏步板，一般每踏步下设置一根分布钢筋。分布钢筋按间距标注时，按垂直板的方向计，如果按垂直地面方向布置，会影响到最小配筋率的要求。

2）一般的斜板中标注的钢筋间距，按垂直板的方向计算。

3）在筏形基础中，底坑底面比筏形基础的底板低。为防止此处的应力集中，底部会形成一定角度的斜面。基础中的集水坑、电梯底坑的侧向斜板和筏形基础的斜向底板中斜面钢筋为受力钢筋，其间距应按垂直于斜向的方向计算。

4）图纸中有强调要求的，应按设计文件要求施工。

# 要点 3：现浇混凝土板钢筋翻样计算

## 1. 板底筋翻样

板底筋长度翻样简图如图 5 - 6 所示。

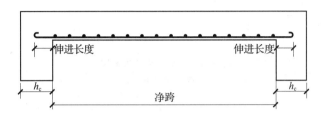

**图 5 - 6　板底筋长度翻样简图**

底筋长度 = 板跨净长 + 伸入长度 ×2 + 2 × 弯钩（底筋为 HPB300 级钢筋）　　（5 - 1）

底筋深入长度有以下几种情况：

（1）支座为混凝土梁、墙（图 5 - 7）

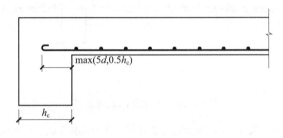

**图 5 - 7　支座为混凝土梁、墙**

$h_c$—支座宽度

$$伸入长度 = \max(0.5h_c, 5d) \tag{5 - 2}$$

（2）板为梁板式转换层板

$$伸入长度 = l_a \tag{5 - 3}$$

（3）支座为砌体墙（图 5 - 8）

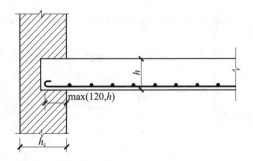

**图 5 - 8　支座为砌体墙**

$h$—板厚

$$伸入长度 = \max\ (120,\ h) \qquad (5-4)$$

（4）板有支座为宽梁（图5-9）

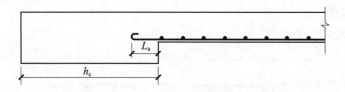

**图5-9　板有支座为宽梁**

$h_c$—梁宽度

$$伸入长度 = l_a \qquad (5-5)$$

**2. 下部纵筋翻样**

下部纵筋翻样简图如图5-10所示。

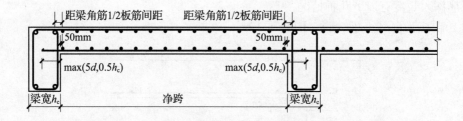

**图5-10　下部纵筋翻样简图**

$$板纵筋根数 = (板跨净长 + 2 \times 保护层厚度 + 0.5d_1 + 0.5d_2$$
$$- 板筋间距) / 板筋间距 + 1 \qquad (5-6)$$

式中：$d_1$——左支座梁角筋直径；

$d_2$——左支座梁角筋直径。

**3. 上部纵筋翻样**

上部纵筋翻样简图如图5-11所示。

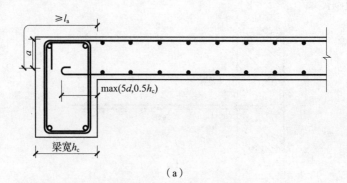

（a）

**图5-11　板上部纵筋翻样简图**

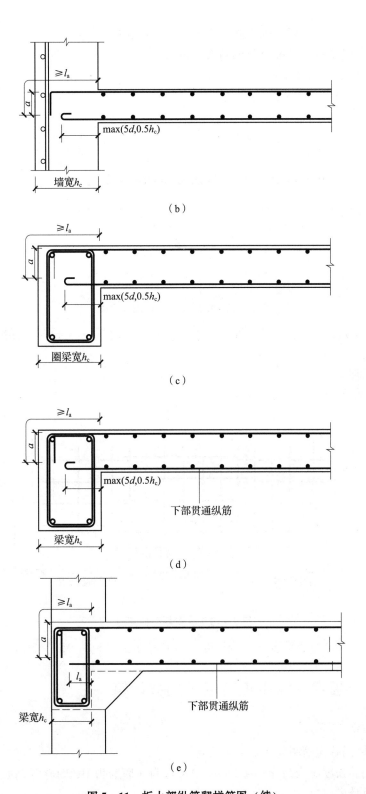

图 5−11　板上部纵筋翻样简图（续）

（a）端部为梁；（b）端部为墙；（c）端部为圈梁；（d）端部为梁；（e）柱上板带

$$板上部纵筋支座内水平投影长度 = l_a - a \qquad (5-7)$$

如果板制作宽度较大，板上部纵筋需要弯折。

#### 4．中间支座负筋翻样

中间支座负筋翻样简图如图 5－12 所示。

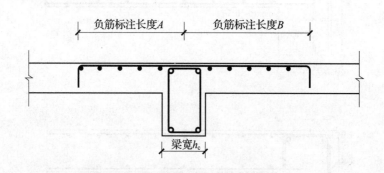

图 5－12　中间支座负筋翻样简图

$$负筋长度 = 负筋标注长度 A + 负筋标注长度 B + 2 \times 弯折 \times (板厚 - 保护层厚度)$$
$$(5-8)$$

#### 5．分布筋翻样

分布筋翻样简图如图 5－13 所示。

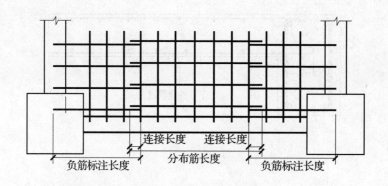

图 5－13　分布筋翻样简图

$$分布筋长度 = 轴线长度 - 负筋标注长度 \times 2 + 150 \times 2 \qquad (5-9)$$

## 要点 4：柱上板带、跨中板带底筋翻样计算

#### 1．柱上板带

柱上板带底筋翻样简图如图 5－14 所示。

$$底筋长度 = 板跨净长 + 2 \times l_a + 2 \times 弯钩 （底筋为 HPB300 级钢筋） \qquad (5-10)$$

#### 2．跨中板带

跨中板带底筋翻样简图如图 5－15 所示。

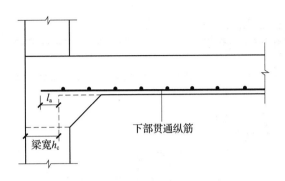

**图 5 - 14 柱上板带底筋翻样简图**

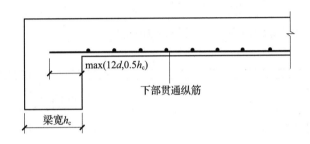

**图 5 - 15 跨中板带底筋翻样简图**

$$底筋长度 = 板跨净长 + 2 \times \max \ (0.5h_c, \ 12d) \ + 2 \times 弯钩 \ (底筋为 HPB300 级钢筋)$$

$$(5 - 11)$$

# 要点 5：悬挑板钢筋翻样计算及实例

### 1. 悬挑板底筋

悬挑板底筋翻样简图如图 5 - 16 所示。

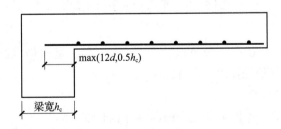

**图 5 - 16 悬挑板底筋翻样简图**

$$底筋长度 = 板跨净长 + 2 \times \max \ (0.5h_c, \ 12d) \ + 2 \times 弯钩 \ (底筋为 HPB300 级钢筋)$$

$$(5 - 12)$$

### 2. 悬挑板上部纵筋

悬挑板上部纵筋翻样简图如图 5 - 17 所示。

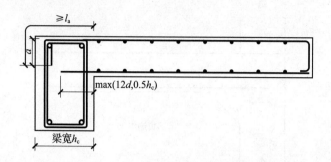

**图5-17　悬挑板上部纵筋翻样简图**

上部纵筋长度 = 板跨净长 + $l_a$ + 弯折（板厚 - 2×保护层厚度）+ 5$d$　　（5-13）

【例5-4】梁板LB6平法施工图如图5-18所示，试求梁板LB6及悬挑板XB1的板底筋。其中，混凝土强度等级为C30，抗震等级为一级。

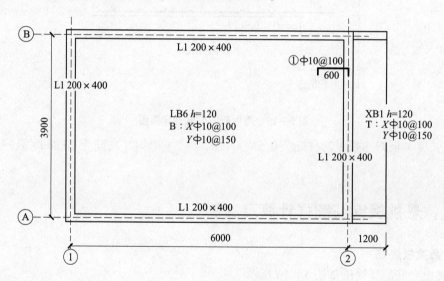

**图5-18　梁板LB6平法施工图**

【解】

由混凝土强度等级C30和一级抗震，查表2-2得：梁钢筋混凝土保护层厚度 $c_梁$ = 20mm，板钢筋混凝土保护层厚度 $c_板$ = 15mm。

（1）LB6的板底筋计算

$X\varPhi10@100$：长度 = 净长 + 端支座锚固 + 弯钩长度

端支座锚固长度 = max（$h_b/2$, 5$d$）= max（100, 5×10）= 100（mm）

180°弯钩长度 = 6.25$d$

总长度 = 6000 - 200 + 2×100 + 2×6.25×10 = 6125（mm）

根数 =（钢筋布置范围长度 - 起步距离）/间距 + 1

　　=（3900 - 200 - 100）/100 + 1

　　= 37（根）

$Y\phi10@150$：长度＝净长＋端支座锚固＋弯钩长度

端支座锚固长度＝$\max(h_b/2,5d)=\max(100,5\times10)=100$（mm）

180°弯钩长度＝$6.25d$

总长度＝$3900-200+2\times100+2\times6.25\times10=4025$（mm）

根数＝（钢筋布置范围长度－起步距离）/间距＋1

　　　＝$(6000-200-2\times75)/150+1$

　　　＝39（根）

（2）XB1 的板底筋计算

$X\phi10@100$ 与①号支座负筋连通布置。

长度＝净长＋端支座锚固

左端支座负筋端弯折长度＝$120-2\times15=90$（mm）

右端弯折＝$120-2\times15=90$（mm）

总长度＝$600+90+1200-15+90=1965$（mm）

根数＝（钢筋布置范围长度－起步距离）/间距＋1

　　　＝$(3900-200-100)/100+1$

　　　＝37（根）

$Y\phi10@150$：长度＝净长＋端支座锚固

端支座锚固长度＝梁宽$-c+15d=200-20+15\times10=330$（mm）

总长度＝$3900-200+2\times330=4365$（mm）

根数＝（钢筋布置范围长度－起步距离）/间距＋1

　　　＝$(1200-100-75-150)/150+1$

　　　＝7（根）

【例 5－5】某延伸悬挑板的集中标注为（图 5－19 左图）：

$$YXB1\qquad h=120/80$$

$$T：X\phi8@180$$

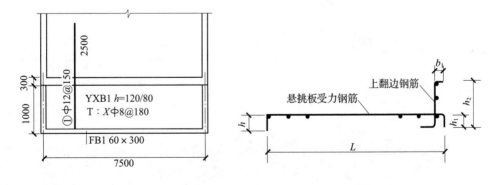

图 5－19　延伸悬挑板

这块延伸悬挑板上的原位标注为：在垂直于延伸悬挑板的支座梁上面一根非贯通纵筋，前端伸至延伸悬挑板的尽端，后端延伸到楼板跨内。楼板厚度为 120mm。

在这根非贯通纵筋的上方注写：①$\phi12@150$，在这根非贯通纵筋的跨内下方注写延伸长度：2500mm，在这根非贯通纵筋的悬挑端下方不注写延伸长度。

延伸悬挑板的端部翻边 FB1 为上翻边，翻边尺寸标注为 60×300（表示该翻边的宽度为 60mm，高度为 300mm）

这块延伸悬挑板的宽度为 7500mm，悬挑净长度为 1000mm，支座梁宽度为 300mm。

计算这块延伸悬挑板的钢筋。

**【解】**

（1）延伸悬挑板纵向受力钢筋

1）纵向受力钢筋尺寸计算：

钢筋水平段长度 $L = 2500 + 300/2 + 1000 - 15 = 3635$（mm）

跨内部分扣筋腿长度 $h = 120 - 15 = 105$（mm）

悬挑部分扣筋腿长度 $h_1 = 80 - 15 = 65$（mm）

2）翻边钢筋尺寸计算：

上翻边钢筋垂直段长度 $h_2 = 300 + 80 - 2 \times 15 = 350$（mm）

翻边上端水平段长度 $b_1 = 60 - 2 \times 15 = 30$（mm）

翻边下端水平段长度 $= l_a - （80 - 15）= 30 \times 12 - 65 = 295$（mm）

上翻边钢筋每根长度 $= 350 + 30 + 295 = 675$（mm）

3）纵向受力钢筋根数计算（翻边钢筋根数与之相同）：

纵向受力钢筋根数 $=（7500 + 60 - 15 \times 2）/100 + 1 = 77$（根）

（2）延伸悬挑板横向钢筋

1）横向钢筋尺寸计算：

横向钢筋长度 $= 7500 + 60 - 2 \times 15 = 7530$（mm）

2）横向钢筋根数计算：

"跨内部分"钢筋根数 $=（2500 - 300/2 - 180/2）/180 + 1 = 14$（根）

"悬挑水平段部分"钢筋根数 $=（1000 - 180/2 - 15）/180 + 2 = 7$（根）

上翻边部分的上端和中部钢筋根数：2 根

所以，横向钢筋根数 $= 14 + 7 + 2 = 23$（根）

## 要点 6：折板钢筋翻样计算

折板底筋翻样简图如图 5-20 所示。

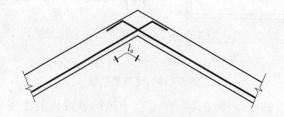

**图 5-20　折板底筋翻样简图**

外折角纵筋连续通过。当角度 $\alpha \geqslant 160°$ 时，内折角纵筋连续通过。当角度 $\alpha < 160°$ 时，阳角折板下部纵筋和阴角上部纵筋在内折角处交叉锚固。如果纵向受力钢筋在内折角处连续通过，纵向受力钢筋的合力会使内折角处板的混凝土保护层向外崩出，从而使钢筋失去粘结锚固力（钢筋和混凝土之间的粘结锚固力是钢筋和混凝土能够共同工作的基础），最终可能导致折断而破坏。

$$底筋长度 = 板跨净长 + 2 \times l_a \qquad (5-14)$$

## 要点 7：板上部贯通纵筋的计算及实例

### 1. 板上部贯通纵筋的配筋特点

1）横跨一个或几个整跨。

2）两端伸至支座梁（墙）外侧纵筋的内侧，再弯直钩 $15d$；当直锚长度 $\geqslant l_a$ 时可不弯折。

板上部贯通纵筋在端支座的构造如图 5-21 和图 5-22 所示，在中间支座及跨中的构造如图 5-23 所示。

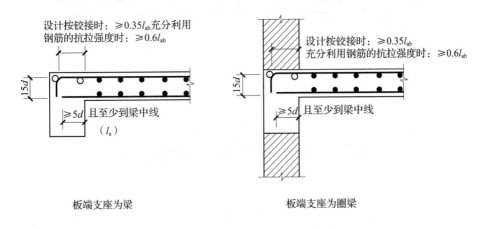

板端支座为梁　　　　　　　　　　板端支座为圈梁

**图 5-21　板上部贯通纵筋在端支座的构造（一）**

### 2. 端支座为梁时板上部贯通纵筋的计算

（1）计算板上部贯通纵筋的根数

按照《11G101-1》图集的规定，第一根贯通纵筋在距梁边为 1/2 板筋间距处开始设置。这样，板上部贯通纵筋的布筋范围就是净跨长度。

在这个范围内除以钢筋的间距，所得到的"间隔个数"就是钢筋的根数。

（2）计算板上部贯通纵筋的长度

板上部贯通纵筋两端伸至梁外侧角筋的内侧，再弯直钩 $15d$；当直锚长度 $\geqslant l_a$ 时可不弯折。具体的计算方法是：

1）先计算直锚长度 = 梁截面宽度 - 保护层 - 梁角筋直径。

2）若直锚长度 $\geqslant l_a$ 时可不弯折；否则弯直钩 $15d$。

以单块板上部贯通纵筋的计算为例：

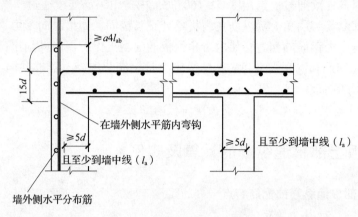

（a）

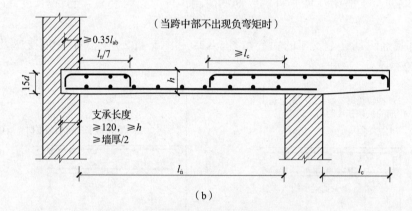

（b）

**图 5–22　板上部贯通纵筋在端支座的构造（二）**

（a）端部支座为剪力墙；（b）端部支座为砌体墙

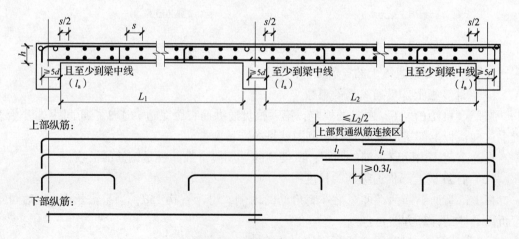

**图 5–23　板上部贯通纵筋在中间支座及跨中的构造**

s—板筋间距

板上部贯通纵筋的直段长度 = 净跨长度 + 两端的直锚长度

**3. 端支座为剪力墙时板上部贯通纵筋的计算**

（1）计算板上部贯通纵筋的根数

按照《11G101 - 1》图集的规定，第一根贯通纵筋在距墙边为1/2板筋间距处开始设置。这样，板上部贯通纵筋的布筋范围 = 净跨长度。

在这个范围内除以钢筋的间距，所得到的"间隔个数"就是钢筋的根数。

（2）计算板上部贯通纵筋的长度

板上部贯通纵筋两端伸至剪力墙外侧水平分布筋的内侧，弯锚长度为 $l_a$。具体的计算方法是：

1）先计算直锚长度 = 墙厚度 - 保护层 - 墙身水平分布筋直径。

2）再计算弯钩长度 = $l_a$ - 直锚长度。

以单块板上部贯通纵筋的计算为例：

板上部贯通纵筋的直段长度 = 净跨长度 + 两端的直锚长度

**【例5-6】** 如图5-24所示，梁板LB1的集中标注为

$$LB1 \quad h = 100$$
$$B：X\&Y \, \Phi 8@150$$
$$T：X\&Y \, \Phi 8@150$$

这块梁板LB1的尺寸为7500mm×7000mm，$X$方向的梁宽度为300mm，$Y$方向的梁宽度为250mm，均为正中轴线。$X$方向的框架梁KL1上部纵筋直径为25mm，$Y$方向的KL2上部纵筋直径为22mm，梁箍筋直径为10mm。混凝土强度等级C25，二级抗震等级。计算该板的上部贯通纵筋。

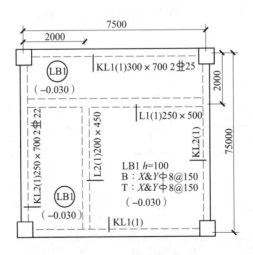

图5-24 梁板LB1结构示意

**【解】**

梁纵筋保护层厚度 = 梁箍筋保护层厚度 + 梁箍筋直径 = 20 + 10 = 30（mm）

（1）LB1板$X$方向的上部贯通纵筋长度

1）支座直锚长度 = 梁宽 - 纵筋保护层厚度 - 梁角筋直径 = 250 - 30 - 22 = 198（mm）

2）上部贯通纵筋的直段长度 = 净跨长度 + 两端的直锚长度 = （7500 − 250） + 198 × 2 = 7646（mm）

（2）LB1 板 $X$ 方向的上部贯通纵筋根数

板上部贯通纵筋的布筋范围 = 6450（mm）

$X$ 方向的上部贯通纵筋根数 = 6450/150 = 43（根）

（3）LB1 板 $Y$ 方向的上部贯通纵筋长度

1）支座直锚长度 = 梁宽 − 纵筋保护层厚度 − 梁角筋直径 = 300 − 30 − 25 = 245（mm）

2）$l_a = 30d = 30 × 8 = 240$（mm）

在 1）计算出来的支座长度为 245mm，已经大于 $l_a$（240mm），所以，这根上部贯通纵筋在支座的直锚长度就取定为 240mm，不设弯钩。

3）上部贯通纵筋的直段长度 = 净跨长度 + 两端的直锚长度 = （7000 − 300） + 240 × 2 = 7180（mm）

（4）LB1 板 $Y$ 方向的上部贯通纵筋根数

板上部贯通纵筋的布筋范围 = 净跨长度 = 7500 − 250 = 7250（mm）

$Y$ 方向的上部贯通纵筋的根数 = 7250/150 = 49（根）

**【例 5 − 7】** 如图 5 − 25 所示，梁板 LB1 的集中标注为

LB1　$h = 100$

B：$X$&$Y$⊕8@150

T：$X$&$Y$⊕8@150

梁板 LB1 的尺寸为 7500mm × 7000mm，$X$ 方向的梁宽度为 320mm，$Y$ 方向的梁宽度为 220mm，均为正中轴线。$X$ 方向的框架梁 KL1 上部纵筋直径为 25mm，$Y$ 方向的框架梁 KL5 上部纵筋直径为 22mm。混凝土强度等级为 C25，二级抗震等级。试计算该板的上部贯通纵筋。

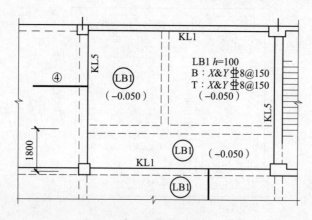

图 5 − 25　梁板 LB1 示意

**【解】**

（1）LB1 板 $X$ 方向的上部贯通纵筋的长度

1）支座直锚长度 = 梁宽 − 保护层厚度 − 梁角筋直径 = 220 − 25 − 22 = 173（mm）

2）弯钩长度 = $l_a$ – 直锚长度 = 27d – 173 = 27 × 8 – 173 = 43（mm）

3）上部贯通纵筋的直段长度 = 净跨长度 + 两端的直锚长度 =（7500 – 220）+ 173 × 2 = 7626（mm）

（2）LB1 板 X 方向的上部贯通纵筋根数

1）梁 KL1 角筋中心到混凝土内侧的距离 = 25/2 + 25 = 37.5（mm）

2）板上部贯通纵筋的布筋范围 = 净跨长度 + 37.5 × 2 = 7000 – 320 + 37.5 × 2 = 6755（mm）

3）X 方向的上部贯通纵筋根数 = 6755/150 = 45（根）

（3）LB1 板 Y 方向的上部贯通纵筋长度

1）支座直锚长度 = 梁宽 – 保护层厚度 – 梁角筋直径 = 320 – 25 – 25 = 270（mm）

2）弯钩长度 = $l_a$ – 直锚长度 = 27d – 270 = 27 × 8 – 270 = – 54（mm）

注：弯钩长度为负数，说明该计算是错误的，即此钢筋不应有弯钩。

在 1）计算出来的支座长度为 270mm，已经大于 $l_a$（27 × 8 = 216mm），所以，这根上部贯通纵筋在支座的直锚长度就取定为 216mm，不设弯钩。

3）上部贯通纵筋的直段长度 = 净跨长度 + 两端的直锚长度 =（7000 – 320）+ 216 × 2 = 7112（mm）

（4）LB1 板 Y 方向的上部贯通纵筋根数

1）梁 KL5 角筋中心到混凝土内侧的距离 = 22/2 + 25 = 36（mm）

2）板上部贯通纵筋的布筋范围 = 净跨长度 + 36 × 2 = 7500 – 220 + 36 × 2 = 7352（mm）

3）Y 方向的上部贯通纵筋的根数 = 7352/150 = 49（根）

【例 5 – 8】如图 5 – 26 所示，梁板 LB1 的集中标注为

LB1　h = 100

B：X&Y $\Phi$ 8@ 150

T：X&Y $\Phi$ 8@ 150

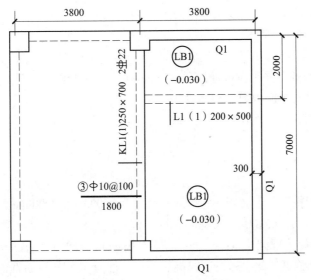

图 5 – 26　梁板 LB1 示意

LB1 板的尺寸为 3800mm×7000mm，板左边的支座为框架梁 KL1（250mm×700mm），板的其余三边均为剪力墙结构（厚度为 300mm），在板中距上边梁 2100mm 处有一道非框架梁 L1（250mm×450mm）。混凝土强度等级 C30，二级抗震等级。墙身水平分布筋直径为 12mm，KL1 上部纵筋直径为 22mm，梁箍筋直径 10mm。计算板上部贯通纵筋。

【解】

（1）LB1 板 X 方向的上部贯通纵筋的长度

1）由于左支座为框架梁、右支座为剪力墙，所以两个支座锚固长度分别计算。

左支座直锚长度 = 梁宽 − 纵筋保护层厚度 − 梁角筋直径 = 250 − 30 − 22 = 198（mm）

右支座直锚长度 = 墙厚度 − 保护层厚度 − 墙身水平分布筋直径 = 300 − 15 − 12 = 273（mm）

2）由于在 1）中计算出来的右支座直锚长度为 273mm，已经大于 $l_a$（30×8 = 240mm），所以，这根上部贯通纵筋在右支座的直锚长度就取定为 240mm，不设弯钩。

左支座直锚长度（198mm）小于 $l_a$（240mm），所以

弯直钩 = 15d = 15×8 = 120（mm）

3）上部贯通纵筋的直段长度 = 净跨长度 + 两端的直锚长度 =（3800 − 125 − 150）+ 198 + 240 = 3963（mm）

（2）LB1 板 X 方向的上部贯通纵筋的根数

板上部贯通纵筋的布筋范围 = 净跨长度 = 7000 − 300 = 6700（mm）

X 方向的上部贯通纵筋根数 = 6700/150 = 45（根）

（3）LB1 板 Y 方向的上部贯通纵筋长度

1）左、右支座均为剪力墙，则

支座直锚长度 = 墙厚度 − 保护层厚度 − 墙身水平分布筋直径 = 300 − 15 − 12 = 273（mm）

2）由于在 1）中计算出来的右支座直锚长度为 273mm，已经大于 $l_a$（30×8 = 240mm），所以，这根上部贯通纵筋在右支座的直锚长度就取定为 240m，不设弯钩。

3）上部贯通纵筋的直段长度 = 净跨长度 + 两端的直锚长度 =（7000 − 150 − 150）+ 240×2 = 7180（mm）

（4）LB1 板 Y 方向的上部贯通纵筋根数

板上部贯通纵筋的布筋范围 = 净跨长度 = 3800 − 125 − 150 = 3525（mm）

Y 方向的上部贯通纵筋根数 = 3525/150 = 24（根）

【例 5−9】如图 5−27 所示，梁板 LB1 的集中标注为

LB1　h = 100

B：X&Y Φ8@150

T：X&Y Φ8@150

LB1 是一块"刀把形"的楼板，板的大边尺寸为 3600mm×7000mm，在板的左下角有两个并排的电梯井（尺寸为 2400mm×4800mm）。该板上边的支座为框架梁 KL1（300mm×700mm），右边的支座为框架梁 KL2（250mm×600mm），板的其余各边均为剪力墙（厚度为 300mm）。混凝土强度等级 C30，二级抗震等级。墙身水平分布筋直径为 12mm，框架梁 KL2 上部纵筋直径为 22mm，梁箍筋直径为 10mm。计算其上部贯通纵筋。

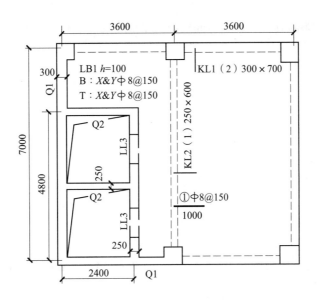

图 5 - 27  梁板 LB1 示意

【解】

（1）X 方向的上部贯通纵筋计算

1）长筋。

①钢筋长度计算。

轴线跨度为 3600mm；左支座为剪力墙，厚度为 300mm；右支座为框架梁，宽度为 250mm。

左支座直锚长度 $= l_a = 30d = 30 \times 8 = 240$（mm）

右支座直锚长度 $= 250 - 30 - 22 = 198$（mm）

上部贯通纵筋的直段长度 $=$（$3600 - 150 - 125$）$+ 240 + 198 = 3763$（mm）

右支座弯钩长度 $= 15d = 15 \times 8 = 120$（mm）

上部贯通纵筋的左端无弯钩。

②钢筋根数计算。

轴线跨度为 2200mm；左端到 250mm 剪力墙的右侧，右端到 300mm 框架梁的左侧。

钢筋根数 $=$（$2200 - 125 - 150$）$/150 = 13$（根）

2）短筋。

①钢筋长度计算。

轴线跨度为 1200mm；左支座为剪力墙，厚度为 250mm；右支座为框架梁，宽度为 250mm。

左支座直锚长度 $= 250 - 15 - 12 = 223$（mm）

右支座直锚长度 $= 250 - 30 - 22 = 198$（mm）

上部贯通纵筋的直段长度 $=$（$1200 - 125 - 125$）$+ 223 + 198 = 1371$（mm）

左、右支座弯钩长度均为 $15d = 15 \times 8 = 120$（mm）。

②钢筋根数计算。

轴线跨度为4800mm；左端到300mm剪力墙的右侧，右端到250mm剪力墙的右侧。

钢筋根数 =（4800 – 150 + 125）/150 = 32（根）

注：上面算式"+125"的理由："刀把形"楼板分成两块板来计算长短筋，这两块板之间在分界线处应该是连续的。现在，1）③中的板左端算至"250mm剪力墙"右侧以内21mm处，所以2）②中的板右端也应该算至"250mm剪力墙"右侧以内21mm处。

（2）Y方向的上部贯通纵筋计算

1）长筋。

①钢筋长度计算。

轴线跨度为7000mm；左支座为剪力墙，厚度为300mm；右支座为框架梁，宽度为300mm。

左支座直锚长度 = $l_a$ = 30$d$ = 30 × 8 = 240（mm）

右支座直锚长度 = $l_a$ = 30$d$ = 30 × 8 = 240（mm）

上部贯通纵筋的直段长度 =（7000 – 150 – 150）+ 240 + 240 = 7180（mm）

上部贯通纵筋的两端无弯钩。

②钢筋根数计算。

轴线跨度为1200mm；左支座为剪力墙，厚度为250mm；右支座为框架梁，宽度为250mm。

钢筋根数 =（1200 – 125 – 125）/150 = 7（根）

2）短筋。

①钢筋长度计算。

轴线跨度为2200mm；左支座为剪力墙，厚度为250mm；右支座为框架梁，宽度为300mm。

左支座直锚长度 = 250 – 15 – 12 = 223（mm）

右支座直锚长度 = $l_a$ = 30$d$ = 30 × 8 = 240（mm）

上部贯通纵筋的直段长度 =（2200 – 125 – 150）+ 240 + 223 = 2388（mm）

上部贯通纵筋的左端弯钩120mm，右端无弯钩。

②钢筋根数计算。

轴线跨度为2400mm；左支座为剪力墙，厚度为300mm；右支座为框架梁，宽度为250mm。

钢筋根数 =（2400 – 150 + 125）/150 = 16（根）

【例5 – 10】如图5 – 28所示，梁板LB1的集中标注为

LB1　　$h$ = 100

B：$X$&$Y$ ⊈ 8@ 150

T：$X$&$Y$ ⊈ 8@ 150

梁板LB1的大边尺寸为3500mm × 7000mm，在板的左下角设有两个并排的电梯井（尺寸为2400mm × 4800mm）。该板右边的支座为框架梁KL3（250mm × 650mm），板的其余各边均为剪力墙结构（厚度为280mm），混凝土强度等级C25，二级抗震等级。墙身水平分布筋直径为14mm，框架梁KL3上部纵筋直径为20mm。计算板的上部贯通纵筋。

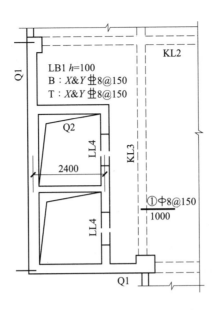

图 5−28 梁板 **LB1** 示意

【解】

（1）$X$ 方向的上部贯通纵筋计算

1）长筋。

①钢筋长度计算。

轴线跨度为 3500mm；左支座为剪力墙，厚度为 280mm；右支座为框架梁，宽度为 250mm。

左支座直锚长度 $= l_a = 27d = 27 \times 8 = 216$（mm）

右支座直锚长度 $= 250 - 25 - 20 = 205$（mm）

上部贯通纵筋的直段长度 $= (3500 - 150 - 125) + 216 + 205 = 3646$（mm）

右支座弯钩长度 $= l_a -$ 直锚长度 $= 27d - 205 = 27 \times 8 - 205 = 11$（mm）

上部贯通纵筋的左端无弯钩。

②钢筋根数计算。

轴线跨度为 2100mm；左端到 250mm 剪力墙的右侧，右端到 280mm 框架梁的左侧。

钢筋根数 $= [(2100 - 125 - 150) + 21 + 37.5]/150 = 13$（根）

2）短筋。

①钢筋长度计算。

轴线跨度为 1200mm；左支座为剪力墙，厚度为 250mm；右支座为框架梁，宽度为 250mm。

左支座直锚长度 $= l_a = 27d = 27 \times 8 = 216$（mm）

右支座直锚长度 $= 250 - 25 - 20 = 205$（mm）

上部贯通纵筋的直段长度 $= (1200 - 125 - 125) + 216 + 205 = 1371$（mm）

右支座弯钩长度 $= l_a -$ 直锚长度 $= 27d - 205 = 27 \times 8 - 205 = 11$（mm）

上部贯通纵筋的左端无弯钩。

②钢筋根数计算。

轴线跨度为4800mm；左端到280mm剪力墙的右侧，右端到250mm剪力墙的右侧。

钢筋根数 = ［（4800 − 150 + 125）＋ 21 − 21］/150 = 32（根）

（2）Y方向的上部贯通纵筋计算

1）长筋。

①钢筋长度计算。

轴线跨度为7000mm；左支座为剪力墙，厚度为280mm；右支座为框架梁，宽度为280mm。

左支座直锚长度 $= l_a = 27d = 27 \times 8 = 216$（mm）

右支座直锚长度 $= l_a = 27d = 27 \times 8 = 216$（mm）

上部贯通纵筋的直段长度 = （7000 − 150 − 150）＋ 216 + 216 = 7132（mm）

上部贯通纵筋的两端无弯钩。

②钢筋根数计算。

轴线跨度为1200mm；左支座为剪力墙，厚度为250mm；右支座为框架梁，宽度为250mm。

钢筋根数 = ［（1200 − 125 − 125）＋ 21 + 36］/150 = 7（根）

2）短筋。

①钢筋长度计算。

轴线跨度为2100mm；左支座为剪力墙，厚度为250mm；右支座为框架梁，宽度为280mm。

左支座直锚长度 $= l_a = 27d = 27 \times 8 = 216$（mm）

右支座直锚长度 $= l_a = 27d = 27 \times 8 = 216$（mm）

上部贯通纵筋的直段长度 = （2100 − 125 − 150）＋ 216 + 216 = 2257（mm）

上部贯通纵筋的两端无弯钩。

②钢筋根数计算。

轴线跨度为2400mm；左支座为剪力墙，厚度为280mm；右支座为框架梁，宽度为250mm。

钢筋根数 = ［（2400 − 150 + 125）＋ 21 − 21］/150 = 16（根）

# 要点8：板下部贯通纵筋的计算及实例

**1. 板下部贯通纵筋的配筋特点**

1）横跨一个或几个整跨。

2）两端伸至支座梁（墙）的中心线，且直锚长度≥5d。包括以下两种情况之一：

① 满足直锚长度≥5d的要求，此时直锚长度已经大于1/2的梁厚（墙厚）。

② 伸入支座的直锚长度为1/2的梁厚（墙厚），此时已经满足≥5d。

板下部贯通纵筋在端支座的构造如图5-21和图5-22所示，在中间支座的构造如图

5 – 23 所示。

**2. 端支座为梁时板下部贯通纵筋的计算**

（1）计算板下部贯通纵筋的根数

计算方法和前面介绍的板上部贯通纵筋根数算法是一致的。即：按照《11G101 – 1》图集的规定，第一根贯通纵筋在距梁边为 1/2 板筋间距处开始设置。这样，板上部贯通纵筋的布筋范围 = 净跨长度，在这个范围内除以钢筋的间距，所得到的"间隔个数"就是钢筋的根数。

（2）计算板下部贯通纵筋的长度

具体的计算方法一般为：

1）先选定直锚长度 = 梁宽/2。

2）再验算一下此时选定的直锚长度是否 $\geq 5d$——如果满足"直锚长度 $\geq 5d$"，则没有问题；如果不满足"直锚长度 $\geq 5d$"，则取定 $5d$ 为直锚长度（实际工程中，1/2 梁厚一般都能够满足" $\geq 5d$ "的要求）。

以单块板下部贯通纵筋的计算为例：

板下部贯通纵筋的直段长度 = 净跨长度 + 两端的直锚长度

**3. 端支座为剪力墙时板下部贯通纵筋的计算**

（1）计算板下部贯通纵筋的根数

计算方法和前面介绍的板上部贯通纵筋根数算法是一致的。

（2）计算板下部贯通纵筋的长度

具体的计算方法一般为：

1）先选定直锚长度 = 墙厚/2。

2）再验算一下此时选定的直锚长度是否 $\geq 5d$——如果满足"直锚长度 $\geq 5d$"，则没有问题；如果不满足"直锚长度 $\geq 5d$"，则取定 $5d$ 为直锚长度（实际工程中，1/2 墙厚一般都能够满足" $\geq 5d$ "的要求）。

以单块板下部贯通纵筋的计算为例：

板下部贯通纵筋的直段长度 = 净跨长度 + 两端的直锚长度

**4. 梯形板钢筋计算的算法分析**

实际工程中遇到的楼板平面形状，少数为异形板，大多数为矩形板。

异形板的钢筋计算不同于矩形板。异形板的同向钢筋（$X$ 向钢筋）的钢筋长度各不相同，需要分别计算每根钢筋；而矩形板的同向钢筋（$X$ 向钢筋或 $Y$ 向钢筋）的长度都是一样的，于是问题就剩下钢筋根数的计算。

仔细分析一块梯形板，可以划分为矩形板加上两块三角形板，于是梯形板钢筋的变长度问题就转化为三角形板的变长度问题（见图 5 – 29）。而计算三角形板的变长度钢筋可以通过相似三角形的对应边成比例的原理来进行计算。

算法分析：

例如，一个直角梯形的两条底边分别是 3000mm 和 5000mm，高为 5000mm。这个梯形可以划分成一个宽 3000mm、高 5000mm 的矩形和一个底边为 2000mm、高为 5000mm 的三角形。假设梯形的 5000mm 底边是楼板第一根钢筋的位置，这根 5000mm 的钢筋现在分解成矩形的 3000mm 底边和三角形的 2000mm 底边。这样，如果要计算梯形板的第二根钢筋长度，只需在这个三角形中进行计算即可。

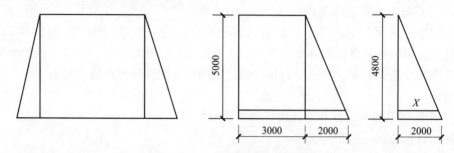

**图 5-29　梯形板钢筋变长度计算**

相似三角形的算法是这样的：

假设钢筋间距为 200mm，在高 5000mm、底边 2000mm 的三角形，将底边平行回退 200mm，得到一个高 4800mm、底边为 $X$ 的三角形，这两个三角形是相似的，而 $X$ 就是所求的第二根钢筋的长度（图 5-29 右图）。根据相似三角形的对应边成比例这一原理，可列出下面的计算公式：

$$X:2000 = 4800:5000$$

所以

$$X = 2000 \times 4800/5000 = 1920mm$$

因此，梯形的第二根钢筋长度 = 3000 + $X$ = 3000 + 1920 = 4920（mm）。

根据这个原理可以计算出梯形楼板的第三根以及更多的钢筋长度。

【例 5-11】如图 5-30 所示，梁板 LB1 的集中标注为

$$LB1 \quad h=100$$
$$B：X\&Y \phi 8@150$$
$$T：X\&Y \phi 8@150$$

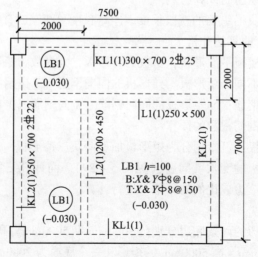

**图 5-30　梁板 LB1 示意**

这块梁板 LB1 的尺寸为 7500mm × 7000mm，$X$ 方向的梁宽度为 300mm，$Y$ 方向的梁宽度为 250mm，均为正中轴线。混凝土强度等级 C25，二级抗震等级。计算该板的下部贯通纵筋。

**【解】**

（1）LB1 板 $X$ 方向的下部贯通纵筋长度

直锚长度 = 梁宽/2 = 250/2 = 125mm

验算：$5d = 5 \times 8 = 40$mm，显然，直锚长度 = 125mm > 40mm，满足要求。

下部贯通纵筋的直段长度 = 净跨长度 + 两端的直锚长度 = （7500 − 250） + 125 × 2 = 7500（mm）

（2）LB1 板 $X$ 方向的下部贯通纵筋根数

板下部贯通纵筋的布筋范围 = 净跨长度 = 7000 − 300 = 6700（mm）

$X$ 方向的下部贯通纵筋根数 = 6700/150 = 45（根）

（3）LB1 板 $Y$ 方向的下部贯通纵筋长度

直锚长度 = 梁宽/2 = 300/2 = 150（mm）

下部贯通纵筋的直段长度 = 净跨长度 + 两端的直锚长度 = （7000 − 300） + 150 × 2 = 7000（mm）

（4）LB1 板 $Y$ 方向的下部贯通纵筋根数

1）板下部贯通纵筋的布筋范围 = 净跨长度 = 7500 − 250 = 7250（mm）

2）$Y$ 方向的下部贯通纵筋的根数 = 7250/150 = 49（根）

**【例 5 − 12】** 如图 5 − 31 所示，梁板 LB1 的集中标注为

LB1　　$h = 100$

B：$X \& Y \oplus 8@150$

T：$X \& Y \oplus 8@150$

梁板 LB1 的尺寸为 7300mm × 7000mm，$X$ 方向的梁宽度为 300mm，$Y$ 方向的梁宽度为 250mm，均为正中轴线。混凝土强度等级为 C25，二级抗震等级。试计算该板的下部贯通纵筋。

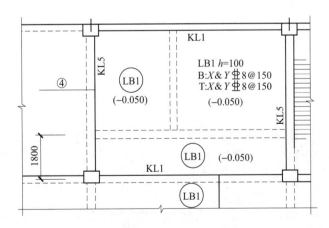

**图 5 − 31　梁板 LB1 示意**

**【解】**

（1）LB1 板 $X$ 方向的下部贯通纵筋的长度

支座直锚长度 = 梁宽/2 = 250/2 = 125（mm）

验算：$5d = 5 \times 8 = 40$（mm），显然，直锚长度 = 125mm > 40mm，满足要求。

下部贯通纵筋的直段长度 = 净跨长度 + 两端的直锚长度 =（7300 − 250）+ 125 × 2 = 7300（mm）

（2）LB1 板 $X$ 方向的下部贯通纵筋根数

梁 KL1 角筋中心到混凝土内侧的距离 = 25/2 + 25 = 37.5（mm）

板下部贯通纵筋的布筋范围 = 净跨长度 + 37.5 × 2 = 7000 − 300 + 37.5 × 2 = 6775（mm）

$X$ 方向的下部贯通纵筋根数 = 6775/150 = 46（根）

（3）LB1 板 $Y$ 方向的下部贯通纵筋长度

直锚长度 = 梁宽/2 = 300/2 = 150（mm）

下部贯通纵筋的直段长度 = 净跨长度 + 两端的直锚长度 =（7000 − 300）+ 150 × 2 = 7000（mm）

（4）LB1 板 $Y$ 方向的下部贯通纵筋根数

梁 KL5 角筋中心到混凝土内侧的距离 = 22/2 + 25 = 36（mm）

板下部贯通纵筋的布筋范围 = 净跨长度 + 36 × 2 = 7300 − 220 + 36 × 2 = 7122（mm）

$Y$ 方向的下部贯通纵筋的根数 = 7122/150 = 48（根）

**【例 5 – 13】** 如图 5 – 32 所示，梁板 LB1 的集中标注为

LB1　　$h = 100$

B：$X\&Y \phi 8@150$

T：$X\&Y \phi 8@150$

梁板 LB1 尺寸为 3800mm × 7000mm，板左边的支座为框架梁 KL1（250mm × 700mm），板的其余三边均为剪力墙结构（厚度为 300mm），在板中距上边梁 2100mm 处有一道非框架梁 L1（250mm × 450mm）。混凝土强度等级 C25，二级抗震等级。计算其下部贯通纵筋。

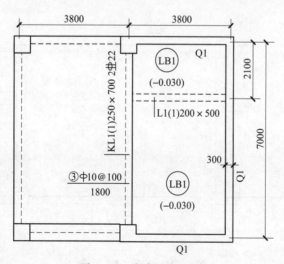

图 5 – 32　梁板 LB1 示意

**【解】**

（1）LB1 板 $X$ 方向的下部贯通纵筋长度

左支座直锚长度 = 墙厚/2 = 300/2 = 150（mm）

右支座直锚长度 = 墙厚/2 = 250/2 = 125（mm）

验算：$5d = 5 \times 8 = 40$（mm），显然，直锚长度 = 125mm > 40mm，满足要求。

下部贯通纵筋的直段长度 = 净跨长度 + 两端的直锚长度 =（3800 − 125 − 150）+ 150 + 125 = 3800（mm）

（2）LB1 板 $X$ 方向的下部贯通纵筋根数

注意：LB1 板的中部存在一道非框架梁 L1，所以准确地计算就应该按两块板进行计算。这两块板的跨度分别为 4900mm 和 2100mm，这两块板的钢筋根数：

左板根数 =（4900 − 150 − 125）/150 = 31（根）

右板根数 =（2100 − 125 − 150）/150 = 13（根）

所以：

LB1 板 $X$ 方向的下部贯通纵筋根数 = 31 + 13 = 44（根）

（3）LB1 板 $Y$ 方向的下部贯通纵筋长度

直锚长度 = 墙厚/2 = 300/2 = 150（mm）

下部贯通纵筋的直段长度 = 净跨长度 + 两端的直锚长度 =（7000 − 150 − 150）+ 150 × 2 = 7000（mm）

（4）LB1 板 $Y$ 方向的下部贯通纵筋根数

板下部贯通纵筋的布筋范围 = 净跨长度 = 3800 − 125 − 150 = 3525（mm）

$Y$ 方向的下部贯通纵筋根数 = 3525/150 = 24（根）

# 要点 9：扣筋的计算及实例

扣筋（即板支座上部非贯通筋），是在板中应用得比较多的一种钢筋，在一个楼层当中，扣筋的种类又是最多的，因此在板钢筋计算中，扣筋的计算占的比重相当大。

**1. 扣筋计算的基本原理**

扣筋的形状为"⌐‾‾‾⌐"形，其中有两条腿和一个水平段。

1）扣筋腿的长度与所在楼板的厚度有关。

① 单侧扣筋：

扣筋腿的长度 = 板厚度 − 15（可以把扣筋的两条腿都采用同样的长度）

② 双侧扣筋（横跨两块板）：

扣筋腿 1 的长度 = 板 1 的厚度 − 15

扣筋腿 2 的长度 = 板 2 的厚度 − 15

2）扣筋的水平段长度可根据扣筋延伸长度的标注值来进行计算。如果单纯根据延伸长度标注值还不能计算的话，则还要依据平面图板的相关尺寸来进行计算。下面，主要讨论不同情况下如何计算扣筋水平段长度的问题。

**2. 最简单的扣筋计算**

横跨在两块板中的"双侧扣筋"的扣筋计算：

1）双侧扣筋（单侧标注延伸长度）：表明该扣筋向支座两侧对称延伸：

$$扣筋水平段长度 = 单侧延伸长度 \times 2$$

2）双侧扣筋（两侧都标注了延伸长度）：

$$扣筋水平段长度 = 左侧延伸长度 + 右侧延伸长度$$

### 3. 需要计算端支座部分宽度的扣筋计算

单侧扣筋［一端支承在梁（墙）上，另一端伸到板中］：

$$扣筋水平段长度 = 单侧延伸长度 + 端部梁中线至外侧部分长度$$

### 4. 贯通全悬挑长度的扣筋的计算

贯通全悬挑长度的扣筋的水平段长度计算公式如下：

$$扣筋水平段长度 = 跨内延伸长度 + 梁宽/2 + 悬挑板的挑出长度 - 保护层$$

### 5. 横跨两道梁的扣筋的计算（贯通短跨全跨）

1）仅在一道梁之外有延伸长度：

$$扣筋水平段长度 = 单侧延伸长度 + 两梁的中心间距 + 端部梁中线至外侧部分长度$$
$$端部梁中线至外侧部分的扣筋长度 = 梁宽度/2 - 梁纵筋保护层 - 梁纵筋直径$$

2）在两道梁之外都有延伸长度：

$$扣筋水平段长度 = 左侧延伸长度 + 两梁的中心间距 + 右侧延伸长度$$

### 6. 扣筋分布筋的计算

1）扣筋分布筋根数的计算原则（见图 5 – 33）：

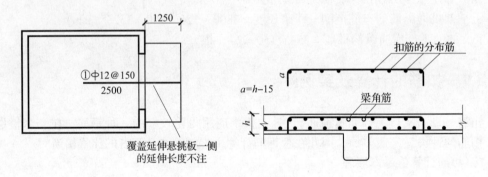

**图 5 – 33  扣筋分布筋根数的计算**

①扣筋拐角处必须布置一根分布筋。

②在扣筋的直段范围内按分布筋间距进行布筋。板分布筋的直径和间距在结构施工图的说明中应该有明确的规定。

③当扣筋横跨梁（墙）支座时，在梁（墙）的宽度范围内不布置分布筋。也就是说，这时要分别对扣筋的两个延伸净长度计算分布筋的根数。

2）扣筋分布筋的长度：

①扣筋分布筋的长度没必要按全长计算。有的人把扣筋分布筋的长度算至两端梁（墙）支座的中心线，那是错误的。由于在楼板角部矩形区域，横竖两个方向的扣筋相互交叉，互为分布筋，因此这个角部矩形区域不应该再设置扣筋的分布筋，否则，四层钢筋交叉重叠在一块，混凝土不能覆盖住钢筋。

②扣筋分布筋伸进角部矩形区域的合适的长度：

有的人认为，扣筋分布筋不需要伸进角部矩形区域。

有的人认为，扣筋分布筋应该伸进角部矩形区域 300mm 的长度。其理由是：《11G101 - 1》图集规定"在任何情况下 $l_t$ 不得小于 300mm"。但是，这种理由是站不住脚的。《11G101 - 1》图集的这个规定是对于"纵向受拉钢筋绑扎搭接长度"的规定，而分布钢筋不是受拉钢筋而是构造钢筋，因此不适用这条规定。

分布钢筋的功能类似于梁上部架立筋，不妨按梁上部架立筋的做法"搭接 150mm"，即扣筋分布筋伸进角部矩形区域 150mm。

3）扣筋分布筋的形状：

一种观点是：分布钢筋并非一点都不受力，因此 HPB300 钢筋作的分布钢筋需要加 180°的小弯钩。

另一种观点是：HPB300 钢筋作的分布钢筋不需要加 180°的小弯钩。

现在多数钢筋工的施工习惯是，HPB300 钢筋作的扣筋分布筋是直形钢筋，两端不加 180°的小弯钩。但是，单向板下部主筋的分布筋是需要加 180°弯钩的。

**7. 一根完整的扣筋的计算过程**

1）计算扣筋的腿长。如果横跨两块板的厚度不同，则要分别计算扣筋的两腿长度。

2）计算扣筋的水平段长度。

3）计算扣筋的根数。如果扣筋的分布范围为多跨，也还是"按跨计算根数"，相邻两跨之间的梁（墙）上不布置扣筋。扣箍根数的计算用贯通纵筋根数的计算方法。

4）计算扣筋的分布筋。

【例 5 - 14】 如图 5 - 34 所示，边框架梁 KL2 上的单侧扣筋①号钢筋，在扣筋的上部标注：①Φ8@150，在扣筋的下部标注：1000，这表示编号为①号的扣筋，规格和间距为Φ8@150，从梁中线向跨内的延伸长度为 1000mm。计算扣筋水平段长度。

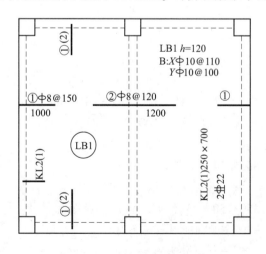

图 5 - 34　边框架梁 KL2 结构

【解】

根据《11G101 - 1》图集规定的板在端部支座的锚固构造，板上部受力纵筋伸到支座梁外侧角筋的内侧，则：

板上部受力纵筋在端支座的直锚长度 = 梁宽度 − 梁纵筋保护层厚度 − 梁纵筋直径

端部梁中线至外侧部分的扣筋长度 = 梁宽度/2 − 梁纵筋保护层厚度 − 梁纵筋直径

现在，边框架梁 KL3 的宽度为 250mm，梁箍筋保护层厚度为 20mm，梁上部纵筋直径为 22mm，箍筋直径为 10mm，则：

$$扣筋水平长度 = 1000 + （250/2 − 30 − 22） = 1073 （mm）$$

【例 5 – 15】一根横跨一道框架梁的双侧扣筋③号钢筋，扣筋的两条腿分别伸到 LB1 和 LB2 两块板中，LB1 的厚度为 120mm，LB2 厚度为 100mm。在扣筋的上部标注：③Φ10@150（2），在扣筋下部的左侧标注：1800，在扣筋下部的右侧标注：1400。扣筋标注的所在跨及相邻跨的轴线跨度都是 3600mm，两跨之间的框架梁 KL5 宽度为 250mm，均为正中轴线。扣筋分布筋为Φ8@150，如图 5 – 35 所示。计算扣筋分布筋的根数及长度值。

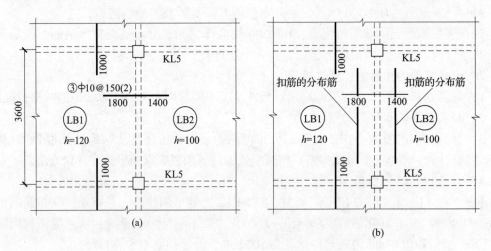

**图 5 – 35　扣筋分布筋**

（a）扣筋长度及根数计算；（b）扣筋的分布筋计算

【解】

（1）扣筋的腿长

扣筋腿 1 的长度 = LB1 的厚度 − 15 = 120 − 15 = 105 （mm）

扣筋腿 2 的长度 = LB2 的厚度 − 15 = 100 − 15 = 85 （mm）

（2）扣筋的水平段长度

扣筋水平段长度 = 1800 + 1400 = 3200 （mm）

（3）扣筋根数

单跨的扣筋根数 = 3350/150 = 23 （根）

注：3350/150 = 22.3，本着有小数进 1 的原则，取整为 23。

两跨的扣筋根数 = 23 × 2 = 46 （根）

（4）扣筋的分布筋

计算扣筋分布筋长度的基数是 3350mm，还要减去另向扣筋的延伸净长度，然后加上搭接长度 150mm。

如果另向扣筋的延伸长度是1000mm，延伸净长度 = 1000 - 125 = 875（mm），则

扣筋分布筋长度 = 3350 - 875 × 2 + 150 × 2 = 1900（mm）

下面计算扣筋分布筋的根数：

扣筋左侧分布筋根数 =（1800 - 125）/250 + 1 = 7 + 1 = 8（根）

扣筋右侧分布筋根数 =（1400 - 125）/250 + 1 = 6 + 1 = 7（根）

所以：

扣筋分布筋根数 = 8 + 7 = 15（根）

两跨的扣筋分布筋根数 = 15 × 2 = 30（根）

## 要点10：板开洞钢筋计算及实例

1）梁边或墙边开洞时，洞边加强筋构造如图5 - 36所示。

2）梁交角或墙角开洞时，洞边加强筋构造如图5 - 37所示。

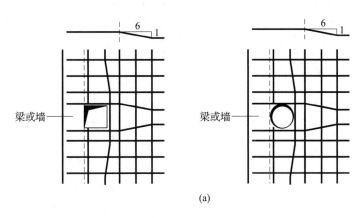

(a)

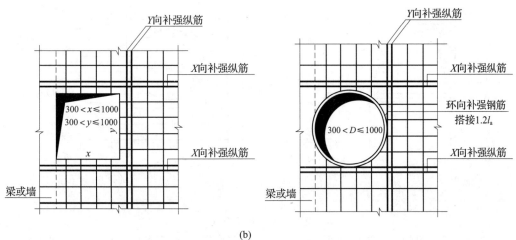

(b)

**图5 - 36　梁边或墙边开洞洞边加强筋构造**

（a）矩形洞边长和圆形洞直径不大于300mm；（b）矩形洞边长和圆形洞直径大于300mm但不大于1000mm

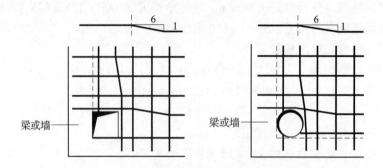

**图 5 - 37　梁交角或墙角开洞洞边加强筋构造**

3）板中开洞时，洞边加强筋构造如图 5 - 38 所示。

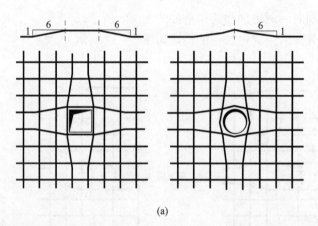

(a)

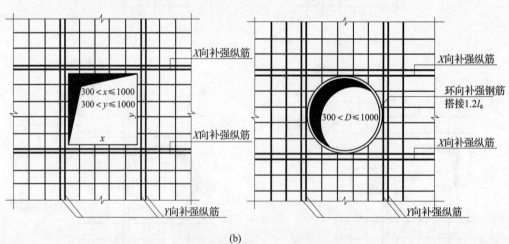

(b)

**图 5 - 38　板中开洞**

（a）矩形洞边长和圆形洞直径不大于300mm；（b）矩形洞边长和圆形洞直径大于300mm 但不大于1000mm

**【例 5 - 16】**梁板 LB4 平法施工图如图 5 - 39 所示，试求 LB4 的板底筋。其中，混凝土强度等级为 C30，抗震等级为一级。

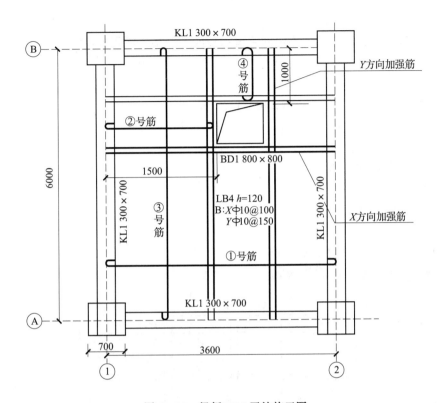

图 5 – 39　梁板 LB4 平法施工图

## 【解】

由混凝土强度等级 C30 和一级抗震，查表 2 – 2 得：梁钢筋混凝土保护层厚度 $c_{梁}$ = 20mm，板钢筋混凝土保护层厚度 $c_{板}$ = 15mm。

（1）①号筋长度 = 净长 + 端支座锚固 + 弯钩长度

端支座锚固长度 = max（$h_b/2$，5d）= max（150，5 × 10）= 150（mm）

180°弯钩长度 = 6.25d

总长度 = 3600 − 300 + 2 × 150 + 2 × 6.25 × 10 = 3725（mm）

（2）②号筋（右端在洞边上弯回折）

②号筋长度 = 净长 + 左端支座锚固 + 弯钩长度 + 右端上弯回折长度 + 弯钩长度

端支座锚固长度 = max（$h_b/2$，5d）= max（150，5 × 10）= 150（mm）

180°弯钩长度 = 6.25d

右端上弯回折长度 = 120 − 2 × 15 + 5 × 10 = 140（mm）

总长度 =（1500 − 150 − 15）+（150 + 6.25 × 10）+（140 + 6.25 × 10）= 1750（mm）

（3）③号筋长度 = 净长 + 端支座锚固 + 弯钩长度

端支座锚固长度 = max（$h_b/2$，5d）= max（150，5 × 10）= 150（mm）

180°弯钩长度 = 6.25d

总长度 = 6000 − 300 + 2 × 150 + 2 × 6.25 × 10 = 6125（mm）。

（4）④号筋（下端在洞边下弯）

④号筋长度 = 净长 + 上端支座锚固 + 弯钩长度 + 下端上弯回折长度 + 弯钩长度

端支座锚固长度 = max $(h_b/2, 5d)$ = max $(150, 5 \times 10)$ = 150（mm）

180°弯钩长度 = 6.25$d$

下端下弯长度 = 120 - 2 × 15 + 5 × 10 = 140（mm）

总长度 = （1000 - 150 - 15）+ （150 + 6.25 × 10）+ （140 + 6.25 × 10）= 1250（mm）

（5）$X$ 方向洞口加强筋

同①号筋。

（6）$Y$ 方向洞口加强筋

同③号筋。

【例 5 - 17】梁板 LB5 平法施工图如图 5 - 40 所示，试求 LB5 的板顶筋。其中，混凝土强度等级为 C30，抗震等级为一级。

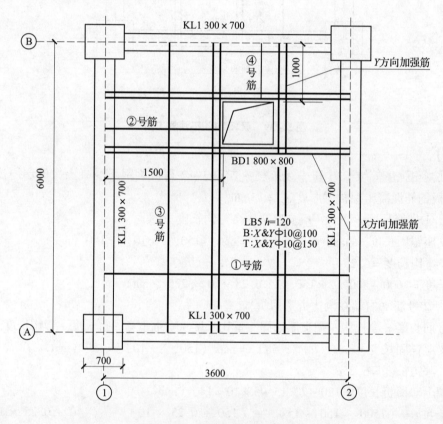

图 5 - 40 梁板 LB5 平法施工图

【解】

由混凝土强度等级 C30 和一级抗震，查表 2 - 2 得：梁钢筋混凝土保护层厚度 $c_{梁}$ = 20mm，板钢筋混凝土保护层厚度 $c_{板}$ = 15mm。

（1）①号板顶筋长度 = 净长 + 端支座锚固

由于支座宽 $-c = 300 - 20 = 280$（mm）$< l_a = 29 \times 10 = 290$（mm），故采用弯锚形式。

总长度 $= 3600 - 300 + 2 \times (300 - 20 + 15 \times 10) = 4160$（mm）

（2）②号板顶筋（右端在洞边下弯）长度 = 净长 + 左端支座锚固 + 右端下弯长度

由于支座宽 $-c = 300 - 20 = 280$（mm）$< l_a = 29 \times 10 = 290$（mm），故采用弯锚形式。

右端下弯长度 $= 120 - 2 \times 15 = 90$（mm）

总长度 $= (1500 - 150 - 15) + 300 - 20 + 15 \times 10 + 90 = 1855$（mm）

（3）③号板顶筋长度 = 净长 + 端支座锚固 + 弯钩长度

端支座弯锚长度 $= 300 - 20 + 15 \times 10 = 430$（mm），

总长度 $= 6000 - 300 + 2 \times 430 = 6580$（mm）。

（4）④号板顶筋（下端在洞边下弯）长度 = 净长 + 上端支座锚固 + 下端下弯长度

端支座弯锚长度 $= 300 - 20 + 15 \times 10 = 430$（mm），

下端下弯长度 $= 120 - 2 \times 15 = 90$（mm），

总长度 $= (1000 - 150 - 20) + 430 + 90 = 1350$mm。

（5）$X$ 方向洞口加强筋

同①号筋。

（6）$Y$ 方向洞口加强筋

同③号筋。

# 要点 11：以 AT 型楼梯为例，楼梯板钢筋计算及实例

AT 型楼梯平面注写方式的一般模式如图 5-41 所示。

**1. AT 型楼梯板的基本尺寸数据**

1）楼梯板净跨度 $l_n$。

2）梯板净宽度 $b_n$。

3）梯板厚度 $h$。

4）踏步宽度 $b_s$。

5）踏步总高度 $H_s$。

6）踏步高度 $h_s$。

**2. 计算步骤**

1）斜坡系数 $k = \dfrac{\sqrt{h_s^2 + b_s^2}}{b_s}$。

2）梯板下部纵筋以及分布筋：

梯板下部纵筋的长度 $l = l_n \times k + 2 \times a$，其中 $a = \max(5d, b/2)$。

分布筋的长度 $= b_n - 2 \times c$，其中 $c$ 为保护层厚度。

梯板下部纵筋的根数 $= (b_n - 2 \times c)/$间距 $+1$。

分布筋的根数 $= (l_n \times k - 50 \times 2)/$间距 $+1$。

3）梯板低端扣筋

①分析：梯板低端扣筋位于踏步段斜板的低端，扣筋的一端扣在踏步段斜板上，直钩

长度为 $h_1$。扣筋的另一端锚入低端梯梁对边再向下弯折内 $15d$，弯锚水平段长度 $\geq 0.35l_{ab}$ $(0.6l_{ab})$ $(0.35l_{ab}$ 用于设计按铰接的情况，$0.6l_{ab}$ 用于设计考虑充分发挥钢筋抗拉强度的情况)。扣筋的延伸长度投影长度为 $l_n/4$。

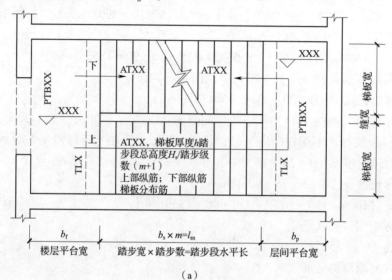

（a）

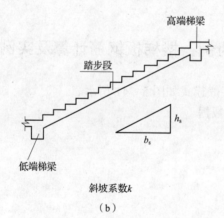

斜坡系数 $k$

（b）

**图 5-41　AT 型楼梯平面注写方式的一般模式**

（a）平面图；（b）斜坡系数示意图

②计算过程：

$l_1 = \left[ l_n/4 + (b - c) \right] \times k$

$l_2 = 15d$

$h_1 = h - c$

分布筋 $= b_n - 2 \times c$

梯板低端扣筋的根数 $= (b_n - 2 \times c) /$ 间距 $+1$

分布筋的根数 $= (l_n/4 \times k) /$ 间距 $+1$

4）梯板高端扣筋：梯板高端扣筋位于踏步段斜板的高端，扣筋的一端扣在踏步段斜板上，直钩长度为 $h_1$，扣筋的另一端锚入高端梯梁内，锚入直段长度不小于 $0.35l_{ab}$

$(0.6l_{ab})$，直钩长度 $l_2$ 为 $15d$。扣筋的延伸长度水平投影长度为 $l_n/4$。

由上所述，梯板高端扣筋的计算过程为：

$h_1 = h - 保护层$

$l_1 = [l_n/4 + (b - c)] \times k$

$l_2 = 15d$

分布筋 $= b_n - 2 \times c$

梯板高端扣筋的根数 $= (b_n - 2 \times c)/间距 + 1$

分布筋的根数 $= (l_n/4 \times k)/间距 + 1$

【例 5 – 18】AT1 型楼梯的平面布置图如图 5 – 42 所示。混凝土强度为 C30，梯梁宽度 $b = 200mm$。求 AT1 型楼梯中各钢筋长度及根数。

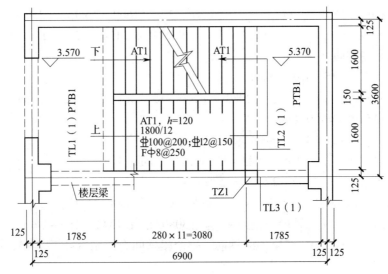

图 5 – 42　AT1 型楼梯的平面布置图

【解】

（1）AT1 型楼梯板的基本尺寸数据

1）楼梯板净跨度 $l_n = 3080mm$。

2）梯板净宽度 $b_n = 1600mm$。

3）梯板厚度 $h = 120mm$。

4）踏步宽度 $b_s = 280mm$。

5）踏步总高度 $H_s = 1800mm$。

6）踏步高度 $h_s = 1800/12 = 150$（mm）。

（2）计算步骤

1）斜坡系数 $k = \dfrac{\sqrt{h_s^2 + b_s^2}}{b_s} = \dfrac{\sqrt{150^2 + 280^2}}{280} = 1.134$。

2）梯板下部纵筋以及分布筋：

①梯板下部纵筋：

长度 $l = l_n \times k + 2 \times a = 3080 \times 1.134 + 2 \times \max(5d, b/2)$

$= 3080 \times 1.134 + 2 \times \max\ (5 \times 12,\ 200/2)\ = 3693\ （mm）$

根数 $= (b_n - 2 \times c)\ /$间距 $+ 1 = (1600 - 2 \times 15)\ /150 + 1 = 12$（根）

②分布筋：

长度 $= b_n - 2 \times c = 1600 - 2 \times 15 = 1570$（mm）

根数 $= (l_n \times k - 50 \times 2)\ /$间距 $+ 1 = (3080 \times 1.134 - 50 \times 2)\ /250 + 1 = 15$（根）

3）梯板低端扣筋：

$l_1 = [l_n/4 + (b - c)]\ \times k = (3080/4 + 200 - 15)\ \times 1.134 = 1083$（mm）

$l_2 = 15d = 15 \times 10 = 150$（mm）

$h_1 = h - c = 120 - 15 = 105$（mm）

分布筋 $= b_n - 2 \times c = 1600 - 2 \times 15 = 1570$（mm）

梯板低端扣筋的根数 $= (b_n - 2 \times c)\ /$间距 $+ 1 = (1600 - 2 \times 15)\ /250 + 1 = 5$（根）

分布筋的根数 $= (l_n/4 \times k)\ /$间距 $+ 1 = (3080/4 \times 1.134)\ /250 + 1 = 5$（根）

4）梯板高端扣筋：

$h_1 = h - c = 120 - 15 = 105$（mm）

$l_1 = [l_n/4 + (b - c)]\ \times k = (3080/4 + 200 - 15)\ \times 1.134 = 1083$（mm）

$l_2 = 15d = 15 \times 10 = 150$（mm）

$h_1 = h - c = 120 - 15 = 105$（mm）

高端扣筋的每根长度 $= 105 + 1083 + 150 = 1338$（mm）

分布筋 $= b_n - 2 \times c = 1600 - 2 \times 15 = 1570$（mm）

梯板高端扣筋的根数 $= (b_n - 2 \times c)\ /$间距 $+ 1 = (1600 - 2 \times 15)\ /150 + 1 = 12$（根）

分布筋的根数 $= (l_n/4 \times k)\ /$间距 $+ 1 = (3080/4 \times 1.134)\ /250 + 1 = 5$（根）

上面只计算了一跑 AT1 型楼梯的钢筋，一个楼梯间有两跑 AT1 型楼梯，因此，应将上述数据乘以 2。

# 要点 12：ATc 型楼梯配筋构造计算及实例

ATc 型楼梯配筋构造如图 5 - 43 所示。

ATc 型楼梯梯板厚度应按计算确定，且不宜小于 140mm，梯板采用双层配筋。

1）踏步段纵向钢筋（双层配筋）：

①踏步段下端：下部纵筋及上部纵筋均弯锚入低端梯梁，锚固平直段 "$\geqslant l_{aE}$"，弯折段 "$15d$"。上部纵筋需伸至支座对边再向下弯折。

②踏步段上端：下部纵筋及上部纵筋均伸进平台板，锚入梁（板）$l_{ab}$。

2）分布筋：分布筋两端均弯直钩，长度 $= h - 2 \times$ 保护层。

下层分布筋设在下部纵筋的下面，上层分布筋设在上部纵筋的上面。

3）拉结筋：在上部纵筋和下部纵筋之间设置拉结筋 $\phi 6$，拉结筋间距为 600mm。

4）边缘构件（暗梁）：设置在踏步段的两侧，宽度为 "$1.5h$"。

①暗梁纵筋：直径为 $\phi 12$ 且不小于梯板纵向受力钢筋的直径；一、二级抗震等级时不少于 6 根；三、四级抗震等级时不少于 4 根。

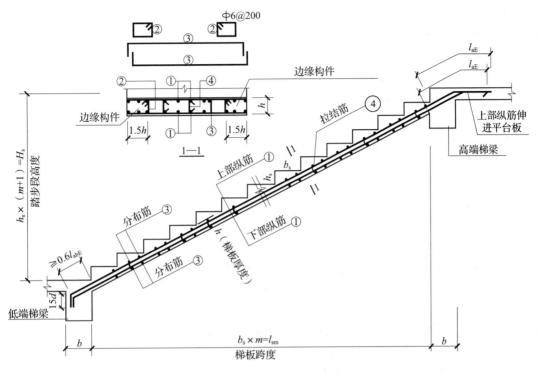

图 5 - 43　ATc 型楼梯板配筋构造

②暗梁箍筋：为Φ6@200。

【例 5 - 19】ATc3 型楼梯的平面布置图如图 5 - 44 所示。混凝土强度为 C30，抗震等级为一级，梯梁宽度 $b = 200mm$。求 ATc3 型楼梯中各钢筋长度及根数。

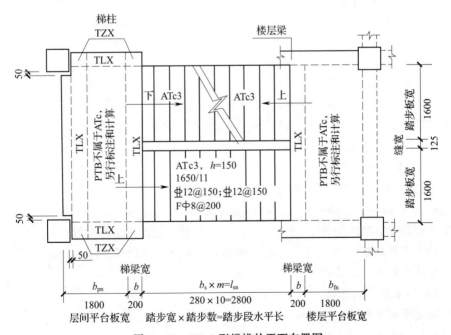

图 5 - 44　ATc3 型楼梯的平面布置图

**【解】**

（1）ATc3 型楼梯板的基本尺寸数据

1）楼梯板净跨度 $l_n = 2800mm$。

2）梯板净宽度 $b_n = 1600mm$。

3）梯板厚度 $h = 120mm$。

4）踏步宽度 $b_s = 280mm$。

5）踏步总高度 $H_s = 1650mm$。

6）踏步高度 $h_s = 1650/11 = 150$（mm）。

（2）计算步骤

1）斜坡系数 $k = \dfrac{\sqrt{h_s^2 + b_s^2}}{b_s} = \dfrac{\sqrt{150^2 + 280^2}}{280} = 1.134$。

2）梯板下部纵筋和上部纵筋：

下部纵筋长度 $= 15d + （b - 保护层 + l_{sn}）\times k + l_{aE}$

$\qquad\qquad\quad = 15 \times 12 + （200 - 15 + 2800）\times 1.134 + 40 \times 12$

$\qquad\qquad\quad = 4045$（mm）

下部纵筋范围 $= b_n - 2 \times 1.5h = 1600 - 3 \times 150 = 1150$（mm）

下部纵筋根数 $= 1150/150 = 8$（根）

本题的上部纵筋长度与下部纵筋相同：

上部纵筋长度 $= 4045mm$

上部纵筋范围与下部纵筋相同：

上部纵筋根数 $= 1150/150 = 8$（根）

3）梯板分布筋的计算（"扣筋"形状）：

分布筋的水平段长度 $= b_n - 2 \times 保护层 = 1600 - 2 \times 15 = 1570$（mm）

分布筋的直钩长度 $= h - 2 \times 保护层 = 150 - 2 \times 15 = 120$（mm）

分布筋每根长度 $= 1570 + 2 \times 120 = 1810$（mm）

分布筋根数的计算：

分布筋设置范围 $= l_{sn} \times k = 2800 \times 1.134 = 3175$（mm）

分布筋根数 $= 3175/200 = 16$（根）（这仅是上部纵筋的分布筋根数）

上下纵筋的分布筋总数 $= 2 \times 16 = 32$（根）

4）梯板拉结筋的计算：

根据《11G101-2》第 44 页的注 4，梯板拉结筋φ6，间距 600mm。

拉结筋长度 $= h - 2 \times 保护层 + 2 \times 拉筋直径 = 150 - 2 \times 15 + 2 \times 6 = 132$（mm）

拉结筋根数 $= 3175/600 = 6$（根）（这是一对上下纵筋的拉结筋根数）

每一对上下纵筋都应该设置拉结筋（相邻上下纵筋错开设置）。

拉结筋总根数 $= 8 \times 6 = 48$（根）

5）梯板暗梁箍筋的计算：

梯板暗梁箍筋规格为φ6@200。

箍筋尺寸计算（箍筋仍按内围尺寸计算）：

箍筋宽度 $= 1.5h -$ 保护层 $-2d = 1.5 \times 150 - 15 - 2 \times 6 = 198$（mm）

箍筋高度 $= h - 2 \times$ 保护层 $-2d = 150 - 2 \times 15 - 2 \times 6 = 108$（mm）

箍筋每根长度 $=$（$198 + 108$）$\times 2 + 26 \times 6 = 768$（mm）

箍筋分布范围 $= l_{\text{sn}} \times k = 2800 \times 1.134 = 3175$（mm）

箍筋根数 $= 3175/200 = 16$（根）（这是一道暗梁的箍筋根数）

两道暗梁的箍筋根数 $= 2 \times 16 = 32$（根）

6）梯板暗梁纵筋的计算：

每道暗梁纵筋根数 6 根（一、二级抗震时），暗梁纵筋直径$\oplus$12（不小于纵向受力钢筋直径），两道暗梁的纵筋根数 $= 2 \times 6 = 12$（根）。

本题的暗梁纵筋长度同下部纵筋，暗梁纵筋长度为 4045mm。

上面只计算了一跑 ATc3 型楼梯的钢筋，一个楼梯间有两跑 ATc3 型楼梯，两跑楼梯的钢筋要把上述钢筋数量乘以 2。

# 参 考 文 献

［1］中国建筑标准设计研究院. 11G101－1混凝土结构施工图平面整体表示方法制图规则和构造详图（现浇混凝土框架、剪力墙、梁、板）. 北京：中国计划出版社，2011.

［2］中国建筑标准设计研究院. 11G101－2混凝土结构施工图平面整体表示方法制图规则和构造详图（现浇混凝土板式楼梯）. 北京：中国计划出版社，2011.

［3］中国建筑标准设计研究院. 11G101－3混凝土结构施工图平面整体表示方法制图规则和构造详图（独立基础、条形基础、筏形基础及桩基承台）. 北京：中国计划出版社，2011.

［4］中国建筑标准设计研究院. 12G901－1混凝土结构施工钢筋排布规则与构造详图（现浇混凝土框架、剪力墙、框架－剪力墙）. 北京：中国计划出版社，2012.

［5］中华人民共和国住房和城乡建设部. 混凝土结构设计规范 GB 50010—2010. 北京：中国建筑工业出版社，2010.

［6］中华人民共和国住房和城乡建设部. 建筑抗震设计规范 GB 50011—2010. 北京：中国建筑工业出版社，2010.

［7］中华人民共和国住房和城乡建设部. 高层建筑筏形与箱形基础技术规范 JGJ 6—2011. 北京：中国建筑工业出版社，2011.

［8］上官子昌. 平法钢筋识图与计算细节详解. 北京：机械工业出版社，2011.